揭秘视频号

像搭积木一样拼出爆款短视频

卢大叔 著

電子工業出版社
Publishing House of Electronics Industry
北京•BEIJING

内 容 简 介

本书主要介绍玩转视频号的前期准备工作、视频号精确定位与账号设置、视频上热门的逻辑与方法、视频的拍摄与剪辑、常见的视频形式、视频号变现方式，以及成为视频号“大V”的运营锦囊。内容通俗、易懂，实操性强、可落地。书中虽然没有浮夸的数据、吸引眼球的“黑科技”，但是每个字都是作者实践的结晶。作者将多年的视频号实操经验梳理成一个个强大的思维武器，通过阅读本书，你可以在视频号的丛林中披荆斩棘。本书提供丰富的学习辅助素材，读者可免费领取。

本书适合的人群：抖音、快手成功入局者，错失抖音、快手的人，短视频运营团队成员，中小企业老板，上镜达人、直播主播，自媒体博主。

图书在版编目（CIP）数据

揭秘视频号：像搭积木一样拼出爆款短视频 / 卢大叔著. —北京：电子工业出版社，2021.5
ISBN 978-7-121-40859-5

Ⅰ. ①揭… Ⅱ. ①卢… Ⅲ. ①视频制作 Ⅳ.①TN948.4

中国版本图书馆 CIP 数据核字(2021)第 054393 号

责任编辑：刘　皎
印　　刷：三河市华成印务有限公司
装　　订：三河市华成印务有限公司
出版发行：电子工业出版社
　　　　　北京市海淀区万寿路 173 信箱　　邮编：100036
开　　本：720×1000　1/16　印张：19　字数：342 千字
版　　次：2021 年 5 月第 1 版
印　　次：2021 年 5 月第 1 次印刷
定　　价：79.00 元

凡所购买电子工业出版社图书有缺损问题，请向购买书店调换。若书店售缺，请与本社发行部联系，联系及邮购电话：（010）88254888，88258888。

质量投诉请发邮件至 zlts@phei.com.cn，盗版侵权举报请发邮件至 dbqq@phei.com.cn。

本书咨询联系方式：（010）51260888-819，faq@phei.com.cn。

前言

视频号是植入微信内的短视频应用。有人说抖音、快手的对手来了，也有人说视频号是另一个微视。

这里有两个误解。第一，微信推出视频号是为了弥补微信内容生态在短内容上的不足，视频号在运营策略与用户调性上与抖音、快手有着很大的不同。视频号在流量分发上更加去中心化，同时更注重创作者本身，以及用户与内容（也包括创作者）的深入互动。第二，视频号未来的走向不是我们关注的重点，我们应该关注这个工具能否为自己所用。笔者在两个月内从视频号引流 5000 多个用户，其中包括 3600 个公众号粉丝和 1600 多个个人微信好友。目前来看，没有比视频号更简单、更高效的引流渠道了。

笔者上大学时读的专业是网络技术，后来一直从事产品运营与营销工作，能够较为自如地在用户思维与工程师思维之间切换。你无须记住任何专业术语，也不用思考复杂的逻辑推理，笔者将多年的实操经验梳理成一个个强大的思维武器，通过阅读本书，你可以在视频号的丛林中披荆斩棘。

本书内容

本书主要分成四大部分。

第一部分（第 1~3 章），主要介绍玩转视频号的前期准备工作；微信为什么要推出视频号，以及视频号有哪些优势，我们应该以什么样的心态看待视频号；视频号在账号设置与内容创作中的隐性雷区，以及界面布局。

第二部分（第 4~5 章），主要介绍视频上热门的逻辑与方法。笔者拆解分析了数万条热门短视频，找到了视频上热门的最本质的逻辑，并提炼出通用的公式。不过，这需要读者观看大量视频并进行总结，理解公式背后的深意。只有这样，才能做到手中无剑、心中有剑、自如运用，随时随地创作出热门视频。

第三部分（第 6~7 章），主要介绍视频的拍摄与剪辑。本章内容多为实操，读者可下载 PPT 文档、真人视频教程，对照本书来看以获得更佳的学习体验。

第四部分（第 8~10 章），主要介绍目前主流的视频形式，列举二十余种视频号变现方式，并对实际应用场景做了详细的解读，以及视频号“大 V”成功的 10 大思维利器和 7 个锦囊。

本书实操部分有对应的视频教程，案例分析部分也有对应的视频素材，读者关注公众号“豆芽商学院”，回复关键词“素材”，即可免费领取。

本书特色

本书有如下四个特色。

第一，构建视频号框架。有人学东西非常快，有人学了几年还没入门，问题就在于没有构建起系统化的知识框架。我们需要静下心来，构建视频号整体框架，慢慢地修炼内功，以后可以跑得更快、更稳。

第二，具有丰富的学习辅助素材。短视频是一项实践出来的技能，在学习的过程中少不了实操，本书提供了实操部分的视频（由卢大叔本人上镜拍摄）。本书还对大量案例进行了分析，案例视频素材按章节提供。此外，为了便于读者练习拍摄、剪辑，本书还提供了大量脱口秀和剧情类视频的文案，以及高清视频素材。

第三，内容通俗、易懂。市面上介绍短视频的图书不少，但多数都没有讲核心的推荐算法——要么作者觉得算法太复杂，讲了读者也不懂；要么作者本人不太懂技术，怕讲不清楚。本书中笔者提到过一个概念：人文思维。通过人文思维，我们可以轻松理解什么是推荐算法，并且通过一个简单的例子——天气对广场人流量的影响，直观地展示了一个极简的推荐算法模型。

第四，实操性强、可落地。看书是系统掌握某项技能的常见方式，不过书也分两类：一类是让你看了觉得爽，但是不知道怎么做；另一类是读起来很平淡，但越看到后面越爽——你找到了方向，并看清了前进的路线。本书中虽没有浮夸的数据、吸引眼球的“黑科技”，但是每个字都是笔者实践的结晶。在视频号这条新的赛道上，你无须冒险和摸索，按照书中的建议一步步练习即可。

我们应该投入更多的精力，站在更大的维度俯视视频号，提炼出本质、核心的规则，并将其运用于实践中。

本书读者

本书适合的人群：

- 抖音、快手成功入局者。
- 错失抖音、快手的人。
- 短视频运营团队成员。
- 中小企业老板。
- 上镜达人、直播主播。
- 自媒体博主。

联系作者

欢迎你加入卢大叔视频号实操训练营，具体信息请留意“豆芽商学院”公众号。本书难免有不足不处，欢迎广大读者批评指正。

卢大叔个人微信：ludashu0755。

卢大叔

2020 年 8 月于深圳

目录

第 1 章 视频号是微信最大的流量风口

微信视频号继承了微信一贯的克制作风，从 2019 年年底推出，到 2020 年 5 月底，整整半年时间过去了，还在内测期。即便如此，还是吸引了亿万用户的关注。这里主要有两种声音，支持者认为视频号背靠微信十亿用户，商机无限；反对者认为，快手和抖音已占据了国内短视频的前两把交椅，视频号早就没机会了。

双方看似都有道理，但看问题不能仅凭感觉，还要看数据和事实。

我们讨论视频号，并不在乎它能否干掉抖音和快手，那是“微信之父”张小龙关心的事情。我们只在乎投入了精力、财力能得到什么。

2017 年 10 月，卢大叔进驻抖音，作为国内第一批团队化运作短视频的队伍，不到 10 个月，就收获了 3000 万个粉丝。由于抖音推荐算法的特点，粉丝只追求更有趣的内容。创作者为了上热门，得到更多的流量，疲于创作更好的内容。什么内容火，就创作什么，至于价值取向好不好，对粉丝有没有正向价值，这不是优先考虑的。

在短短一年内，抖音迅速崛起，超越快手，成为国内短视频之王，秘诀就在于其强大的内容推荐算法。你使用抖音越久，算法就越了解你，给你推荐更符合口味的视频。用户越来越多，用户的使用时间越来越长，平台就能吸引更多的广告主。推荐算法帮助抖音实现了广告收益的最大化。

对于抖音平台上的创作者，他们将身家性命全部押在平台上。为数不少的百万粉丝抖音达人，月收入不足万元，原因就是错过了涨粉、涨流量的最佳变现期。抖音粉丝达到一定的量级后，涨粉变得越来越难。但也有粉丝不足一万个的账号，仅因为一条带货视频火了，一两天内就能得到数十万个赞，赚得十万元佣金。

想在抖音上生存，顺应算法规则获得流量才是王道。

对于抖音平台上的用户，表面上看，他们得到了快感和惊喜，但也有可能会失去探索与思考。抖音上各种美女寒暄的视频，也可能是为了迎合算法。

2020 年 3 月中旬，卢大叔得到微信官方邀请，顺利开通了微信视频号。这可能是因为卢大叔使用的微信号绑定了一个百万粉丝的抖音账号。这个也好理解，一个新的平台，首先得有优质的内容，才能快速吸引用户。而创作好内容的最快方式，就是去各大平台物色已经有粉丝基数的创作者。

微信已经成为国内最大的账号分享平台，简单地说，就是注册任何网站或者 App，都能看到“通过微信注册或登录”的字样。微信有一手的优秀创作者资料，也能第一时间找到这些创作者。

在视频号早期，不少用户对视频号充满了好奇，甚至在很多热门视频的评论里，有三分之一的用户都在问视频号如何开通。卢大叔第一时间了解了视频号的方方面面，也详细研究了视频号如何开通。要提醒大家的是，进入一个新的平台，千万不要急着发作品，因为你对平台一无所知。着急发作品，很容易把账号做死，消磨自己的自信心。

为什么要全面了解视频号呢？有两个原因：一是卢大叔下定决心，接下来的一年，专注于微信视频号；二是虽然网上有信息，但是当自己对某个新生事物还没有完全了解时，不要照搬人家的内容。自己先完全了解，这样才能创作出比人家更优秀的作品。

做短视频从模仿开始，甚至刚开始只需要模仿。但模仿出来的作品，一定要比人家强，要花更多的时间和精力来打磨。

于是，就有了卢大叔的第一个作品：如何快速开通微信视频号。晚上 6 点定好主题，花半小时写稿，写完之后统计字数，共 315 字。如果按正常速度说完，要 50 多秒的时间。

我们有个误解，总以为平台给了 60 秒的权限，就得每条视频刚好用完 60 秒。其实视频能否上热门，很重要的一个指标就是完播率，简单地说，就是看完视频的程度。很显然，视频越短，看完视频的程度就越高。在不影响意思表达的前提下，尽量缩减视频的时长，这样可以有效提升完播率。

我们不可能把视频拍完，再压缩时长。一定是写好文案，优化好文案的字数，去掉冗余的文字。这对文案写作人员的文字功底是一个很大的考验。市面上文案写作技巧的书帮不了你，你需要养成多阅读、多书写、多练习的好习惯。

于是，卢大叔将 315 字压缩到 260 字，拍成视频就是 39 秒，这个时长是适中的。简单地对视频进行了编辑，加上字幕和封面。晚上 8 点半发布。

其实大家不要觉得视频剪辑有多难，根据卢大叔的教学经验，没有任何视频剪辑基础的人，如果选择手机剪辑类App（如“剪映”），不到1小时就能上手，三五次练习即可熟练掌握。

为什么推荐大家使用手机App呢？有两个原因：一是手机App的功能越来越强大，短视频平台90%以上的视频效果都能搞定；二是多数人没有电脑，且电脑剪辑软件的操作更为复杂，使用手机App则方便、快捷。如果制作短视频成为你的一份工作，每天都要拍摄和剪辑，那么这种便捷性就体现出来了。

晚上11点准备睡觉时，打开视频号，发现消息提示处已经显示999+了。这个提示说明消息超过了一千条，就以999+来代替。怀着激动的心情，卢大叔深吸了一口气，缓缓点开了小红点。大家不要见笑，这样的场景在玩抖音时经常发生。

卢大叔有个学员，一条视频上热门了，第一时间向卢大叔报喜。那激动兴奋的心情，隔着屏幕都能感受到。甚至有好几位学员，通宵数新增粉丝数，生怕睡着了热门就停了。

为什么面对热门，大家表现得如此兴奋呢？这大概是因为热门意味着这段时间的辛苦没有白费，而且有了流量就是变现的开始。

这种心情只有经历过的人才能体会。

第一条视频（视频号“卢大叔”的第一条视频，但此视频已被系统删除），短短3小时，就获得了3万次播放量、600多个赞、200个粉丝关注。我们可以想象一下，发朋友圈，有多少人能看到；加好友，多少天能加到200个好友。而视频号达到这种效果，只需要3小时。

在视频号发布的每一条视频，都可以链接到公众号文章。于是，针对第一条视频，卢大叔写了一篇文章，大致意思是：卢大叔有一个视频号实操训练营，平时收费是888元/年。通过视频号加入，仅需299元/年，并在文章相应位置放置了收款二维码。当时只是想做一下测试，没做任何营销和转化上的设计与引导。

看到视频下方公众号文章的阅读量为325人次，不算太多，但看到微信收款提示，居然有9人付款，剔除2人是微信好友，7人可以认为是通过视频号引导成交的。简单来说，花2小时创作一条视频，3小时获得收益2000元。

这个成绩让卢大叔有点喜出望外。

不过很可惜，由于视频里提到一句：“我咨询过官方，官方给我回复：多和你喜欢的博主互动，有助于快速开通视频号”，视频很快被系统删除。后来得知，原来是提到了“官方”二字。并不是不能提“官方”，而是不应该说“官方给我回复”，否则会被系统判定为不实消息。

为此，卢大叔的视频号被禁言 7 天，处罚还是蛮重的。当时视频号还在内测期，对内容的把控就如此严格。大家在视频号创作中，要谨记！真是惨痛的教训。

1.1 视频号将成为流量风口的五大理由

在推出视频号之前，微信没有一个真正意义上的内容推荐平台。公众号需要自己做好内容，自己推广。朋友圈只能私域好友看到。即便在公众号红利期，想涨粉也不是易事。

所谓内容推荐平台，是指创作者只需要专注于创作出好的内容，平台会分析内容质量和主题，把合适的内容分发给最感兴趣的人群。这样做的好处是，用户能看到自己喜欢的优质内容，更愿意待在平台；创作者可以不用分心做推广，只需专注于创作，就能获得精准粉丝，持续变现。平台维护好算法，维系好创作者与用户的关系，即可坐收渔利。

平台、创作者、用户三者之中，最核心的还是创作者。创作者最关心的，就是平台有没有前景，能不能输出流量。这个问题没法给出绝对肯定的回答，毕竟凡事皆有变数。结合微信的资源、微信团队低调务实的作风，以及短视频行业格局，卢大叔预测，视频号将是微信最大的流量风口。

1. 视频号放开后，将成为国内短视频平台前三

腾讯 2020 年第一季度财报显示，微信月活跃账户数再创新高，增至 12.03 亿个。据媒体报道，2020 年 6 月 22 日，张小龙在朋友圈发了一条信息，宣布视频号用户数破 2 亿个。这时距离视频号正式上线刚好半年的时间。而抖音达到 2 亿个用户，则花了两年的时间（抖音 2016 年 9 月上线，2018 年 10 月，日活跃用户数超 2 亿个）。这让我们感受到视频号的极大潜力，且增长迅猛。

微信视频号完全放开后，意味着抖音和快手上的很多达人、MCN 机构、短视频内容创作者会入驻微信。在视频号的热门推荐信息流里，已经能看到大量带着抖音、快手风的视频。

2. 社交关系，是机会，也是挑战

社交关系是微信的核心和壁垒。中国互联网巨头中的百度和阿里巴巴，都曾尝试

做社交，但都以失败告终。

由此可见，微信在国内社交这块儿的壁垒，用“坚不可摧”来形容也不为过。微信的社交关系，决定了用户有非常强的信任和黏性。

虽然微信有强大的社交关系，但毕竟视频号属于公域流量。它需要强大的内容推荐算法，算法的核心在于发掘用户的兴趣标签，以及识别内容的主题颗粒度。微信能否培育出强大的内容推荐算法，是一个不小的挑战。关于推荐算法与视频上热门的关系，4.6 节“推荐算法的启示”中有详细的讲解。

3. 官方高度重视

张小龙在一场“微信之夜”的活动中提到，每天有超过 100 亿人次打开朋友圈。而视频号处于朋友圈的下方，可以想象这个流量有多惊人。

视频号的推出，会刺激抖音上优质内容的创作者入驻。拍一条视频，可以便捷地分享给微信好友或分享到微信群、朋友圈中。在好友或者微信群的聊天窗口中，点开即可直观地看到视频号内容。视频号已经完全融入微信体系。这是快手，哪怕腾讯自己的短视频产品“微视”都难以望其项背的。卢大叔相信这 100 亿人次打开朋友圈的流量，会陆续涌入视频号。

4. 腾讯的短视频王牌

在推出视频号之前，腾讯投资了快手，也在内部孵化了独立 App“微视”，但微视一直不温不火。而短短两年多的时间，抖音攻城略地，已经把当初的短视频王者快手甩在身后。

可能我们会觉得，微信是做社交的，抖音是做短视频的，两者好像没啥关联。但当一个平台达到十亿级用户规模，而国民使用互联网的总时长基本恒定时，用户在这个平台花的时间多了，在其他平台花的时间就少了。

从这个角度讲，抖音太消耗用户的时间了，势必对微信造成致命的冲击。这正是微信最为紧张的。微信在尝试了外部合作、内部孵化，都没能限制住对手后，发现只能使用最后的撒手锏：把短视频应用直接嵌入微信。

微信的核心是基于好友的社交关系，在所有的互联网平台级产品中，微信的用户质量和黏度是最高的。我们按用户质量与变现能力，对目前主流的三大短视频平台进行排序，分别是视频号、快手、抖音。

例如，卢大叔有一个办公教学类抖音账号，有 160 多万个粉丝。卢大叔每天会收到大量的咨询。我们做账号的目的肯定是变现，于是，卢大叔推出了一门课程，原价99元，为了测试效果，做了一个特惠价19.9元。本想会有不少人购买，结果不少粉丝跑过来，劈头盖脸就是骂。“别人都是免费的，你怎么还要收钱，取关!”这就是抖音给卢大叔的感觉。虽然流量很大，但吸引来的粉丝都在消耗你的精力，没多少人愿意付费。

视频号则不一样。

卢大叔的视频号，第一条视频就获得了600多个赞，变现了2000元。由此可见，视频号和抖音，在用户黏度上差别很大。决定平台用户黏度有两个因素：一是运营基因；二是平台调性。

微信团队以运营产品见长，非常低调，极其注重用户体验。抖音是算法优先，什么火就推荐什么。因此，抖音上的网红、达人其实没有多少安全感。很多达人把粉丝做起来了，第一反应就是尽快变现。现在不变现，后面就没机会了。

这种心态导致他们没有心思打磨内容、服务用户。平台上的用户也没有多少耐心，期待你的作品。关于三大短视频平台（视频号、抖音、快手）的优势与不足，以及如何选择适合自己的平台，1.4.4节“三大短视频平台优劣分析”中有详细的讲解，此处不再赘述。

5．变现路径更短

前面提到，卢大叔的第一条视频就获得了600多个赞，变现了2000元。简单来说，就是变现路径更短，一开始就能变现。这在抖音上是难以想象的。一个新的抖音号没有粉丝就接不到广告，没有粉丝也没法开通带货橱窗。

为什么两个平台的差别会这么大？！

抖音采用的是内容推荐算法，用户喜欢什么，系统就推荐什么。以Excel为例，用户喜欢Excel，平台就会推荐大量的Excel短视频，各种风格、各种形式。推荐流量大，则意味着同一领域、同一主题会有大量竞争者进入，总有视频在讲解形式或水准上比你更出彩。

用户在这个过程中被宠坏了。他们追逐内容，忽视内容背后的创作者。“免费给我看可以，想收费没门儿!”甚至会出现你免费教人家，人家还跟你抬杠的情况。

这更加坚定了卢大叔全力以赴做好视频号的决心。与抖音相比，微信视频号具有如下特性。

（1）粉丝即好友

我们可以这么理解：视频号是一个突破了 5000 个好友限制的大号微信。我们玩抖音，第一反应就是粉丝不属于“我”，它属于平台。在抖音上很难做用户运营，且平台有各种莫名其妙的限流。想引流到微信，也会被平台限制。

随着抖音用户对橱窗带货的了解与适应，以及抖音直播流量扶持力度的加大，抖音依然是目前极佳的带货平台，但竞争极其激烈。只有那些创作能力突出、粉丝运营强的团队才能在抖音上胜出，赚得盆满钵满，多数人只能“打酱油”。

而视频号的粉丝就在微信里，根本不需要导流（想导流到个人微信，也是官方许可的，不会被限流）。你只需要做好内容，服务好粉丝，变现是水到渠成的事情。另外，视频号也在内测微信小商店，类似于抖音的带货橱窗。相较于抖音，视频号能给更多的普通人带来机会。

（2）天然支付习惯

你去超市买菜、商场购物，基本上都会选择微信支付，这个习惯早已形成。别小看这么一个小细节，它直接决定了平台的变现能力。前面提到视频号变现路径短，本质上就是平台用户已经形成了良好的支付和电商消费习惯。

比如粉丝看了卢大叔的视频课程，觉得不错，真心想买。但又考虑到从没使用抖音买过东西，觉得不安全，付了钱能不能收到课程，在哪里看课程，甚至在抖音上怎么付款都成问题。即便通过橱窗跳转到淘宝成交，但这一跳转，超过 90%的用户都有可能流失了。

用户选择在平台付费购买产品或服务，受到多种因素影响。

- 产品或服务质量、价格怎么样？（核心问题）
- 身边有没有好友买过类似的产品或服务？（影响决策）
- 付款方便吗？（购买体验）
- 付款了会马上发货吗？怎么查看物流信息？（电商体验）
- 产品或服务不好怎么换？如何投诉？（售后）
- 卖家是骗子怎么办？（信誉）

最好的方式是，用户有良好的支付习惯，平台也有良好的电商体验。电商体验，其背后是对供应链的极大考验，以及配套的物流跟踪、赔付体系、产品信用体系等的支撑。

和阿里巴巴的淘宝相比，微信还没有深厚的电商沉淀。但相对抖音而言，微信在产品质量管控、购买体验、售后等方面是有明显优势的。当然，凡事要辩证地看，抖音也会加大电商方面的投入，抖音用户也会慢慢适应、习惯抖音的电商生态。

微信没有像淘宝那样的完全中心化的电商形态（京东是中心化的电商，但它只是微信电商生态的一环），微信最终的目标，是要做一个完全去中心化、开放的电商生态。

数百万个公众号在微信生态里赚取打赏，运营各种付费社群，链接到小程序做电商带货。和传统的阿里巴巴电商的评价信誉体系不同，微信里的电商卖家（不单指实体的电商卖家，还包括知识付费、服务类个人或团队）更多靠的是内容信誉和用户口碑。

但好的内容靠真才实学才能慢慢沉淀，加上用户口碑，这是更接近于现实生活的信誉体系，比单一的评价更加灵活、更有生命力。

（3）变现闭环已打通

目前视频号只能在视频下方链接公众号文章，但它的变现能力已初见端倪。想引流到私域，用文字介绍一下自己的优势，以及能够提供的服务，再放置一个二维码，用户扫码后就可以加个人微信。这个适合提供更深入咨询或服务类的产品，比如情感咨询，一般客单价比较高。这种情况可以先加微信，慢慢建立信任感。加为好友，再通过朋友圈慢慢营销转化。

想带货，可以把公众号文章页当成淘宝详情页，图文并茂。比如放上产品展示、产品卖点、用户反馈等营销转化类信息，再通过链接 H5 商城，或者二维码引导到小程序商城完成成交。后续随着视频号支持直接链接到小程序，电商的实现会更便捷、顺畅。

想做直播，需要在公众号文章页做好清晰的直播主题介绍，通过链接或者二维码让粉丝先做好预约，直播开始会提前通知。直播的目的主要有如下几种：

- 更好地展示公司的产品或服务。
- 直接通过直播获得打赏收益。
- 直播比图文、短视频有更好的带货转化效果。
- 提升粉丝的信任度，为后续变现转化做铺垫。
- 增强粉丝黏性，提升粉丝复购率。

有人说视频号放开了，也没法和抖音、快手抗衡。其实视频号的推出，不是为了对抗谁。它只是为了补充微信在短内容上的短板，整合微信内容生态。还是那句话，平台的地位如何，那是平台的事儿。对于进驻平台的创作者来说，我们只关注有没有流量，能不能更好地变现。

很显然，视频号可以，且能让我们很体面地活着。

1.2 视频号的前景如何

微信官方文档中提到，视频号是人人可以创作的平台。这说明视频号是大多数人的机会。理论上，每个人都能火。但人人能火，并不等于人人都会火。

这需要我们转变思维，系统学习视频号的相关知识，并多去实践。同时摆正心态，对自己多一些耐心，对粉丝多一些爱心，对视频号的未来多一些信心。

1.2.1 普通人的机会

有人觉得自己没有颜值，又没有才艺，怎么拍好视频？其实视频号还处于内测期，我们刷到的视频，出镜的很多都是“油腻大叔”。他们没有颜值，也没有专业的镜头感。但他们对某个领域、行业可能有深刻独到的见解，他们把见解、经验、心得说出来就足够了，就具备了火的潜质。从这个角度说，每个人都会有自己独特的地方，因此视频号也就成为人人都会有的机会。

但火不是一时半会儿的事，需要长期坚持。有人一时性起，三分钟热度，坚持不到一个星期就放弃了；有人每天拍一条视频，从注册那天开始一直坚持到现在。那些坚持下来的人，都会有不错的数据；那些没能坚持下来的，内心早已投降，也就谈不上流量了。

我们总觉得要大火才有成就感，几千次、上万次的播放量都不好意思说出口。这其实是很大的误区。

有时候我们看到抖音网红一夜间涨了一百多万个粉丝，或者破了一千万次播放量，你觉得很厉害，甚至内心在想：什么时候我也能像他们那样火？

卢大叔是最早一批玩抖音的人，对抖音有很深的感情。但这种感情又有点复杂，抖音让无数普通人有了翻身的机会，可以通过自己的努力体面地活着。但抖音的算法倾向于追求热点与创意，忽视了内容背后的创作者。 对于抖音平台来说，它需要两样东西：不断增加的新用户和用户在平台的停留时间。当初抖音设计推荐算法的逻辑也是如此。只有不断升级新奇内容，才能吸引更多的新用户。只有通过算法不断筛选出更有趣、更好玩的内容，才能留住用户在平台消费更多的时间。 从短期来讲，这种设计对平台、部分创作者都是有利的。平台获得了大量用户，部分创作者也在短时间内获得了惊人的粉丝量。但从长期来看，大部分创作者会被边缘化，部分优秀创作者会像流水一样不断被替代。 对于创作者来说，其很难左右平台的决定。即便平台意识到这些隐患，也因船大难掉头，积重难返。更大的可能性是，平台吃着红利，一点想返的心都没有。

我们能做的只是做好自己的内容，在顺应平台规则的前提下，得到平台流量，获得精准粉丝。

和抖音相比，视频号给人最大的感觉就是真实，它没有帅哥美女，也没有滤镜。虽然不可能像抖音一样一夜涨粉 100 万个，但视频号粉丝黏性更强，活跃度更高。

用户在刷抖音时，一条视频还没看完，手已经滑到了下一条，总觉得下一条视频更精彩，怕错过什么。视频号则完全不同，你看一条视频，下一条视频也能看到部分信息，而且视频之间不会有太大的反差和惊喜，更能让用户平静地一条条看。所以视频号用户更专注内容本身，视频号更适合普通人打造自己的个人品牌。

1.2.2 继承微信优质资源

1. 互动意愿更强

评估一个 App 的商业价值，除了看用户使用时长，更重要的是看用户使用频次。所有手机 App，在使用频次上应该没有谁能超越微信。抖音单个用户的使用时长可能高于视频号，但视频号的用户使用频次高于抖音。这意味着视频号有更多的曝光机会，同时创作者和粉丝有更深入的沟通机会。

从卢大叔两年多的抖音运营经历来看，抖音用户的私信互动率极低，其中一个原因就在于用户使用频次。同样是 50 分钟/天的使用时长，视频号是用户一天打开 10 次，每次 5 分钟；抖音是用户一天打开 2 次，每次 25 分钟。很明显，前者能看到的信息广度更大，能与博主互动得更深。另一个原因是，微信是天然的沟通工具，视频号上的粉丝有更强的互动需求与意愿；而抖音偏向媒体属性，用户更习惯看首页推荐信息流里的视频。

视频号继承了微信用户更高的使用频次、更强的互动需求与意愿。

2. 亿级用户规模

2019 年年底，微信月活跃账户数超过了 11.5 亿个。我们不能说这些账户都会开通视频号，但毕竟视频号内置于微信中，全面放开视频号，用户规模估计也能达到亿级。

视频号最终的用户规模（这里对视频号用户的定义是指活跃账户，如果一个用户一个月只看了一次视频号，那么他自然不能算是视频号用户）取决于两个群体：

一是已经有短视频消费习惯的用户。他们可能在抖音、快手或其他平台上。如果视频号更方便、体验更好、内容更合他们的胃口，这些用户会部分回流。

二是还没有明显的短视频消费习惯的用户。他们可能会无意中在微信上看到一些视频片段，但不太了解其他短视频平台，没有主动下载。如果微信在体验与内容上做好优化，这些用户也能转化一部分。

视频号一经放开，即有可能继承微信亿级用户规模这一优质资产。

3. 强社交关系链

社交关系是微信乃至腾讯赖以生存的法宝，其他平台拿不去，也抢不走。社交关系分两种：

一是强社交关系，QQ 好友、微信好友都属于强社交关系。人是社会性动物，不可能离开社交关系。卢大叔是“80 后”，以前社交好友都在 QQ 上，QQ 是每天必用的工具。现在好友都在微信上，QQ 几乎不怎么用了，而微信成了每天的必修课。

二是弱社交关系，微博粉丝、公众号粉丝及抖音粉丝、快手粉丝等属于弱社交关系。弱社交关系通常是一对多的关系，很难进行深入沟通。弱社交关系主要靠内容链接关系，如果其他地方有更好的内容，这层关系就会断开，开启新的关系。

如果视频号是一个独立的短视频 App，那么用户与博主的关系一定是弱关系。但视频号是内置于微信中的，由于微信强社交关系链的介入，这种弱关系相较于其他平台，也会变得更强。

4. 内容生态链

微信公开课公众号（微信官方对外宣传的窗口）发文称，视频号的推出不是为了直接与抖音、快手等抗衡，而是为了整合微信内容生态。从视频号发布至今（截至本书完稿时）的半年多时间来看，确实不假。视频号在界面布局、产品运营逻辑上与抖音存在很大的差异，而在与微信内其他内容产品的打通上不遗余力。

视频号动态（创作者发布的视频或图片）可以被自由转发给微信好友、转发到微信群和朋友圈。其中转发给好友或者转发到微信群的动态，点击后即可进入视频号界面直接观看与互动；转发到朋友圈的动态，在最新版本（7.0.15 版本）的微信中，可以直接以大尺寸视频封面图显示在朋友圈信息流中。

在视频号中发布动态时，可以添加公众号文章链接（视频号链接到小程序只是时间问题）。随着视频号的全面放开，微信平台内各大内容产品间的打通，一定会催生出更多、更好的内容玩法和变现方式。

抖音也一直在尝试和头条系的其他产品（今日头条、西瓜视频、火山小视频）打通。但难度不小，有两个原因：

一是每个 App 都相对独立，用户调性、喜好差别很大，虽然在功能和数据上打通了，但用户对不同形式的内容（短视频、长视频、微头条、长文章等）存在不适应。而在微信上，这些不同形式的内容一直都有序并存。

二是站在产品运营的角度，都想通过抖音这个流量巨无霸分流到头条系的其他产品。即便在抖音上直接展示其他 App 的内容，也会遇到用户的排斥，更别说让用户在抖音上看其他平台内容，并希望用户下载、安装其 App 了。而微信一开始就是一个超级平台，所谓的分流只是一次点击而已。

5. 变现路径更短

视频号的变现路径更短，主要有三个原因：

- 微信好友属于强社交关系，用户黏性和使用频次高。
- 微信支付就像空气一样，重要而便捷。用户已经形成了良好的支付习惯。
- 微信的本质是连接，连接人与人的沟通、连接人与信息、连接人与服务。

在微信生态内有大量的电商类服务，如平台级的京东、拼多多，也有第三方技术服务类的，如有赞，还有商家自己开发的在线商城，这些共同构成了微信电商生态。经过这么多年的发展和完善，用户对微信电商生态的操作已经非常熟悉。

视频号的变现路径更短，其实是继承了微信的如上优势。

1.2.3 越快入局越好

经常有朋友问：卢老师，现在入局视频号还有没有机会？与其挤破脑袋问各种大师，视频号值不值得做，还不如躬身入局，好好体验一把。

之前听过一个故事，提到种树最好的时机是十年前，第二好的时机就是当下。如果你有幸看到本书，在看到这段文字的瞬间，请一定要下定决心，视频号一定值得做。

很多公众号“大 V”，包括抖音、微博上的大号，还处于观望状态。他们要么按兵不动，要么把之前的作品直接搬到视频号上。有些数据还不错，但整体看数据表现则一般。毕竟做好任何一个平台，都要下功夫，要有专门的运营人员精耕细作。

这不就是我们普通人的机会吗？！

当你错过了公众号早期风口后，再想进来，就没机会了。前面提到，要全力以赴做好视频号。视频号不单单是一个账号，后面还可以与公众号、小程序、微信圈子、朋友圈等微信内容生态深度融合，在内容创作、变现方式方面还有很多想象空间。在 1.5.4 节的微信内容生态最优化中，我们将对微信平台内各大内容产品如何结合视频号进行详细讲解。

1.3 微信为何推出视频号

1.3.1 短视频是大势所趋

微信的用户体量非常大，它是一个超级 App。但没有哪件事情是它主动去做的，它都是让别人先做着看，先吃螃蟹。

当它发现市场有机会时，就会一头扎进来，通过强大的创新能力，慢慢成为行业的龙头。国内短视频的鼻祖可以追溯到 2012 年的快手。不过，那时的快手只是一个创作 GIF 动态图片的工具，2013 年 7 月转型为短视频社区。抖音于 2016 年 9 月发布，直到 2017 年才正式上线运营，2018 年春节被“引爆”。也正是在那时，抖音超越快手，成为国内短视频行业的王者。

这时微信团队坐不住了，重启微视（微视由微信内部孵化，早在 2015 年就成立了，一直不温不火。原因是：一方面，没有踩中短视频爆发的最佳时机；另一方面，对短视频这一新形态的传播媒介缺乏运营基因）。最后发现招架不住，微信只好亮出最后的底牌，这便是视频号。

抖音的强势崛起，必然会影响到微信用户的使用时长。这才是微信最为担心的。快手作为短视频社区，已经存在 7 年。那么，为什么这两年短视频获得了突飞猛进的发展呢？原因主要有三点：

第一，智能硬件性能提升。

手机等智能硬件性能的提升，让拍出高清视频成为一件简单又低成本的事情。不需要专业的拍摄设备，也不用进行专业的拍摄训练，拿出手机就可以拍出具有高清画质的视频。智能硬件性能的提升带来的另一个好处是，每部手机都是一台功能强大的迷你电脑，安装一个视频剪辑类 App，就可以制作出具有大片效果的短视频。

第二，带宽升级，流量资费下降。

现在的网络带宽，使得用手机流畅地看视频不再是障碍。同时，手机流量资费也大幅下降。我们可以随时随地刷短视频，进入移动互联网的短视频和直播时代。

在解决了智能硬件性能和网络带宽这两大影响视频普及的问题后，还不足以让短视频快速爆发，还有一个重要原因，那就是人的本能倾向于消费视频类信息。

第三，视频消费更符合大众习惯。

我们身处一个充满声音和画面的世界，这个世界简单而直接，无须思考。视频这种信息形式，就是最佳地融合了画面与声音的媒介。相较于文字和图片，人更喜欢视频。

卢大叔在分析热门视频背后的逻辑时，经常想到这句话：人是进化的产物。借助这个非常棒的思维工具，很多问题就能迎刃而解。本书 10.6 节中提到的视频号运营必备的 10 大思维，其实就是创作与运营视频号的 10 种强大工具。

1.3.2 用户的强烈需求

短视频能给用户带来更直观的感官冲击，刷短视频，就是感觉爽！

很多人说短视频只是一个娱乐工具，刷短视频就是浪费时间。这话看似没毛病，但很容易误导人。听多了，我们会觉得刷短视频，就是浪费时间的代名词。其实不然！短视频只是一种信息呈现的形式，它本身没有对错、价值高低之分，重要的是它所承载的内容。

我们觉得读书是好事，其实图书种类繁多，是不是读什么书都有好处呢？显然不是。你想学习，可以关注与学习相关的账号。但要明白，短视频是非常好的筛选信息、辅助学习的渠道，但不是最佳学习工具。

如果你想在视频号做知识分享类账号，则不要试图解释清楚某个知识点，那样很无趣。当用户在看短视频时，其处于极其感性的状态，情绪化、有画面感的信息更能吸引其注意。不管是脱口秀类还是小剧情类视频，都应试着让文案有画面感、情绪上的波动和故事性。

2017年卢大叔投身于短视频行业，由于工作关系，每天要看大量的短视频。和其他人不同的是，卢大叔更多的是站在创作者的角度，思考创作的思路与立意。热门视频看多了，可以明显提升自己的视频感。正所谓“熟读唐诗三百首，不会吟诗也会吟”。这里是说，当你刷了足够多的短视频后，不会完全原创，也会创新式模仿。

很多人习惯了消费短视频，再回头看公众号的长文章，就感觉很不适应。从某种程度上讲，这个趋势是不可逆的。

1.3.3 人口红利已消失

这里我们通过一些公开的数据，聊一聊人口红利对中国互联网的影响。

经济领域所说的“人口红利”，通常是指一个国家的劳动适龄人口占总人口的比重较大，抚养率较低，为经济发展创造了有利的人口条件。这个红利的持续有一个前提，就是人口一直保持增长才能抵消老龄化带来的“人口债务”问题。在当前新生婴儿出生增长率持续走低的情况下，大家担心中国的人口红利随之会消失。

人口红利的消失，意味着互联网公司的营收在趋缓。腾讯必须在自己的生态里激活这些存量用户，让用户产生更多的交互、更久的内容消费时长，从而创造更大的利润。

除了前面提到的人口红利，还有平台红利。平台红利是指打造一个短视频平台级应用，要抓住4G到5G的迁移中，随着手机等智能设备性能的提升、手机流量资费的下降，用户在碎片化时间下对短视频的井喷式需求。这个红利期只有一两年。2020年短视频的平台红利期正在收窄，即便强大如腾讯也不得不切入进来。

还有一个创作红利期，不同的短视频平台有所不同。对于个人来说，抖音的最佳创作期已经错过，只有专业化的团队才有机会。但目前视频号正处于创作红利期，个人和团队都有很多机会。伴随着创作红利期，就会有内容红利期。比如最近平台在大力推荐知识脱口秀类视频，抓住这个内容风口，拍出优秀作品，就能获得比其他内容更多的流量。

还是回到人口红利上来。

换个思路思考，如果把老龄化及新生儿增长这两个因素抛开，只看人口总量，我们仍然在很长时间内保持人口总量的绝对优势。我们要看到趋缓的人口增长，更要知道在这么庞大的体量下蕴含着极大的商机。

2019年年底爆发的新冠肺炎疫情，使线下向线上开始融合，给在线教育带来了红利；农村人口的城镇化，给中国房地产带来了红利；中国人口的老龄化，给“夕阳”产业带来了红利。

每一次升级或转型，都会带来一拨红利。

1.4 如何正确看待视频号

1.4.1 入局视频号与其前景无关

视频号值不值得入局，以及视频号这个平台未来的发展前景如何，这是两个问题，两者之间并没有必然的关联。换句话说，即便视频号没有非常好的发展前景，你也可以入局视频号。

打造短视频内容生态平台，是一个极其庞大的系统工程，它需要投入大量的人力、财力、物力和精力。它的成功受到各种不确定因素的影响，即便是现在如日中天的抖音，也没人敢打包票说未来三五年，它还能保持短视频“一哥”的位置。

互联网行业发展太快，这里的变数实在太多了。

从微信推出视频号到现在（截至本书完稿时）已有大半年的时间，我们没法预知视频号最终的命运，但从大半年时间的发展来看，卢大叔大概率保持乐观态度，理由如下。

视频号并没有直接跟抖音正面冲突。

抖音偏娱乐，以及过于中心化的流量分发，大多数创作者都是陪跑者。即便是头部大号，也战战兢兢，他们对自己的粉丝完全没有掌控感。粉丝在他们心目中就是“韭菜”，对于粉丝，他们也只是路边的小贩，谁的内容更有趣，就跟谁走。虽然话说得有点极端，但这种模式孕育出来的生态大体就是这样的。很现实，也很残酷。

视频号更真实，坚持和用心就会获得粉丝的真心。不需要太多的粉丝，真心运营好粉丝，就足够过上体面的生活。

卢大叔在抖音有多个百万粉丝账号，由于绑定了微信，在微信中很容易获得这些信息。第一拨开通视频号的博主，很多都是官方邀请的。这个也好理解，抖音玩得好的创作者，入驻视频号也能做出不差的内容。

2020年3月初，卢大叔入驻视频号，一个月不到的时间，就获得了1000个粉丝。

接着卢大叔收到官方的一张邀请卡，使用邀请卡可以随机邀请三个好友开通视频号。不过有个要求，好友关系的时间不得少于三个月。于是，卢大叔第一时间开通了另外三个视频号。

2020年8月初，四个视频号总粉丝数超过10万个。由于视频号还在内测期，卢大叔没有着急变现。视频号想变现，基本上都需要链接到公众号。我们首先想到的自然是引流到个人微信或者公众号。一般来说，个人微信好友的质量高于公众号粉丝。

从视频号引流到个人微信，这里分享一下心得。

- 在每条视频的下方加上公众号链接。
- 在视频中做话术引导。
- 列明加好友有什么福利或特权。
- 给人家一些利益诱饵。
- 链接公众号标题要有动作引导。
- 列出最便捷的添加方式，比如二维码。
- 二维码最好多次出现。
- 公众号标题多试几种，测试出转化最佳的标题。

一周的时间，总播放量160万次，点赞数2.8万个，公众号文章阅读量1.6万次，添加好友980个，公众号粉丝1900个。

我们的引流分两个阶段，第一阶段是付费下载资源。

用户刷到视频，觉得讲得不错，还想看更多、更全的视频。我们在视频下方引导他们进入公众号，在公众号里告诉他们，我们整理了大量相关视频，只需要支付18.8元即可。

用这种方式测试了一周时间，平均每天的收益在150元左右，基本超过了预期。

第二阶段采取了免费策略，希望能够获得更多的私域用户。

用这种方式同样测试了一周时间，虽然没有直接收益，但个人微信的好友数翻了几倍。因此，有时候不能简单地只看眼前收益，而要有更长远的眼光。免费策略可以获得更多的私域流量，这些流量未来可以创造更大的商业价值。

此外，我们可以给“免费加好友”定价。比如过去半年，共有1万人通过视频号加你的微信，创造了50万元的价值，每个好友给你创造了50元。如果每天有10个人加你为好友，那么你每天的收益就是500元。随着用户量的增加，单个好友创造的价值也会提升。

按第二阶段免费策略获取的好友平均每天 30~50 人来计算，你的收益就从之前的每天平均 150 元左右，增加到 1500~2500 元。

其他都没有变化，只是改变了引流的策略，收益就获得了几倍的增长。

综上，卢大叔认为视频号平台政策的友好性、变现的便捷性均有助于视频号的健康发展。

1.4.2 瞄准视频号中的定位

有些问题很多人都忽略了，比如以什么样的方式切入视频号；在视频号里，你处在什么样的位置；视频号涉及的知识点、经验技能你都需要学习吗，等等。

首先要瞄准你在视频号中的定位。这里说的定位，是指你以什么样的身份切入视频号，是做一个全能的短视频操盘手、上镜的达人，还是幕后的文案写手、拍摄与剪辑师。

我们来梳理一下。

1. 视频号操盘手

第一次听说"操盘手"这个词是淘宝电商操盘手，这已经是十多年前的事儿了。后来有了抖音，又出现了抖音操盘手，卢大叔就是典型的短视频操盘手。简单来讲，操盘手要统筹整个项目，深度参与所有流程，从最开始的立项、定位、策划、落地、经营到变现。

操盘手对个人综合能力的要求极高。

首先，操盘手得有突出的管理和沟通能力。短视频项目从立项到变现是一个漫长的过程，且涉及多个部门、很多人员、多个流程、多个专业，很少有一个人能够完全搞定。

需要什么样的人及多少人，应该具备什么样的能力，如何分工让他们明白你所安排的工作，如何对他们的工作进行质量评估，等等，这些都非常考验一个管理者统筹和沟通的能力。

一个项目能否做好，会受到操盘手个人专业能力的影响，但真正起决定作用的还是他的管理和协调能力。另外，决定项目最终成败的还是人才。优秀的操盘手能招到合适的人才，并把他们安排在合适的位置，同时激发出他们的潜能。

其次，操盘手不可能事无巨细，亲力亲为，但对短视频项目所涉及的技术都得了解。比如卢大叔除了上镜表达谈不上专业，其他的都可以独立胜任。

最后，操盘手还得有一定的全局观和果断的判断能力。短视频项目是非常复杂的，是坚定不移地贯彻执行既定方针，还是及时做出调整并止损？有些操盘手是技术出身，只会玩产品和流量，迟迟找不到好的变现模式；有些操盘手是销售出身，只会玩各种无下限的变现，最后把用户伤害殆尽。那么在流量和变现之间，找到健康且可持续的运营模式，是对一个优秀操盘手的考验。

接下来，我们一一说明短视频项目从立项到变现的整个过程中涉及的人员、分工和技术。

2．视频创作涉及的人员分工

第一，明确定位。

创作短视频，第一件事情就是定位。

早期短视频平台没有好的变现模式，也没有对应的变现工具，创作者只能结合自己的兴趣、专长及平台调性，给账号做定位。

而现在短视频平台相对成熟完善，如果没想明白变现模式，或者根本就没有变现模式，则不太建议大家贸然尝试短视频。

有时明确了变现模式，再逆向思考如何进行定位，反而是一条捷径。这样可以避免定位偏离、粉丝不精准或者难变现等问题。

简单来说，定位就是告诉粉丝，你是谁。这里所说的“你”，不是指你这个人，而是指你所代表的公司、团队或个人创作的内容。“内容”也不单单是指用户能看到的视频画面，还包括账号风格、人设风格、视频类型等不能忽视的部分。

定位主要有账号定位、个人定位、视频形式和风格定位。这里不做深入展开，只想告诉大家这些都是隐性知识。由于短视频发展太快，很难形成教科书式的标准答案。

我们很难把它总结成一个公式或者一段话，让你记住就能做好定位，更多的还是在实操过程中不断地反思和总结。作为短视频操盘手，可能操盘十来个项目后，才会对定位有相对清晰的认识。

定位一般由运营人员负责。定位太重要了，在做好定位之后，基本上就不用再花费精力沟通了。通常运营总监或者操盘手会参与到定位决策中。一般来说，操盘手等同于运营总监，只是一个短视频团队的运营总监只有一人，而操盘手跟着项目走可以有多人。

定位是一切工作的第一步，做好清晰的定位后，接着就是基于定位策划视频——视频以什么样的形式出现，是真人上镜脱口秀类、小剧情类，还是图文类、动漫或 3D 动画类视频。不同类型的视频创作成本不一样，粉丝的精准度和变现能力也不同。

第二，策划与文案。

超过 20 人的短视频团队，策划与文案是两个独立的职位。10 人以内的团队，策划与文案可以同一个人兼任。

策划人员的工作是基于定位，确定账号的风格、视频的具体形式。如果是小剧情类视频，上镜人是谁、有几位、其关系如何、谁是主角、谁是配角、角色的人设是什么，等等，这些都没有标准，根据实际情况来定。

文案的工作是在策划人员确定的形式和创意框架的基础上，落实成具体的文案。如果是小剧情类视频，还要形成可以拍摄的脚本。

第三，拍摄与剪辑。

摄像师的工作是在有文案或者拍摄脚本的前提下，指导上镜人（也可能是产品或景物）按要求完成视频素材的拍摄，包括声音的录制，以及用于视频后期剪辑的照片的拍摄。

编导的工作是指导上镜人更好地按照脚本完成视频素材的拍摄。

摄像师和编导的工作有很多重合的地方，区别在于摄像师更擅长取景、光线搭配、画质、艺术审美，简单来说，就是怎么可以拍得好；编导更擅长取景和光线对寓意的表达、对剧情的推动、对上镜人肢体及神态的表现力，简单来说，就是为啥要这么拍。

在有了对应的视频素材（包括音频素材和图片素材）后，剪辑师按照拍摄脚本完成剪辑工作。

剪辑师在剪辑前要梳理好素材，检查素材是否到位、素材是否有问题，不要等到剪辑到一半，才发现哪条素材用不了或者不合格。当然，素材是否符合要求，这需要摄像师在拍摄中就应该跟进，确保素材是万无一失的。

同样的素材，不同专业能力的剪辑师做出来的作品也有明显的差别。这就要求剪辑师一方面要具有一定的专业技能，熟练掌握剪辑技巧和手法；另一方面要对创意、视频、设计、艺术等周边知识有所涉猎。

第四，账号运营。

最终视频制作出来了，但视频做得怎么样，发布到视频号看用户的反馈才知道。前期我们要把已知的部分尽量做好，至少觉得拿得出手了，再发布视频。

按照卢大叔的团队架构，发布视频的工作由运营专员负责。发布前，运营专员要严格审核视频有没有按照脚本完成拍摄与制作、视频里有没有违规信息、剪辑上有没有瑕疵。一切都确认无误后，就可以发布了。

发布视频不是终点，而是运营专员实操的开始。运营专员要及时跟踪视频数据，如播放量、点赞数、评论等。在冷启动阶段，要积极通过微信好友、朋友圈、微信群等方式传播视频。

在微信好友、微信群、朋友圈传播视频号是一个长期的过程，也只有长时间坚持做才能看到效果。总的来说，你的微信好友和群友知道你、信任你，你所推送的视频也是他们感兴趣的、需要的，这是根本。同时要引导他们参与视频的讨论与互动。

运营专员还会面临一些突发事件。比如，视频发布到一半才发现字幕错位了，视频被裁剪掉了，视频发布了几天播放量只有几十次，发布的视频在后台收到了违规通知，等等。如何有效应对这些突发事件，对运营专员甚至操盘手都是不小的考验。

3．视频号相关从业者

视频号相关从业者包括：

（1）抖音、快手成功入局者

在抖音或快手上已经有成熟的团队、项目或粉丝数据，但看好视频号，想把抖音、快手的资源同步到视频号。

这些人首先要理解视频号与抖音、快手之间的区别，也要明白三者的相似点。每个平台都有自身的调性，但毕竟都是短视频，从本质上讲，好的内容可以平台通吃。

关于三大平台之间的差别，1.4 节中有非常详细的讲解。有些人在某个平台做得风生水起，他们把成功经验、技巧直接复制到其他平台很可能就会碰壁。因为所谓的经验、技巧，可能只是一些抓住了平台漏洞的小伎俩，如果没有很强的内容输出能力，这样的做法很难移植到其他平台。

当然，多数创作者还是有很好的创作能力的，并用心在创作。在视频的具体表达形式和风格上，可能需要针对不同的平台做些调整。如果你的作品在展现人性之美方面有所作为，那么在任何平台都能获得不错的流量。

多一些真实与真诚，多一份对粉丝的爱心、对自己的耐心，少一点套路。不管哪个平台，想获得流量，得到平台推荐算法的认可，都得符合以下几个条件：

- 传递有价值的内容。
- 让粉丝感受到你的真实与真诚。
- 多参与粉丝的互动与讨论。
- 让粉丝觉得你在意他们。
- 让粉丝喜欢你的人，而不只是内容。

（2）错失抖音、快手的人

错失抖音、快手的人，可能是他们尝试玩了，但玩了多次就是玩不起来；也可能是他们一直处于观望中，发现身边不少人赚到钱，焦虑了。看到视频号觉得有机会，于是决定开始玩视频号。

相对来说，视频号确实更容易入手。没有滤镜特效，没有创意的要求，只要愿意拍摄视频，视频号就会给你流量。但想获得更多、更稳定的流量，还得靠实力。

好在你进来了，这是好的开始。而且你还很有缘看到本书，这已经成功了一半。这不是因为书写得多好，而是因为你开始把玩视频号当成一项技能，系统学习了。

对于个人来说，在三大短视频平台一直都有机会，只是看你想怎么玩。再者说，玩短视频一定要自己上镜吗？不见得！

如果你喜欢交流，也有机会遇到各种人，那么你就可以尝试做一个经纪人，发掘有潜力的上镜达人。

卢大叔曾经指导过一个家长拍抖音视频，其单条视频获得 20 万个赞、1000 多万次播放量。

有一次，卢大叔带孩子上培训班，无意中看到一个小女孩写的字非常惊艳。凭着本能，卢大叔觉得这个女孩一定能火。

于是，卢大叔找到女孩的家长，和他沟通了此事。他半信半疑，觉得这事儿不可能这么简单，发了视频也不可能火。他还给卢大叔看了他的抖音号，发了几十条视频，粉丝还不过百。

几天后，在培训班的休息区又遇到了这个家长，卢大叔决定督促他现场拍视频。整个过程非常简单，一分钟都不到。在回家的路上卢大叔还在想，这么主动帮人家，万一没火，以后见面多尴尬。幸运的是，当晚这条视频就有了破万的播放量，第二天播放量超过了百万次。

这条视频为什么能火呢?

本书 4.1 节“八大人性驱动力”中对此有详细的讲解。这戳中了很多家长的攀比心：这个小女孩写的字比大人写的还好，作文还这么有文采，我家小孩能有她一半好就知足了。双击点个赞，对女孩的家长表示羡慕，也寄托了对自己孩子的期望，同时释放了内心的焦虑。

要记住，能上热门的视频，不一定看起来多专业，也不一定是高成本制作。这一点对于视频号更是如此。

（3）视频号运营团队成员

视频号或者说短视频的运营，可以是一个人单打独斗，也可以是团队作战。团队化运营就涉及如下成员，如表 1-1 所示。

表 1-1

职　　位	具备的能力	常见称呼
操盘手	突出的管理与沟通能力 对整个项目周期、成本、效果的把控力 对短视频涉及的人员及技术的理解力 对细节的洞察，对全局的统筹	项目操盘手、短视频操盘手、运营总监、项目经理
运营	账号及个人定位 基于定位，确定视频形式 协助策划人员，形成策划方案 协助文案，形成具体的拍摄脚本 协助拍摄与剪辑 确认最终成品是否符合预期 视频上传后，跟踪收集数据 分析数据并得出能指导内容的优化建议	运营专员、运营经理、运营师、数据分析师、运营总监
策划	基于清晰的定位，策划视频的形式和风格 和上镜人、运营人员、客户等沟通策划素材 了解平台热门规则与算法 策划出符合平台调性的创意或内容	策划专员、策划经理、策划师、创意策划
文案	基于策划方案，落实到具体文案 各种形式文案的撰写 与其他相关人员沟通，写出更符合要求的文案	文案、编辑、写手、段子手
拍摄	基于文案或脚本，拍摄视频素材 指导上镜人的表现力、场景、道具的配合 拍摄符合脚本要求的素材	摄影师（拍照）、摄像师（拍视频）

续表

职　　位	具备的能力	常见称呼
编导	将文案变成视频、语言 指导拍出更好的效果	编剧、编导、导演
剪辑	基于素材，结合脚本，剪辑出最终成品 对各种素材的基本辨别能力 熟练的剪辑功底，确保成品自然、流畅 一定的审美能力、细节把控力	剪辑师

每个人在做视频号时都应该想清楚，你是决定一个人玩，还是作为老板，花钱（也可以拿投资人的钱）组建团队。如果一个人玩，对视频号的方方面面都需要了解，但不需要太精通，只需要把一种视频形式玩到极致即可。

如果你颜值不高、身材不好、才艺平平，则可以选择做混剪类、图文类或动画类视频。这个只需要有一定的文字功底即可，更多的是发现平台热门视频，汲取优秀文案或创意的长处。

如果你有一定的表现力和演技，则可以尝试脱口秀类或剧情类视频。脱口秀类视频重在文案，需要一定的文字功底，内容多半来自网络、图书或对热门视频文案的改编。剧情类视频注重创意，需要一定的策划能力，内容多半来自对热门视频创意的改编（本书第 4 章“揭秘视频号热门背后的逻辑”中有详细的讲解）。其实只要掌握方法，创意比我们想象中简单得多。

如果你不太懂互联网，更不懂短视频，也没真正实操过，那么最好的办法就是招聘一个操盘手，给他足够的信任，让他施展拳脚。当然，这种人可遇而不可求。

目前正处于这样一种尴尬的局面：与短视频相关的培训满天飞，但在人才市场上能统领短视频盘子的操盘手却像濒危物种一样稀缺。练好内功，扎实地掌握短视频知识，成为某方面的专才，会有很多施展拳脚的好机会。

有人说学好短视频，一定要看关于短视频的图书或课程。这个建议不错，但不够全面。卢大叔建议大家多看各个细分专业的图书或课程。

与策划相关的职位，可以多看与策划和创意相关的图书。以下是卢大叔看过觉得还不错的图书：

- 《影响力》（[美]罗伯特 · B.西奥迪尼）
- 《怪诞行为学》（[美]丹 · 艾瑞里）
- 《行为设计学：让创意更有黏性》（[美]奇普 · 希思/[美]丹 · 希思）

- 《斯坦福大学最受欢迎的创意课》（[美]蒂娜·齐莉格）
- 《超级符号就是超级创意》（华杉/华楠）

此外，遇到问题时多反思，对世界多一点爱和好奇心，对细节多一些关注。毕竟，策划能力的提升是一个长期的过程。

与文案相关的职位，一是要有足够的阅读量和良好的阅读习惯。对阅读的内容也有讲究，天天刷公众号、朋友圈，同样是文字，看一辈子也未必有多少收获，但阅读经典的世界名著及社科类、心理学、文史类资料却是不错的选择。阅读尽可能选择一手文献或资料，加工过的内容，虽然不排除有质量高的，但和第一手资源相比会有较大的差别。

二是要阅读写作技巧类资料。这只是工具和手段，有了工具，没有文字功底也用不好。有时间和精力的话，这方面的书也可以看看。但不要夜郎自大，以为看了几本关于文案写作的书，就觉得自己是写作高手了。

与传统的文案不同，短视频有剧情类形式，这就让创作迷你剧成为可能。其实这没大家想象中那么难，有一定的文字功底，多学习一些热门小剧情类视频，基本上就有感觉了。再阅读一些关于故事创作的书，学以致用，你就会有更好的表现。

关于这方面的图书，以下几本推荐给你：

- 《故事写作大师班》（[美]约翰·特鲁比）
- 《冲突与悬念：小说创作的要素》（[美]詹姆斯·斯科特·贝尔）
- 《爆款文案》（关健明）
- 《吸金广告》（[美]德鲁·埃里克·惠特曼）

三是要有长期稳定的内容输出。你可以选择自己习惯的方式，比如写日记、拍视频、运营一个自媒体账号等都是不错的选择。

老实地说，市场上拿得出手的优秀短视频文案真的不多。还在写新媒体图文账号的文案的朋友们，你们有大把的机会。只是从图文文案到视频文案，需要一个思维上的转变。

拍摄和剪辑手法相对简单，传统视频和短视频在这两方面没有明显的差别，主要是视频创意和调性会有很大的不同。传统视频是长视频，用户要么坐在家里看，要么坐在电影院看，舒适、安静。但看短视频的场景更复杂、更碎片化，3 秒内没能吸引对方就被刷走了。

在拍摄上，短视频更突出人物主体及人物内心活动，这些都需要更小的景别（景别小，意味着镜头离人物或景物更近）。在剪辑上，短视频更追求感官刺激及紧凑的节奏。这方面有良好的拍摄和剪辑基本功足矣，更多的是需要对短视频思维的理解，并能用它指导日常工作。

运营是一个非常综合的职位，卢大叔对自己的定位就是运营者。不要问做运营要学什么，而应该反过来问，有哪些是做运营不需要学的。目前来看，好像没有什么是做运营不需要学习的。

早在2017年10月，卢大叔就决定投身于短视频行业。那时卢大叔只能算是一名合格的互联网产品经理，对视频特别是短视频也是一知半解。为了深入了解短视频，卢大叔买了两本大部头著作：

- 《认识电影》（[美]路易斯·贾内梯/[瑞典]英格玛·伯格曼）
- 《电影的秘密：形式与意义》（[美]斯蒂芬·普林斯）

当看《认识电影》到100多页时，峰回路转，一下子开悟了，感觉里面就是一个未曾发现的新世界。

这两本书都是对电影这种声影艺术的综合解读——电影中各种元素及寓意，电影画面、光线、角度、旁白、色彩的作用与解读。看完这两本书，卢大叔最大的收获就是，看电影（电视剧）多了一个思考维度。导演想传达什么，甚至每个细节，卢大叔都有了分析的武器。即便是看无聊的视频广告，也能看出十二分精彩。

当你深入理解了电影的创作思想后，再回头看短视频，特别是看短视频平台上的那些热门视频，仿佛自己已经化身为火眼金睛的孙悟空，对视频的骨架和构思一目了然。

（4）中小企业老板

对于中小企业老板，他们并不是真的从0到1学习如何策划、拍摄与制作短视频，而更多的是学习短视频的思维，以及如何招聘专业的短视频操盘手，并和操盘手一起，组建短视频团队。

比较可行的方案是，中小企业老板可以加入一个短视频社群。社群组织者不能太功利，而是要站在企业主的立场为他们着想——如何让他们少走弯路，以更低的成本获得更大的收益。同时，如果在短视频创作与变现过程中遇到一些棘手的问题，则能帮他们解决或联系相关的对接资源。

严格来说，运营短视频是一种创作。既然是创作，那么就没法像盖房子一样，想要什么样的效果都可以实现。

比如一个达人，想给她涨粉 100 万个，这不单单是钱的问题，还要看对方是否有短视频的潜质、团队能否写出符合其风格的文案，以及团队能否高效配合等。

但这也不是说运营短视频就完全听天由命，只是不能太急功近利，而应该把更多的心思花在以下几个方面：

- 公司产品是什么，受众群体是谁。
- 该群体在短视频平台有什么喜好。
- 根据他们的喜好创作出对应的视频内容和形式。
- 研究短视频平台的算法和调性，融合到内容中。

（5）上镜达人

上镜达人的优势在于颜值高、身材好，以及有良好的表达沟通能力。这也是短视频能否上热门的重要因素。但现在创作短视频分工明细，如果你是个人创作者，不可能什么都去学，精力不够，那么就要抓核心。

如果是脱口秀类视频形式，那么你就专注于此，把它做成脱口秀里的精品。脱口秀的核心在于文案，其比重占到七成，剩下的就是表达和渲染力。基于这两块，修炼内功。

如何让文案更出彩、更触动人心？如何在镜头面前更自然、自信？再简单的形式，带着死磕的精神去打磨，也能收到意想不到的效果。

创作其他形式短视频的技能你可以去了解，但不需要花太多的精力深入学习，除非这些技能对你有帮助。

如果是剧情类视频，那么这种视频形式的核心就是创意。如何用几十秒的时间讲好一个故事，让人产生触动，达到“路转粉”的效果？这不需要很强的文字功底，但需要有足够的创意素材储备，才可以创作出精彩动人的剧情。

目前各大短视频平台上剧情类视频原创的并不多，即便是原创的，也模仿了其他平台上的视频。剧情类视频是原创的还是非原创的并不重要，重要的是如何通过剧情获得更多的曝光，且曝光后人家因为你的人关注你，而不是因为你的内容或创意本身。这是非常值得探讨的话题。

另外，如何通过剧情的形式实现变现，而不是过度追求更多的曝光，以及如何把商品融入剧情中，从而达到销售商品的目的，在本书 10.6.10 节“道具思维”中有详细的讲解。

（6）直播主播

直播主播和短视频达人有很多相似之处，有时候一人可以兼任这两个职位。但两者又有很大的差别。

主播的变现有两种：打赏和带货。

打赏是指主播与粉丝互动，消除粉丝的焦虑和压力，让他们愉快地度过漫漫长夜。只有让粉丝精神上爽了，他们才会主动打赏。这对主播临场应变、与人沟通等能力有极高的要求。

直播带货是指通过直播的形式，把产品销售给直播间的用户。主播除了要与用户积极互动，理解用户的需求与痛点，还需要对产品有深入的了解。

对于短视频直播来说，前期直播人气大部分来自热门的短视频。这就要求我们在策划短视频时，除了要让短视频上热门，还要在内容中注入人设。粉丝因为内容看到你，也因为内容中融入了突出的人设而喜欢你这个人。这时你再做直播，这些粉丝就会成为直播间最优质的人气。

虽然整体上看，快手直播的效率比抖音直播高，但这只是平台间的对比。我们要明白，决定直播效果的核心因素是，粉丝是奔着你还是你的内容去的。

基于抖音推荐算法的特点，只要用心做出好的内容，短时间内获得大量的曝光，再加上内容中融入了突出鲜明的人设，这样的直播效果就不会比快手直播差。

微信直播（包括官方的腾讯直播、小程序直播等）和抖音直播、快手直播在引导用户互动与成交上大同小异。直播主播都需要有鲜明的人设，同时需要不断强化与刺激产品卖点与用户需求的关联。但它们也有不少差别，具体总结如下：

第一，抖音直播、快手直播用户是公域推荐流量，短时间内流量大。微信直播用户多半是私域或半私域流量，需要以预约方式积累一定量的粉丝才能开始直播。

第二，微信直播更偏重对老用户的维系，带动新用户的沉淀。抖音直播偏重对新用户的捕获，并及时成交转化。快手直播介于两者之间，既要捕获新用户，又要做好用户沉淀。

第三，微信直播的用户黏性和转化率更高，单个用户会产生多次复购。抖音直播的用户如流水，拦截一点是一点，复购率一般。快手直播介于两者之间。此外，微信直播还需要关注与用户关系的维系，为用户创造长期价值。

第四，微信直播更像是对微信内容生态的补充，或者说是提升用户黏性的工具，而抖音直播、快手直播更像是一个独立的项目，有全职的短视频达人，也有全职的直播主播。但不同的直播平台可以相互转化。

抖音直播、快手直播也可以是提升平台短视频粉丝黏性的工具，或者说是对短视频内容的补充。微信生态内流量大，商家付费体系成熟，而直播是目前最受欢迎的、转化极佳的变现工具。微信直播也可以借助付费广告，通过对广告数据的分析，计算出 ROI（投入产出比）。只要产出大于投入，不断放大规模，就能有更大的收益。

（7）自媒体博主

这里所说的自媒体，主要以图文类平台账号为主要内容输出阵地，常见的有微信公众号、百度百家号、头条号等。

图文类内容平台分为两类：

一类是没有流量扶持和推荐，涨粉全靠自己推广和运营的。微信公众号就是典型的自负盈亏型的代表。要想运营好公众号，就需要写好内容，在微信体系内（好友、微信群、朋友圈）做好推广营销。这里所说的“好”，更多的靠吸引眼球的标题，以及专业的文字排版。

一类是有流量推荐和扶持，涨粉主要靠摸清平台调性，写出迎合平台算法的内容的。百度百家号和头条号是典型的靠天吃饭的代表。这个“天”就是平台的推荐算法。这种平台都有广告分成，为了争夺优秀的创作者，还会有补贴，有时补贴收益甚至比广告分成还多。但百度百家号、头条号等平台的粉丝质量远不及公众号的粉丝质量高。

图文类平台的文章要上热门，标题是核心。在图文推荐信息流里，吸引眼球的标题总能获得更多的点击。文章的点击率越高，获得推荐算法的流量越大。这条规则也适用于视频号。

视频号不存在类似于图文类平台的点击行为。吸引眼球的标题和封面在图文类平台中能获得更多的点击，而发布到视频号中则能获得更长的停留观看时间。用户观看时间越长，意味着完播率越高。

图文类平台的热门文章大多具备如下特征：

- 文章段落字数不太多，否则会降低用户的阅读冲动。在段落之间加上加粗显示的标题，更有层次感，用户也会下意识地按照标题把文章看完。

- 在每个标题下面加上一两句有争议性的句子，埋下伏笔，引导用户往下阅读。
- 多一些配图，缓解用户阅读文字的压力。文章排版也要讲究对齐、重复、对比、留白等设计原则。

在视频的创作中，如果是脱口秀类纯文字的内容输出，则可以设置一些图片或视频素材。混剪类视频也要考虑对齐、重复、对比、留白等设计原则，让这类视频看起来更专业、整洁。

这里说的自媒体博主，一般有较强的文字输出能力。但如果缺乏视频思维，也没有较好的镜头感或表现力，那么在视频号中容易感觉无所适从。

对于这种情况，可以做两个简单的调整：

第一，放大文字功底好的优势，或者和视频结合起来，从文字思维过渡到视频思维。

文字思维的重点是把事情写清楚；视频思维是把事情说得有趣，让人听着爽。前者更多地需要用户理性思考，后者更多地借助画面和情绪，让用户去感受。比如学英语，用文字思维可以全面、具体、深入浅出、引经据典；用视频思维则要借助声音、说话的表情和神态，在内容中融入现实生活中的元素，或者影视片段，让用户听得爽，激发他们学习英语的强烈冲动。

文字思维可以抽象出一些概念，视频思维则需要把抽象的内容实物化。比如有软、硬两种不同材质的雕刻，如果在视频中只是提到“软”和“硬”两个词，这是文字思维，对于用户来说，软和硬是抽象的概念。如果拿个棍子分别敲击它们，通过发出不同的声响，就能直观感受到软和硬的差异。这就是视频思维。

文字思维只能在单一的文字上下功夫（在文字中也可以配图），但视频思维可以把文字、声音、节奏、画面感等多种元素调动起来，且不同的元素之间可以串联，比如文字、声音和画面都可以有节奏感；也可以让无形的东西有形化，比如风看不见，但通过水或树这些媒介，我们可以感受到风的存在，以及它或柔或刚的力量。

第二，选一种自己喜欢或擅长的视频形式。现在还不擅长没关系，可以通过练习慢慢变得专业。那么，如何选择适合自己的视频形式呢？第 8 章“常见的视频形式：从策划到热门”中有详细的讲解。

如果选择脱口秀类视频形式，但感觉自己的气质、颜值、表现力等不够出众，则可以自己提供文案，请上镜模特来拍摄。在有文案的情况下，一天可以拍数十条，按

1000 元/天的成本计算，平均到每条视频上，成本仅几十块钱。如果能找到传媒专业的学生，则不但价格便宜，而且拍出来的视频整体感觉也很好。

如果是混剪类视频，则可以找好合适的素材（关注作者个人公众号，并回复关键词“素材”，免费领取高清视频素材），学习“剪映”，自己尝试。李笑来（在视频号中直接搜索“笑来”，即可找到李笑来老师的视频号）老师就是这么做的，他的视频号平均每条视频点赞数 1000+，视频制作得非常专业，一点也不比真人上镜的视频差。

1.4.3 没有绝对的去中心化

“去中心化”是我们经常提到的一个词。那么，到底什么是去中心化？百度百科中的解释是：

> 去中心化是互联网发展过程中形成的社会关系形态和内容产生形态，是相对于“中心化”而言的新型网络内容生产过程。

这样的解释一般人很难看懂。我们打个比方，要理解什么是去中心化，首先得明白什么是中心化。

卢大叔记得读高中那会儿，学校是封闭式管理，学生只能在学校里接受教育。对于学生来说，学校就是中心化的。学生是个体，学校是中心。中午、晚上吃饭时，住校生一般没法外出，只能在学校食堂吃饭。住校生是个体，食堂是中心。对于住校生来说，食堂是中心化的。

走读生可以外出，他们可以选择在家吃饭，也可以选择在学校周边的饭馆吃饭。对于走读生来说，他们选择吃饭的场地是去中心化的。

比如盛夏时节，离不开空调。一般家庭采用中央空调肯定是不划算的，一是功率太大；二是家里很少同时使用所有空调。但对于写字楼或酒店，如果采用去中心化的空调布局，则空调安装、维护及电能消耗等成本会比中央空调高出很多。

中心化与去中心化之间没有优劣之分，前提是要看具体的应用场景。中心化与去中心化的应用场景在现实生活中随处可见。

以前我们买东西，只能去杂货店、商场或者超市。现在电商普及了，躺在床上就可以下单，半小时内送达。

以前我们只能从电视、广播上了解新闻。现在人人都可以上网，每个人都是内容消费者。我们也可以自己开通社交账号，写文章、拍视频，我们也是内容的生产者。

对于短视频平台来说，内容是由分布在全国乃至全球各地的用户生产的，内容的生产是完全去中心化的。但这些内容被统一存储在平台服务器上，平台利用推荐算法，集中统一分配内容，分发给感兴趣的用户。从内容分发的角度看，短视频平台又是中心化的。

有人说抖音是去中心化的，严格来说，这话不完全准确。从内容生产的角度看，抖音确实是去中心化的。没有哪个人或者机构在统一安排或调度内容的生产，所有的内容都来自用户的自发生产。从内容分发或流量配给的角度看，抖音又是典型的中心化的，它决定给谁流量、给多少。

创作者没法左右推荐算法，即便是有百万粉丝的大号，也丝毫没法掌控自己的粉丝。一个有百万粉丝的账号，和有数千粉丝的小号相比，在发表新作品时，也没有绝对的流量优势。若内容拍得一般，有时还不及小号的流量大。

抖音中心化的流量配给机制，收益最大的是抖音平台本身。用户体量庞大，创作者众多，推荐算法就像赛马场上赶马的鞭子尖上的那撮草，总能有胜出的马儿吃到它。赛马场决定不收门票，一时间引来无数观众，场场爆满。商家看到了商机，纷纷前来申请广告位。赛马场赚得盆满钵满，但苦了马群身后那一大帮陪跑的马儿。

有人说视频号是去中心化的。这话也不完全准确。从内容生产的角度看，视频号是去中心化的；从内容分发或流量配给的角度看，视频号又是中心化的，只是中心化的广度更大，能惠及更多的创作者。

视频号中的创作者也没法左右推荐算法，但通过微信好友可以影响算法。和抖音的内容推荐算法不同，视频号前期视频冷启动，受一度、二度好友互动数据影响较大。如果前期能让一度、二度好友产生较好的互动数据，那么对于出圈甚至上热门都有很大的帮助。

视频号更像大型菜市场，各种菜琳琅满目，同一种菜在不同的摊位都有售卖。它们之间没有明显恶劣的竞争，摊位大的虽然贵，但菜更新鲜。即使再小的摊位，只要服务做得好，拿出特色菜，做好长期口碑，也都能有不错的生意。饿不瘦，也撑不肥。

一个摊位撑不肥，那就多开几个。这样流量就翻了几倍，销售额也跟着涨。对应到视频号，就是做视频号矩阵（关于如何打造视频号矩阵，本书 8.6 节“视频号矩阵的策划与实操”中有详细的讲解）。

1.4.4 三大短视频平台优劣分析

提到短视频平台，我们首先想到的就是抖音和快手。我们之前讲过，微信视频号一经完全放开，它大概率会成为国内前三的短视频平台。所以，这里说的三大短视频平台，就是指抖音、快手和微信视频号。

分析和评价一个平台可以从很多角度切入，如平台的历史发展、平台的商业变现能力等。三大短视频平台都是亿级用户规模，平台的商业变现能力不是我们优先考虑的问题，变现肯定是没问题的。另外，平台变现和作为创作者进入平台如何变现完全是两回事。

快手和抖音是两个相对成熟，但运营调性又截然不同的短视频平台。下面我们重点分析这两大平台的差别，以及视频号在快手和抖音的运营平衡中的取舍。

1. 平台调性的差别

在短视频的生产和消费的便捷性上，快手和抖音是一致的。两大平台都引入了AI（人工智能）技术。不同的是，抖音的算法在于提升分发效率；而快手的算法在于流量的普惠，以及平台生态的多样化。

两大平台有如此大的差别也不难理解。抖音的算法移植于今日头条，而今日头条赖以起家的就是内容推荐算法。简单来说，就是把最合适的内容，分发给最感兴趣的用户。

字节跳动（抖音和今日头条的母公司）因为内容推荐算法在多款头条系产品中取得了巨大成功，必然会让算法优先的策略贯穿于所有产品线。

一个平台选择什么样的发展路径，和创始人有很大的关系。

快手 CEO 宿华为快手新书《被看见的力量：快手是什么》作序，宿华在序言中阐述了快手的核心理念，他写道：

> 幸福感的来源有一个核心问题，即资源是怎么分配的。互联网的核心资源是注意力，作为一种资源、一种能量，能够像阳光一样洒到更多人身上，而不是像聚光灯一样聚焦到少数人身上，这是快手背后的一条简单的思路。

让更多的人身上洒满阳光，让更多的人能体面地生活。这事儿其实也挺简单，就看平台信奉什么样的价值观，以及产品运营哲学。

快手为了避免流量过度集中在头部，把经济学中的基尼系数引入内容调控中。“基尼系数”这个词来自宏观经济学，是衡量一个国家或地区收入差距的重要指标。

基尼系数在 0 到 1 之间，若趋近于 1，则说明贫富差距极其严重。对应到快手，就是指账号间流量差别特别大。除了把基尼系数的理念引入算法中，在很多细节上，都可以看到快手在阻止账号间流量“贫富差距”上的努力。对于头部网红达人，快手也没有特别突出的政策或扶持。头部账号的流量不超过总流量的 30%。

而视频号的粉丝数只有创作者才能看到，创作者之间没有攀比。用户也不会因为你的粉丝多就关注你，他们更在意你的内容质量。在视频号首页推荐信息流的视频中，除了少数政务媒体类视频的点赞数超过 10 万，其他视频的点赞数和评论数都为数百、数千不等，没有明显的流量之王。从这些细节就可以看出，视频号在往快手的方向靠近。

2．创作者与用户的取舍

在快手的考量指标里，流量的普惠程度占有很重要的位置。简单来说，就是不同账号获得流量的比例。而抖音站在用户的角度，追求的是平均浏览量。简单来说，就是平均每个用户刷了多少条视频。

快手更看重创作者，给创作者更多的流量，让平台产生更多样化的内容。抖音更看重用户，给用户更好的内容。从这个角度来说，快手更像社区，抖音更像媒体。所以我们常说刷抖音、玩快手。刷的是看点和资讯，玩的是氛围和感受。

视频号明显没有像抖音那样追求视频的平均浏览量，之前版本的视频号每次刷新只显示 30 个新作品。此外，视频号把置顶的两条评论显示在首页推荐信息流中。可见，视频号希望用户不仅刷更多的视频，而且要和视频玩起来。质量远比数量重要。

3．平台分发的差别

从卢大叔个人的实操来看，在内容的粉丝分发比例上，抖音是 8%~12%，快手是 30%~40%。内容的粉丝分发比例，是指新发布的作品，系统推荐给粉丝的流量（包括粉丝主动在关注列表中看，或者直接进入主页看的情况）占总浏览量的比例。

视频号没有明确的数据，但从长期的观察来看，这一比例不比快手低。

抖音新发布作品，就像农民种地，得看老天爷的脾气。冷启动基本靠懂算法的“好”内容。这里的“好”不一定指真的有价值的内容，也可能是抓住了算法的漏洞，投其所好的诱饵。

快手和视频号新发布作品，有很大一部分是粉丝带动起来的。创作者在内容上与粉丝更深入的互动，也算是内容的一部分。因为它会直接影响粉丝与内容的互动效果，互动好，前期冷启动就更容易。

4．平台用户的差别

三大短视频平台在 UI 设计、算法推荐上的差别，导致了不同平台用户对内容的宽容度也有很大的差别。

快手和视频号的评论区更温和，不像抖音“杠精”那么多。这个其实也好理解，快手是两列信息流；视频号是在看一条视频的同时，也能看到下一条视频的部分信息；而抖音是完全沉浸在一条视频里，下一条视频是什么未知。

就像去一家饭店吃饭，服务员给你一张菜单，你可以点自己喜欢的菜，点错了那也是你的选择，你会更加宽容。第二天你换了一家饭店，这家店的菜都是美味佳肴，但你没得选，上什么菜你得吃什么。这家店很自信，你要吃啥它都知道，很懂你！在多数情况下，客人都吃得很爽。但正所谓众口难调，再好的佳肴也有人吃不惯。好不容易鸡蛋里看到了骨头，还不借势宣泄一下内心的怒火？

很多人说快手充满了乡土气息，这可能是我们对快手最大的误解。作为一个日活跃用户数超 3 亿个的产品，它就是一个大众平台，其用户涵盖各个阶层。

抖音也不再仅仅是年轻人的平台。作为一个和快手同量级的平台级产品，抖音上有各类人群。

举一个极端的例子。有一款产品，受众在三、四线城市。按理说，快手有更大的受众群体，但在快手平台上，内容多、竞争大。而在抖音上，与该产品相关的内容几乎没有，但对该产品感兴趣的受众群体很大。从这个角度来说，与其在快手上进行白热化竞争，不如在抖音上开辟一块新领地。

5．如何选择三大短视频平台

每个平台的调性不同，运营的思维和策略也不同。

我们要花时间刷首页推荐信息流中的视频，分析它为什么热门，及时了解平台最新的规则和动向。同时也要花时间查看用户的互动数据，及时回复评论内容，并引导用户深入互动。从用户互动中得到更多有价值的信息，便于对账号和作品进行调整与优化。

如果人手足够，那么在每个平台上都可以安排全职人员。

根据之前的经验，一般做法是一主一次一放。比如，你可以把视频号作为重点，同时兼顾抖音。当然，快手也不能完全放弃，可以将视频同步到快手，但没有更多的时间来了解快手热门视频与最新动态，对快手就处于放养状态。

对这三个短视频平台，可以根据自己的情况来决定谁主、谁次、谁放养。

总的来说，抖音短时间内流量更大，更适合品牌宣传，直播带货也处于发展上升期；快手社区气息更浓，更适合直播带货；视频号背靠微信，导流公众号或个人微信更便捷，更适合需要深度沟通才能成交的产品或服务。

虽然每个平台的调性会有差别，但它们都是亿级用户规模平台，你需要的用户三大平台上都有。如果在一两个平台上有起色，那么在人力、财力允许的情况下，要同时全力运营三大平台。

1.5 视频号如何整合微信内容生态

1.5.1 搜索流量与推荐流量

搜索流量和推荐流量是内容分发的两种模式。搜索流量是指用户通过搜索引擎搜索关键词，在搜索结果页面中点击你的内容或网页。对于你来说，这个用户就是搜索流量。推荐流量是指用户通过内容推荐平台（如头条号、百度百家号、抖音、快手、微信视频号等），在推荐信息流中点击（也可能是直接看完）你的文章或视频。对于你来说，这个用户就是推荐流量。

搜索流量大不大，主要看关键词。一般来说，关键词分两类：核心词和长尾词。“视频号”是核心词，搜索量是 1500 次；“微信视频号教程”就是长尾词，搜索量是 115 次。核心词的搜索量更大，而长尾词有更高的精准度。

搜索“视频号”的用户，可能只是想了解什么是视频号；而搜索“微信视频号教程”的用户，一定是事先有过了解，想要更深入地学习视频号知识。如果你做的是与视频号相关的知识付费项目，那么后者会有更高的成交率。

通常推荐流量比搜索流量有更多的曝光，但推荐流量的精准度和质量明显差很多，甚至 10 个推荐流量的价值还不如 1 个搜索流量。

搜索流量和推荐流量也不是水火不容。以视频号为例，如果你在首页推荐信息流中看视频，那么对于该视频的创作者来说，你是推荐流量；如果你选择在视频号中搜索“卢大叔”，看卢大叔的视频，那么对于卢大叔来说，你就是搜索流量。

搜索流量不会太多，但足够精准。如果你是做小众市场或者垂直行业的，则可以提早在视频号布局行业关键词。只要将内容布局在视频号，从较长的时间维度看，就一定会有人在视频号中搜索行业相关词时，找到你的视频号，关注或与你互动，最终成为你的客户。

1.5.2 公域流量与私域流量

这两年听得最多的一个词就是"私域流量"。早在2013年微商刚起步时，人们就在利用私域流量了。只不过那时流量充裕，还不要钱。而这些年流量获取越来越难，获客成本水涨船高，于是就会经常提起私域流量。

有人戏谑：我当你好友，你当我私域流量。大家多半对私域流量有不太好的感觉。在个人生活化气息浓厚的社交平台（如个人微信）上进行商业信息的传递，不是不行，而是稍不注意就会陷入不合时宜的境地。

我们看下私域流量在百度百科中的解释：

私域流量是相对于公域流量来说的概念，简单来说，就是指不用付费，可以任意时间、任意频次，直接触达用户的渠道，比如自媒体、用户群、微信号等，也就是KOC（关键意见消费者）可辐射到的圈层。它是社交电商领域的一个概念。

- "相对于公域流量"，公域流量好理解，使用百度搜索、刷抖音、刷视频号的用户，都属于公域流量。公域流量的特点是，数量极其庞大，需要通过"内容"这个诱饵勾住它们。不同的诱饵吸引不同群体的流量。
- "不用付费"，指这些流量已经进入你的"鱼塘"，可能你之前已经花过钱了，后续可以多次利用，不用再花钱。你用"饲料"喂养它们，它们生下"小鱼仔"，你再卖掉小鱼仔获利。
- "任意时间、任意频次"，这个有点理想化。
- "直接触达"，吸引用户成交的内容，就像是"鱼饲料"，你只在自家鱼塘使用，对其他人没有任何影响，不会受到任何查处。比如，发到头条的文章，或者发到视频号的视频，很可能会因为广告信息而违规或被限流，而你在个人微信中和好友聊天，怎么聊都没人管。
- "自媒体"，可以是一个公众号，也可以是一个视频号，还可以是朋友圈，本质就是信息传播的渠道。
- "用户群"，可以是QQ群、微信群或类似的方便信息传递的社区类工具。
- "KOC"，即关键意见消费者，是经常见诸媒体的字眼，与之对应的是KOL（关键意见领袖）。KOC更多的是指和消费者站在一起的同类。KOC更活跃，有更专业的消费能力和感知力，同时也有一批跟随的同类人。

商家在做推广时，通常会联系 KOL。KOL 有影响力，有粉丝群体，有较强的号召力，对商家产品或服务有很好的宣传与成交效果，同时还可以联络一批 KOC。

商家通过 KOC，结合短视频平台进行策划推广。比如 10 个 KOC 比 1 个 KOL，在支付 KOC 更低（相较于 KOL）劳务费的情况下，甚至能获得更大的产出。KOC 和消费者是同类，更能和消费者打成一片，在短视频策划和拍摄方面，能拍出更有创意、更有感觉、更真实的短视频。视频质量更好、数量更多，从而让 10 个 KOC 参与的短视频上热门的概率更大。

私域流量是社交电商领域的一个概念。流量是相对于商业而言的；基于个人的人情往来交际，那就是好友。

想成为私域流量，一般要满足三个条件：

第一，可自由触达。从这个意义上讲，微信公众号、微博、抖音等平台上的粉丝都不能算是真正意义上的私域流量。一方面，在这些平台上发布的信息都要经过审查；另一方面，在这些平台上发布的信息没法完全送达（虽然公众号信息可以被完全推送到用户的微信端，但真正会打开看的用户比例不足 20%）。

第二，内容 IP 化。我们说个人微信号是最佳的私域流量池，但如果没有维护好好友关系，发送一些毫无价值、朋友不感兴趣的内容，导致内容和私域里的流量不匹配，那么这是严重的浪费。内容 IP 化的前提是，内容能吸引用户主动关注，同时内容带有个人色彩或人格魅力，能得到用户的积极响应，甚至互动反馈。

第三，稳固性。这意味着流量不会轻易离开。这里的“离开”不一定指非得把你拉黑。长时间没接触而忘了你、对你发布的信息反感、对你的问候感到烦躁等，这些都表明流量已经离开了你。

要做到流量不轻易离开，也不见得天天要打招呼、经常发送互联网爆文，正所谓“君子之交淡如水”。想象一下自己身边是不是有些朋友，你们可能半年没见了，但只要接到他的电话，就可以聊上一两个小时。

这个人不一定很有才，能把你逗乐，也不见得他很帅、很有钱，而是他给你的感觉亲切而温暖，且独一无二。对于一个陌生的微信好友，如何做到这样？说来也不难，给对方提供有价值的内容，用心且有爱，让对方觉得你是真心希望他开心，而不是只盯着他的钱。

举例来说，假如你是卖减肥产品的，除了要宣传产品的卖点，更多的是要告诉对方，减肥前你被冷眼相待的遭遇、减肥成功后身心发生的积极变化、身边人对你态度的改变、你因瘦下来产生对生活的信心，以及你多么希望那些苦于不知如何瘦下来的人能知道这个方法，等等。

这里有太多的故事，那些曾胖过现在瘦下来的人都深有体会。分享你的故事和经历，其实就是内容 IP 化、人格化的过程。在这个过程中，完全陌生的微信好友很可能被你的故事打动，因你的感受而产生共鸣。这种关系一旦建立，就一定是长期且稳固的。

从这个角度讲，所谓的私域流量和它们在哪个渠道并没有直接关系。比如周杰伦没有在任何社交平台开设账号，你能说他没有私域流量吗？他要在广东开演唱会，只要能买到票，卢大叔第一时间就会下单。因为他符合前面讲到的三点：他的信息传播顺畅、他的歌充满人格 IP、卢大叔因为他的歌早已建立了稳固的联系。

1.5.3 流量的前世今生

互联网经过几十年的发展，早已深深融入人们的工作和生活的方方面面。我们可以把互联网分成两个大的阶段：以计算机（电脑）为主体的 PC 互联网时代和以智能移动终端（手机）为主体的移动互联网时代。

在 PC 互联网时代，接入互联网的是一台台笨重的计算机，很多时候计算机没有唯一的主人。计算机被束缚在一个特定的时间和空间里，而人是动态的，在这种情况下人和计算机是分离的。如表 1-2 所示为流量在不同渠道的呈现形式和称呼。

表 1-2

存在的渠道	流量称呼	呈现形式	载　体
门户网站 搜索引擎	流量	网页：查看信息，没有个人色彩 网站：搜索才能找到，或者收藏到浏览器	计算机浏览器
博客 自媒体	用户	文章：博主写的个人化内容 栏目：下次得搜索或收藏到浏览器	计算机浏览器
微博 短视频	粉丝	作品：有明显的人设 账号：关注后可直接找到	手机客户端
微信 陌陌	好友	私聊：一对一直接深入沟通 动态：好友看到真实的个人信息	手机客户端

当人以 IP 的形式被定义为流量时，其只是一个数字，没有性格，也没有脾气。IP 也没法参与平台内容的互动与建设。纵观整个互联网的发展历史，我们发现流量从无

名到有名、从虚拟的数字到真实的个体、从弱关系到强关系、从低效盈利到高效变现。

高效变现需要同时满足两个条件，一是有较大的用户量；二是用户有较强的关系链和黏性。目前，在已知的互联网产品中，视频号是最符合这两个条件的。

我们通过从不同的互联网平台获取用户的成本，以及平台利用用户变现的能力这两个维度对流量进行估值。流量估值是指一次用户曝光产生的收益。流量估值一般通过在某一周期内，总的曝光产生的收益除以曝光量得出。

如表 1-3 所示，流量估值最高的是搜索引擎的搜索用户。搜索用户的意图最为精准，成交率极高，用户的价值也是最高的。但搜索流量在数量上极其有限，平台用户一瓜分就所剩无几了。流量估值最低的是抖音等短视频平台。这类平台流量极大，但流量的精准度和成交意愿较低。流量估值仅次于搜索引擎的是微信公众平台。微信公众平台用户继承了微信用户特有的质量高、黏性强等优势。

表 1-3

平　台	流　量	估值（元）
搜索引擎	IP	1~10
微信公众平台	阅读量	0.5~2
今日头条	阅读量	0.1~1
新浪微博	阅读量	0.1~0.5
微信视频号	播放量	0.05
快手	播放量	0.04
抖音	播放量	0.02

接下来，我们从获客成本的角度对主要互联网平台进行排序。获客成本是指获得一个用户，运营方愿意支付的成本。平台变现能力越强，平台的获客成本就越高。

如表 1-4 所示，获客成本最高的是个人微信号。这也给我们一个启示：通过运营或者付费的方式获得的流量，应该转移到获客成本最高的平台深度运营。考虑到实际情况，不可能单看平台获客的难易，还要综合评估引流成本、用户运营效率、用户转化率等因素。

表 1-4

平　台	用　户	获客成本（元）
个人微信号	好友	5~30
QQ	好友	2~20
微信公众平台	粉丝	0.5~5

续表

平　台	用　户	获客成本（元）
微信视频号	粉丝	0.5~2
快手	粉丝	0.2~2
新浪微博	粉丝	0.05~2
抖音	粉丝	0.02~2

1.5.4　视频号与微信内容生态的整合

本节介绍微信在内容生态上的布局。

1．微信公众平台

微信公众平台是目前国内最好的UGC（User Generated Content，用户生成内容，即用户原创内容）类图文创作平台，也是创作者首选的内容首发或独家发布平台。相对于今日头条、百度百家号等内容分发平台，公众号粉丝质量更高、黏性更强、变现效果更好。

微信公众号和视频号之间可以进行很好的内容与粉丝的互动。

- 内容互动方面：一分钟内的视频可以发布到视频号，几分钟的长视频可以发布到公众号。在不久的将来，视频号可能也会支持几分钟长视频的发布。在内容分发方面，视频号比公众号更有优势；在粉丝运营方面，公众号可以弥补视频号的短板。
- 粉丝互动方面：如果公众号粉丝量比较可观，则可以在公众号中宣传视频号。尤其是在视频号粉丝较少的冷启动阶段，可以让视频号中的视频更快出圈。

如果你的视频号粉丝还不错，但是想要更好地运营粉丝，则可以把视频号粉丝同步到公众号。

2．微信“看一看”

微信“看一看”也是基于微信公众平台内容的信息流展现方式，有“朋友在看”和“精选”两个入口。

如果你的微信好友点击了公众号文章底部右下角的“在看”图标，那么这篇文章就会显示在你的“朋友在看”中。在视频号首页顶部有一个“朋友♡”选项卡，它的作用是列出你的微信好友点赞过的动态（创作者发布的视频或图片）。它和“看一看”

有异曲同工之妙。

你在“精选”中看到的公众号文章，是微信根据你的喜好以及文章的用户互动数据综合评估得出的结果。

微信“看一看”更多的是给公众号引流，但在“看一看”中也能看到视频号里的视频。这说明微信尝试在其他内容产品中融入视频号的内容。

3．微信圈子

微信圈子是 2019 年年底推出的，属于微信内的社区工具。它将有特定需要和兴趣的人聚集在一起，深入沟通与交流。

微信圈子的推出，很好地弥补了微信公众平台内容虽然优质，但博主和粉丝之间互动差的不足。微信圈子采取信息流方式，优质内容可以获得算法的推荐。

微信圈子通过小程序可以和公众号对接。以后视频号放开链接小程序的接口后，视频号和微信圈子之间也将实现无缝对接。目前微信圈子还处于内测期，不过我们可以提前做好布局。

早在 2018 年腾讯全球合作伙伴大会上，腾讯公司副总裁林松涛就表示，腾讯 QQ 和微信之间还有很大的内容整合空间，短视频将成为一个重点方向。当时所说的短视频指的是微视。从这几年的表现来看，微视的战略意义已经失去，视频号成了最后的筹码。

短视频是目前最受欢迎的内容形式，这是不争的事实。腾讯各大内容平台都加大了对短内容，特别是短视频的投入。腾讯 QQ 加上微信，十几亿用户量，有着庞大的内容需求，特别是短视频的消费需求。

短视频内容从何而来？唯有视频号！

4．微信“搜一搜”

简单来说，我们可以把微信“搜一搜”理解成微信版的百度。不同的是，百度偏向于全网信息搜索；而微信更偏向于微信内部内容生态搜索。

在移动互联网时代，百度依然拥有 60%以上的市场份额。不过，微信“搜一搜”的潜力也不容小觑。

2019 年年底，卢大叔录制了 100 多条有关短视频创作、运营和变现的视频课程，发到了腾讯视频和知乎两个平台。半年左右的时间，有 400 多人加卢大叔为微信好友。

你会觉得才几百人，数据表现并不优秀。但他们极其精准，基本上都是通过微信

“搜一搜”搜索“抖音代运营”找到卢大叔的视频的。

如图 1-1 所示，当你在微信“搜一搜”的输入框中输入“抖音代运营”，或者搜索左图所示的任意一个下拉关键词时，在搜索结果页面中拖动到下方的视频板块，都能找到卢大叔真人上镜的视频。

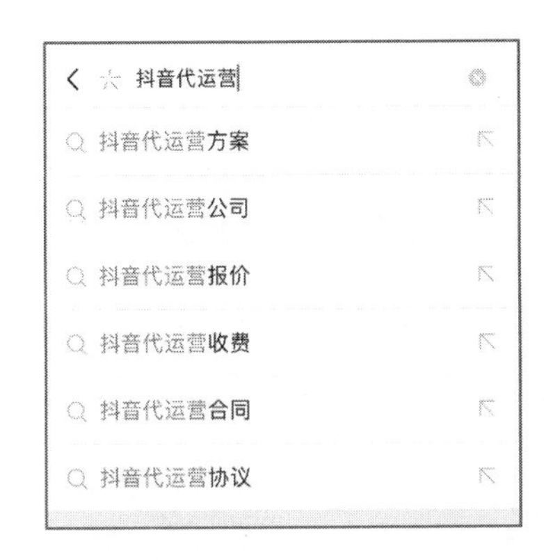

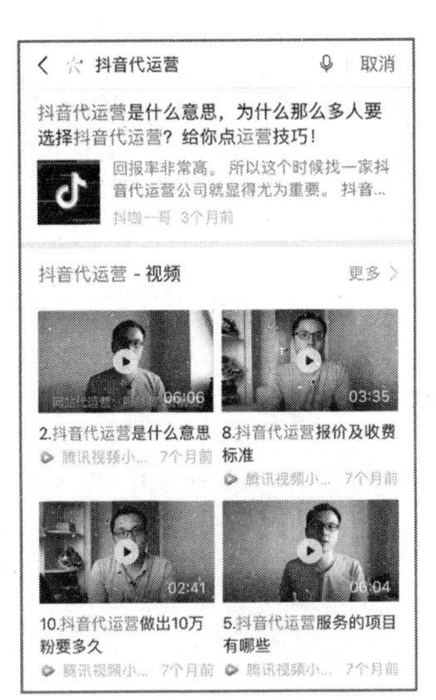

图 1-1

这个用行话说，就叫“霸屏”。简单来说，就是指搜索一个关键词，在搜索结果页面中大部分都是自己的信息。我们经常把曝光和流量混为一谈。有人搜索关键词，找到你的视频所在页面列表，但没有点击，这算一次曝光。如果人家觉得封面不错，点击进入看了你的视频，这就算是流量，我们称为“一次播放”（这不是本书的重点，如果你对这块内容感兴趣，则欢迎与卢大叔探讨）。

短视频矩阵就相当于搜索引擎中的“霸屏”，具体见本书 8.6 节。

由于看过视频，已经有初步的信任感，成交率相对较高。

搜索这些关键词的多半是企业主，他们有很强的目标、较强的消费能力和意愿。说来也巧，他们都是看了卢大叔的文章或视频，从请卢大叔做顾问，变成长期合作伙伴的。就目前加的几百号人，已经让卢大叔获得了六位数的分成，而卢大叔只需要拍拍视频就够了。

5. 微信小程序

严格来说，微信小程序不算微信内容平台，它更像是一个底层的技术架构。

对于微信来说，微信小程序承载着两个重大使命：一是即插即用，打造全生态，连通线上线下的商业闭环；二是连通整个互联网，将微信体系外的应用，通过微信小程序移植到微信体系中。

如果你细心的话，在微信“搜一搜”中搜索某些关键词，就可以看到知乎小程序、新浪微博小程序等。以后会有更多微信体系外的应用，以小程序形式进入微信中。

从本质上讲，微信就是一个连接器，连接人与人，连接人与信息，连接人与服务。

在腾讯内容生态体系中，为什么微信视频号处于极其重要的地位呢？原因就在于内容的级别。目前来说，全网用户喜好度最高的内容形式就是短视频。

为什么内容平台一年的广告收入能达到千亿级别，而电商平台每年却要花掉数十亿购买流量？原因就在于内容平台拥有丰富的图文、长视频和短视频，以及强大的内容分发机制；而电商平台虽然有近十亿的用户体量，但用户买完东西就走掉了，想让用户“粘”在平台上，必须得花钱购买流量。

第 2 章 玩转视频号的前期准备

2.1 视频号是什么

我们前面讲过，视频号是一个风口，它有很大的前景。那到底什么是视频号？微信官方公众号“微信公开课”经常会发布一些官方的产品动态，其中关于视频号的介绍如图 2-1 所示。

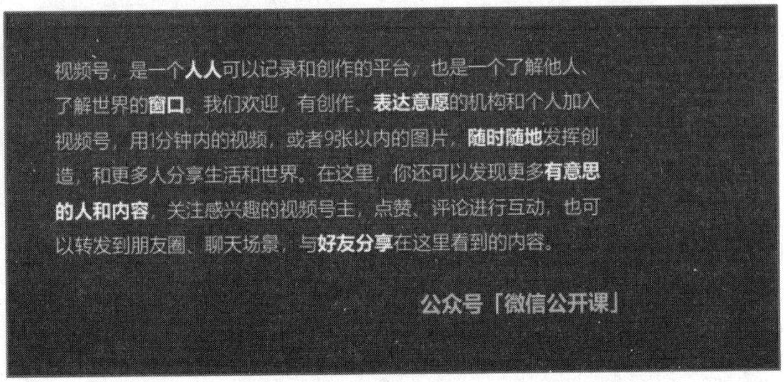

> 视频号，是一个**人人**可以记录和创作的平台，也是一个了解他人、了解世界的**窗口**。我们欢迎，有创作、**表达意愿**的机构和个人加入视频号，用1分钟内的视频，或者9张以内的图片，**随时随地**发挥创造，和更多人分享生活和世界。在这里，你还可以发现更多**有意思的人和内容**，关注感兴趣的视频号主，点赞、评论进行互动，也可以转发到朋友圈、聊天场景，与**好友分享**在这里看到的内容。
>
> 公众号「微信公开课」

图 2-1

有些东西没法速成，尤其是短视频。如果你想从事于视频号创作，那么首先得知道什么是视频号。你得有耐心学习好视频号知识。

我们列出图 2-1 中加粗的核心词：

- 人人
- 窗口
- 表达意愿

- 随时随地
- 有意思的人和内容
- 好友分享

下面对这几个核心词分别进行解释。

2.1.1 人人可以创作

每个人都有权限发布视频。很多学员在微信上问：哎，急死了，现在还没有开通视频号怎么办？我就反问他：现在给你开通了视频号，你就知道怎么发视频了吗？大家不要着急。

你想一下，如果给你开通了视频号，你一时性起乱发视频，比如连着发了三条很随意的视频，系统就会认为你只是一个路人甲，没有创作能力。当你哪天拍出好的内容时，系统也不会给你流量了。严格来说，虽然不至于封杀你，完全不给流量，但是给你流量的概率比一个新账号还要低。

视频号有一条不成文的规则：账号开通后的前三条视频，有一定的流量扶持。如果你的做法如上面说的那样，那么等于废掉了一个新账号。

想想也不难理解，我们开通视频号多少是有些许期待的。如果发布的视频没有任何流量扶持，那么一些有创作潜力的人，要么只看视频号而不发布作品，要么直接回到抖音、快手。为了激励这些人，视频号出此策略。值得庆幸的是，卢大叔开通了 4 个视频号，每个账号的前三条视频都有非常不错的数据表现。

没给你那么快开通视频号，反而是对你好。

所以，趁着还没开通视频号，你要好好地系统学习视频号相关知识，同时还要想好如下几个问题：

- 如何给自己一个清晰的定位？
- 基于定位，如何策划内容？
- 最适合自己的视频形式是什么？
- 如何写好适合自己的脚本或文案？
- 如何拍出好的视频素材？
- 如何把素材剪辑成最终视频？
- 视频发布后，为了上热门需要做些什么？
- 有了流量，如何变现？

请往下看，以上问题都有答案。

2.1.2 窗口是个人名片与企业官网

视频号在 2021 年 1 月的一次改版中，其“关注”和“推荐”列表变成了类似于抖音的全屏播放模式，即每条视频可全屏显示，向上滑动显示下一条视频。这种全屏播放模式能让用户沉浸其中，有更佳的观看体验。

视频号在上线之初，采用了非全屏的窗口播放模式。由于视频号是内置于微信中的，而微信的核心功能是聊天，所以视频号采取全屏播放势必会对微信的聊天功能产生影响。从这个角度讲，视频号只是微信内容生态内的一分子，它要为整个内容生态做出展现形式上的妥协。这次改版则让短视频以它该有的样子呈现，正视了短视频的价值，以及未来三五年其在微信中的核心地位。

而在 2020 年 12 月的一次改版中，视频号动态可以同步到个人微信主页，展示在朋友圈动态的下方。视频号已经超越朋友圈，成为个人品牌宣传最好的名片。

目前视频号主页也增加了多项功能，如自主置顶视频、设置商品橱窗小程序、设置直播预约等，很多企业都将公众号当成公司品牌展示与信息发布的官网。随着公众号涨粉成本越来越高，以及用户对视频内容需求的增长，视频号将成为企业官方宣传的标配。

2.1.3 表达观点而非商业广告

目前从事微商的人可能有几千万。微商人通过朋友圈起家，进驻视频号轻车熟路。朋友圈人气已经在走下坡路，流量下滑严重。视频号就像突破 5000 个好友限制的大号微信。可以预见，这些人肯定会盯上视频号。

微商人有非常好的成交转化和沟通能力，但他们缺乏专业的内容创作能力。千万不要把视频号当成朋友圈。

视频号表达的一定是意愿。什么是意愿？意愿肯定不是硬的商业广告，而是观点、文化、经验和心得。如果你从事微商，想通过视频号推广微商业务，那么要思考微商的观点、微商的文化和微商的经验是什么。

你可能不喜欢微商。这里只是站在学术的角度，让你明白短视频创作的思维逻辑。微商人只需要简单地转变思维，就可以在视频号中玩得风生水起，那么还有什么行业不能做好视频号呢？

比如你要销售某款产品，首先要做的不是马上拍短视频，而是先思考如下问题：

- 代理商在哪里？
- 如何找到他们？
- 如何建立信任？
- 如何促成成交？

当你厘清了以上四个问题并一一解决后，即使只成交了一个代理商，也足矣！将你在这个过程中的经验、心得、成长通过短视频记录下来，对于想从事这行又没任何经验的人来说，你的分享就是无价之宝，而他们正是你需要找的精准受众。

卢大叔在讲课时，经常提到一个词叫“左右定律”。向左，我们会想到商人、商业和价格；向右，对应的是专家、梦想和价值。有没有感觉很不一样，左边是很硬的商业广告，右边是很软的人文关怀。

卢大叔现在戴的眼镜是在高中同学那里配的。按照正常思维，这个同学是一个卖眼镜的商人。但如果他把自己的从业经验拍成短视频，那么他就是一个眼镜专家。

他通过视频号分享怎么选镜框、怎么选镜片、怎么避免入坑。原来的眼镜卢大叔花了 1000 元，他听了之后吃惊地说：“天呐，太贵了，你被坑了。这副眼镜 300 元就可以搞定了”。

原本很硬的商业广告，就变成了暖心的“种草”。他从商人变成了专家、意见领袖，所以卢大叔信任他。以后要换眼镜，或者身边有朋友需要买眼镜，卢大叔第一个就会想到他，不单纯是为了便宜，而是信任，且服务品质高。

商业其实是一个很现实的东西。而梦想不一样，它给人一种渴望、一种情怀、一种温暖。所以，创作出热门的短视频其实很简单，就是把你的商业行为变成一种梦想与情怀。

阿里巴巴上市，从商业的角度看，就是为了获利。但马云不会明讲，他说：“我的梦想是让天下没有难做的生意”。听着就很舒服，在舒服之余，你就真的相信了。

热门短视频的核心就在于，把产品的价值通过视频直观地展现出来。不但视频能火，吸引到的都是精准粉丝，而且粉丝的成交转化还很好。

2.1.4 创作更自由

“创作更自由”，以天为盖，以地为席，生活处处都是创意。这就需要我们有细腻的心、犀利的眼神，用心去观察工作、生活、朋友，只要善于观察，绝对有大量的优质素材可以拍成短视频。

视频号的创作非常自由，它不像公众号，非得通过电脑才能写文章。相对来说，公众号的创作门槛还是比较高的。例如：

- 有一定的文字功底。
- 有台电脑用于写作（使用手机也可以发内容，但粉丝运营还得用电脑）。
- 自己想办法推广公众号。
- 耐得住寂寞，从 0 到 1000 个粉丝可能需要半年的时间。

公众号早期不会原创，就从微博、博客、门户网站搬运洗稿。不用推广，就有粉丝阅读和关注。其实任何平台早期都有流量红利，重要的是你能看到，还能坚持下来。公众号创作的红利期早已结束，而视频号在这四个方面确实降低了进入门槛：

- 没有文字功底要求，但得会用心生活。
- 手机有拍摄功能。
- 专注于视频创作。
- 一个月见分晓。

对于以上四个方面，只需认准视频号处于红利期，直接执行就好了。当然也要注意，使用手机随时随地可以拍，但不能乱拍。除了可以拍视频，还可以做图文类、混剪类视频等（本书第 8 章“常见的视频形式：从策划到热门”中有详细的讲解）。

这些视频形式永远不会过时，重要的是你要表达的内容，这正是本书想传达给你的信息。

2.1.5 个人 IP 和内容 IP

“有趣的人和事”是非常口语化的表达，光看这几个字，我们没法得出实质的东西。但能联想到做短视频，无非就是做个人 IP 和内容 IP。于是，我们就把有趣的人和事，与个人 IP、内容 IP 对应上了。

本节提到的 IP 是 Intellectual Property 的缩写，直译为“知识产权”。通过智力劳动创作出文学、影视、动漫、游戏等有著作权的作品，IP 是对这类作品的统称。优秀的 IP 可以凭借自身吸引力，挣脱单一平台的束缚，在多个平台上获得流量，进行内容分发。

内容 IP 可以细分为知识 IP 和产品 IP。卢大叔的账号定位是专注于视频号的创作与变现。这就是明显的知识 IP。

有人说，“你是真人上镜，那也算是个人IP”。这也不能说不对，但相对而言，个人IP对上镜人有更高的要求。我们经常听到一个词，叫“打造个人IP”。为什么要打造个人IP？因为个人IP更容易引起用户的关注，更容易让用户喜欢你，也更容易实现成交转化。

打造个人IP其实就是打造个人品牌。IP比品牌更具体，IP是对品牌的视觉化呈现。以前是打造个人品牌，现在是以同样的思路打造个人IP。

我们每个人都有无限的潜能，但每个人的能力都被限制在原子的时空里。即使逻辑再清晰、语速再快，你也不能把技能同时传授给1000个人；即使精力再旺盛，你也不能同时出席100个城市的活动。

短视频是打造个人IP的最佳形式，在各短视频平台中首推视频号。因为视频号更注重粉丝与创作者的沟通，视频号内置于微信中，而微信本身天然就是与粉丝深入互动的平台。

1．打造爆款产品IP

要打造爆款产品IP，目前首选抖音。在抖音上打造爆款产品，其实就是电商带货。虽然抖音不具备很强的电商属性，但这两年用户已经养成良好的短视频购物习惯。

由于抖音具有很强的媒体属性，如果能把一款产品融入超强创意的内容里，同时融入产品卖点，那么内容火了，就能通过抖音橱窗产生惊人的收益。在抖音上打造爆款产品一般周期都很短，要不停地换产品，并结合内容测试其成为热门的概率。

需要指出的是，抖音短时间内流量大，通过橱窗可以直接带货。如果视频成为热门，则可以立刻开启抖音直播。在流量相同的情况下，直播带货的转化率明显高于短视频。

未来几年，短视频平台的主播会成为一种热门职业，优秀的主播可以轻松实现月收入达到六位数。那些有亲和力、善于沟通、有一定销售经验的实体店面服务人员，经过几个月的练习，就可以成为优秀的短视频带货主播。

虽然快手的流量没那么大，但粉丝黏性比抖音高，直播带货效果也不比抖音差。

目前，虽然视频号可以实现带货，但还没有完全打通。微信小商店类似于抖音橱窗，截至本书完稿时（2020年8月初）还在小范围测试。一旦可以无缝对接视频号，它将成为另一个带货引擎。视频号的整体流量没抖音大，但转化率高于抖音。

2. 知识 IP 应用场景及注意事项

知识 IP 是指以知识、技巧分享为主，视频中没有上镜人，或者有上镜人，但没有凸显的人设。

这种账号适合那些有专业技能或知识储备，但没有凸显的镜头感和表现力的人。这些人通过知识的专业度，让粉丝对账号或上镜人产生信任感，从而实现成交转化。

还有一种情况是，对于一些 MCN 机构（在有足够资金和人才支持的基础上，稳定输出高质量内容，从而实现商业变现）或企业，在选择达人上镜时，担心其火了之后会单飞，故意雪藏其人设。它们只需要达人像记者一样，专业报道知识即可。这样即使达人离职，也可以无缝切换成其他人。

知识 IP 最好的呈现方式是知识出彩、人设凸显，两者相得益彰。如果与上镜人是合作的关系，那么事先一定要谈好协议。双方多一些信任，少一点猜忌，一起做大规模，共享收益。

2.1.6 用心做内容，而不是靠偏门技巧

有人喜欢挖空心思琢磨各种偏门技巧——怎么让别人给自己点赞、关注自己。这其实是很大的误区。

你首先应该想的是怎么拍出好的内容，打动用户，让用户真心点赞。用户看到你的视频，觉得有趣、有触动、有共鸣，是发自内心的喜欢、发自肺腑的点赞。

你发个红包到微信群，在短时间内确实能获得不错的点赞数据。但别人很可能连你的视频看都没看，或者只看了两三秒，就下意识地双击。这样的互动是无效的，无效用户参与的互动，自然对视频上热门没有实质性帮助。

卢大叔有多个运营短视频的微信群，每次做好视频发到微信群，卢大叔都会说这条视频的主题是什么、要点有哪些。有时还会故意设置一些争议点，让大家在视频下方的评论里参与互动。

关于如何引导粉丝参与视频号的互动，这里总结了以下几点：

- 创建多个和自己的视频号主题一致的微信群。
- 在分享视频的同时，列出视频看点，引导大家讨论。
- 设定互动目标，完成目标即可领取红包。
- 从粉丝那里获得视频拍摄灵感，被选中的粉丝有奖励。
- 在视频中设置争议点、吐槽点。

- 把粉丝参与讨论的内容作为视频创作的素材。

粉丝与视频号的互动是提升账号权重的重要方式。关于如何引导粉丝评论、互动，本书 10.2 节“视频号评论功能操作与运营”中有详细的讲解。

2.2 视频号后台触雷规则

在卢大叔的视频号实操训练营被问得最多的问题是，发布视频有哪些雷区？根据微信官方《微信视频号运营规范》文档（建议大家详细阅读官方文档，获取方法是：关注作者个人公众号，回复关键词“素材”，按相应章节找到对应的资料素材），这里整理出比较有代表性的几个要点。

2.2.1 恶意注册

2018 年 12 月，腾讯公司发布了《互联网账号恶意注册黑色产业治理报告》。该报告中指出，恶意注册是指不以正常使用为目的，违反国家规定和平台注册规则，利用多种途径取得的手机卡号等作为注册资料，使用虚假的或非法取得的身份信息，突破互联网安全防护措施，以手动方式或通过程序、工具自动进行，批量创设网络账号的行为。

什么叫批量注册账号？假如公司老板想让全公司几十号人都来玩视频号，为公司业务做推广，同时指定几个员工来帮忙注册账号，这算不算批量注册账号行为呢？

这应该不算，界定是否是批量注册账号行为有三个前提条件：一是大量注册了账号，至少有数百个账号；二是注册账号后发布的内容劣质低俗，没有可看性；三是以非法盈利为目的。很明显，对于多数人来讲，即使批量注册账号了，其他两个条件也是可以避免的。

什么叫虚假信息注册？卢大叔用自己的一个百万粉丝的抖音账号作为影响力证明，很快通过了视频号申请，这算不算虚假信息注册呢？严格来说，这不算。虚假信息注册是指盗用他人信息注册账号，且用于不正当目的。

卢大叔不建议大家从事账号交易，因为这种行为是官方不许可的。但是，如果你运营了一个视频号，自己没有精力来做，于是你找到一个合适的能让账号获得更好发展的买家，同时也能减轻自己的经济压力，这是没什么大问题的。需要指出的是，视频号和微信号深度绑定，目前还没法解绑，除非你专门申请一个微信号用于视频号的运营。

2.2.2 诱导用户

诱导用户指胁迫、煽动用户分享/关注/点赞/评论视频等。比如有人经常在群里发红包，让群友给他点赞、评论和转发，这算不算诱导用户呢？严格来说，这不算，但也要注意方式、方法。

他并没有胁迫和煽动用户，只是通过红包的方式，对他们的行为表示感谢。

我们可以反着想，为什么会出现胁迫和煽动用户的情况呢？很可能就是因为某些运营视频号的个人或团队，在用视频号从事非法牟利活动，利欲熏心。他们没有内容创作能力，能想到的就是利用各种胁迫、诱导手段。

最可恨的是，他们还把这些所谓的成功经验复制放大，扰乱正常的内容生态。对于这样的行为，官方是不会袖手旁观的。

那么，如何在官方许可的前提下，做好用户互动与引导，还能收到不错的效果呢？

1．用心做好内容，多与粉丝互动

做出好的视频是一切的前提，你的视频有没有用心做，粉丝是可以感受到的。与粉丝打成一片，他们会以更好的互动作为回赠。而与粉丝的深度互动，是视频上热门的基础。关于如何与粉丝互动，本书第 10 章“成为视频号‘大 V’的运营锦囊”中有详细的讲解。

2．培养壮大微信粉丝群

这里所说的微信粉丝，是指通过视频号的引导，将视频号粉丝加到微信上的好友。请用心对待加你的每个粉丝。前期加你的粉丝不多时，给每个粉丝主动打个电话，了解他们的情况，提点实用的建议，他们会很感激，在你的后续作品里其参与度会很高。

你不可能与所有的粉丝都进行深度沟通，精力也不允许。但是前期这些粉丝对账号的冷启动至关重要，人数不用太多，200~500 人即可。这时你可以创建一个微信群，定期分享一些干货。比如卢大叔的视频号实操群，每周深度拆解一条热门视频，集中回答群友提问。有时会选定一个群友，对他的账号进行全方面诊断。从实际的效果看，群友对卢大叔的认可度非常高。发到群里的视频，只需告之要点，群友就会纷纷点赞与评论。

你的用心和努力，粉丝看在眼里，他们会走进你的阵营，为你摇旗呐喊。

3. 让粉丝有参与感和荣誉感

好内容以及你的用心与努力，虽然能吸引住粉丝，但想让他们主动参与互动，还需要激发其参与感和荣誉感。

如果群里每次只有三三两两的群友参与互动，则自然没法引发更多的群友参与。因为不少群友会觉得“你们都太有才了，可我啥也不懂，我只能默默地看着你们”。而新进来的群友，会觉得这个群太冷清了、没意思。

这时候你需要设置一些简单的且大家都可参与的活动。比如，在卢大叔的视频号实操群，卢大叔就会问大家：“你们都用什么手机拍视频？用什么软件剪辑视频？”这样每个人都能参与讨论。

再比如，在群里卢大叔说不想再玩视频号了。大家一看，立刻就议论开了，“老大想要放弃了吗？我们怎么办？”通过有争议性的话题，一下子把大家交流的积极性激发出来。其实卢大叔是想说，要把做视频号当成一份事业，而不是小打小闹地玩。

大家恍然大悟，紧张的气氛一下子舒展开来。重要的是通过这样的交流，让群友更直观地认同了卢大叔的观点。

当然，群友最感兴趣的还是涨粉和赚钱。

卢大叔一直深耕抖音，这里有不少学员以及成功的案例。虽然视频号还没有完全放开，但也有一些成功的案例。基本上每周都有学员向卢大叔报喜：视频上热门了，又引流了几百个好友，一晚上变现了几千元等。

卢大叔会提前一天把喜讯分享到群里，提醒群友第二天准时来群里听分享。这样做，一方面可以通过预热，吸引更多的群友关注；另一方面可以埋下伏笔，激发群友的好奇心。

卢大叔是技术实操出身，不会耍嘴皮子，只会用心钻研，把实实在在的落地干货分享给大家，希望大家能从中受益。

2.2.3 刷量刷粉

刷量刷粉指使用任何非正常手段获得粉丝数、点赞数、评论数、播放量等虚假数据，包括但不限于利用第三方运营平台、工具、外挂、系统漏洞在微信服务中进行的刷量行为。与以上行为相关的方法和工具的传播也是不允许的，会受到官方的处罚。

刷量刷粉已经是一条成熟的产业链，这个链条从互联网诞生之日起就存在了。

早在 PC（个人计算机）互联网时代，为了让客户的报表更好看，平台方会利用第三方刷量公司制造虚假流量。后来电商平台逐渐发展起来，为了让商品能排在更靠前的位置，商家利用虚假交易制造商品销量和用户好评（商品销量和用户好评对商品搜索结果排名有很大的影响）。

需要注意的是，对视频号（也包括其他短视频平台）不要这么做。短视频平台的算法，很容易识别出你有没有刷单行为。即便你侥幸得到了外在的光彩数据，你的账号也很快会被限流或封号，得不偿失。

2.2.4 骚扰他人

想获得更好的传播效果，不要批量发送骚扰信息或垃圾信息，因为大批量群发费力不讨好。有这个时间和精力，还不如做好内容，好内容自然能传播开来。

不单单低俗的内容是垃圾信息，与主题不相关的内容也是垃圾信息。比如，你在一个关于健身的视频号下面进行评论，让人家买你的纸尿裤——即使你的产品质量再好、服务再周到，去错了地方，也只会引发人家的反感。

卢大叔曾经做过一个抖音评论引流的实验，大致思路是这样的，比如你做的是服装销售，先把自己的账号铺好关于服装的视频，在主页做好营销转化设置，然后去找与服装相关的大号和热门视频。与服装相关的热门视频不难找，只要多刷几条类似的视频、多参与互动，系统就会给你推送更多的相关视频。这样还不够，因为即使视频上热门了，而你的账号没什么粉丝，发上去的评论也会很快被挤掉。

解决办法有两个。一是让自己的账号粉丝数达到数十万、上百万，这样你将评论发到热门视频上，粉丝看到这条视频，能优先看到你的评论，且给你的评论点赞，点赞多的评论会优先显示。但这个要求不好达到。

二是找到那些整体视频点赞数比较多的账号，熟悉它们发布视频的周期和规律，并第一时间写上你的评论。目前市面上的第三方短视频数据分析工具（卡思数据、飞瓜数据、抖大大等）都有账号监控功能。因为这些账号流量大是大概率事件，所以就能保证你的评论获得足够多的曝光。

如果你能写上一条应景的经典评论，那么光这条评论就能得到数万个赞。第三方短视频数据分析工具可以把平台上引用最多、点赞最多的评论筛选出来。

虽然说的是抖音的例子，但其思路也适合微信视频号。

2.2.5 侵犯知识产权

微信视频号对创作者的知识产权保护是非常严格的，搬运相关视频很可能会被系统限流甚至封号。但也不是说完全就不能搬运，而是要讲究技巧。具体如何操作，以及有哪些技巧，本书第 8 章“常见的视频形式：从策划到热门”中有详细的讲解。

2.2.6 泄露他人隐私

未经授权，不得发布他人的身份证、联系方式、地址、微信号、照片等信息。我们在拍摄视频时，有时候可能在无意中透露了自己甚至他人的隐私信息，这时就会被系统判定为违规。在这方面大家要特别留意。

违规信息还包括公司 Logo、产品商标等。如果视频已经拍完了，没法重拍，则可以对相关隐私信息做马赛克处理。

卢大叔的一个短视频账号，曾经发布了一条减肥前后对比的视频，其中用到了一张从网上搜索到的女生照片，该视频获得了 300 万次的播放量，还没等庆祝，女生就发来信息，说我们盗用了她的照片，很快视频就被处理掉了。

所以，尽量不要用私人照片，否则应获得其许可。

2.2.7 发布不实消息

本书开篇就提到“发布不实消息”的惨痛教训，至今心有余悸。当时是第一条视频，也是太兴奋了，没有按正常的拍摄流程走。随性发挥拍出来后，就着急发，心想：如果发得晚了，看的人就少了。

其实别看我们是专业玩短视频的，知道各种大道理，但也难逃心魔，会做出一些低级的傻事。不过好在及时吸取教训，以后不再犯同样的错误。

2.2.8 夸大误导

我们在创作视频的过程中，一定要分清楚夸大误导和艺术创作的区别。如果创作的内容违背事实、逻辑混乱、制造焦虑和紧张感，这就属于夸大误导。如果虽然内容不是事实，但有理有据，给人信心，充满积极的正能量，则属于艺术创作。

追时事热点可以快速获得流量，但也有风险，不要故意曲解事实、乱带节奏、误导用户；否则会被限流，甚至被封号。视频号与微信直接绑定，封了视频号，对应的微信号也就没法重新申请了。

2.2.9　有损未成年人

有损未成年人指存在校园欺凌，未成年人饮酒、吸烟、吸毒、早婚早育、厌学弃学等信息。关于这一点很多人会产生误解，也有可能会被系统误判。

我们曾经有一个账号，发布了一条有关校园背景的小剧情类视频，审核总是通不过，提示存在有损未成年人的信息。后来才知道，那段时间平台加大了对关于未成年人内容的审查力度。

系统对视频内容的审查主要包括两个方面：一是对视频画面的主题元素进行分析。比如系统识别出画面里出现了庄稼、农民等元素，系统认为视频有关于“三农”的主题倾向；二是对画面上出现的字幕，以及将视频中的声音转成文字后，在文字上进行类别与主题的分析。

例如前面提到的那条审核没通过的视频，画面中出现了校园的场景，还有多个穿学生装的角色，这在平时是没事的，但那时这样的视频就没法通过了。

当我们了解了系统对视频的审查细节后，就会明白，为什么很多短视频里的字幕要用谐音或者字母来代替。但声音没关系，因为声音有很多同音、谐音，系统会对声音、画面的主题进行综合分析，而画面对主题的权重影响更高。当然，如果声音上出现非常明显的脏话，也是不允许的。

其实平台限制的并不是表面上不能有未成年人的信息，而是不能宣扬不正确的未成年人的价值观。

2.2.10　令人极度不适

对于不适合出现在视频中的内容，可以使用隐喻，或者让粉丝脑补，再配上应景音乐，也能达到甚至超过直接展示画面的效果。

2.3　视频号的界面布局详解

本节我们通过手机实操的方式，详细讲解视频号的界面布局。为了便于理解，大家可以下载相应的视频及课件，配合本书一起使用（关注作者个人公众号，回复关键词“素材”，按相应章节找到对应的资料素材）。

可能有些读者会说，“视频号的界面布局很简单，我天天刷视频，早就知道怎么操作了”。

但你想过没有，反而是这些非常简单、看不上眼的内容才是基本功。只有练好了基本功，才能更深刻地理解视频号。这些内容看似基础，其实是我们进阶必须爬过去的阶梯，没法跳过。

2.3.1 视频号主界面

打开微信，点击微信界面底部的“发现”，在“朋友圈”下方就是视频号的入口。点击“视频号”，进入视频号主界面，如图 2-2 所示。另外，点击微信界面底部的“我”，在“朋友圈”下方也有一个“视频号”入口，点击此“视频号”，进入的是视频号个人主页。

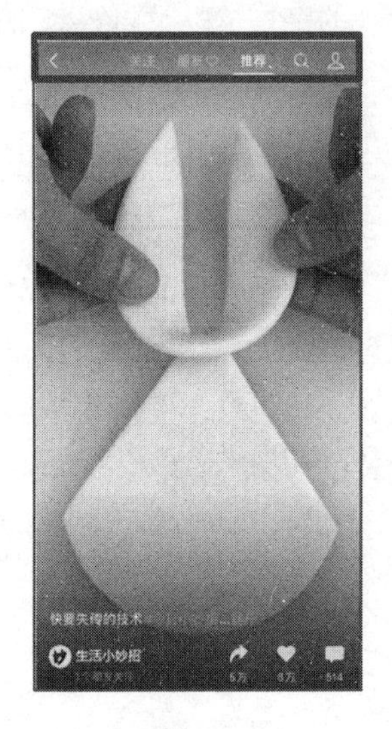

图 2-2

进入视频号主界面后，我们看到的是视频号首页首屏的效果。首页首屏是非常重要的营销或运营方面的概念。简单来说，就是用户打开一个网页或者程序，不进行任何操作所看到的全部画面。首页首屏的布局和设计，对用户是否会喜欢上该应用有非常重要的作用。

视频号主界面分为两部分：顶部（图 2-2 中最上面的矩形框区域）和主体视频展示区（图 2-2 中矩形框之外的所有区域）。

点击顶部左侧的“<”图标，可以返回到微信的“发现”界面。这个“<”图标出现在视频号的所有界面中，其作用都是一样的，即用于返回上一层。

顶部中间有三个选项卡，分别是“关注”“朋友♡”“推荐”。

- “关注”选项卡：点击进入，其中列出的是你关注的账号发布的动态，这里并非按发布时间的顺序排列，而是根据视频账号的整体权重、单条视频的互动数据，以及是否有账号正在直播等指标综合得出的排序结果。
- “朋友♡”选项卡：点击进入，其中列出的不是你的微信好友发布的动态，而是其点赞过的动态，通常根据视频点赞数、总的点赞好友数、视频其他互动指标等进行综合排序。
- “推荐”选项卡：打开视频号，通常默认显示的是“推荐”选项卡（有时也会默认显示“朋友♡”选项卡）。有些视频的点赞数是 10 万+，即点赞数超过 10 万个直接显示 10 万+。微信公众号文章的阅读量超过 10 万次，也只能显示 10 万+。这个小细节告诉我们，所谓的数据都是浮云，用心做好内容才是王道。视频号官方运营团队不希望视频的具体点赞数影响用户的观看决策，也不希望创作者过于看重外在的数据指标，而是要把精力放在内容的创作与打磨上。

顶部右侧有两个图标，其中左边的是“搜索”图标，点击进入搜索界面。具体操作我们在 2.3.2 节中进行详细；右边是人形图标，点击可以进入个人中心，如图 2-3 所示。

图 2-3

其中，在“浏览设置”部分，可以看到使用者的一些操作记录和消息提醒。点击“我的关注”，可以看到使用者所关注的所有视频号账号。在“我的关注”列表中，找到以前关注的账号，先取消关注，再马上关注，这个账号就会立刻出现在最新的关注列表中，而非当初的位置。

点击“赞过的动态”，可以看到使用者点赞过的所有视频号动态。如果对之前点赞过的动态取消点赞，再重新点赞，此动态不会排到最新的位置，还是处在之前的位置不变。这个应该算是一个小 Bug。在 2020 年 12 月的一次改版中对此做了修复，与抖音、快手等平台保持了一致，即：如果对以前点赞过的视频取消点赞，再重新点赞，则此视频会显示在最新的点赞列表中。

在“收藏的动态”中，显示的是使用者收藏的动态。收藏的动态以两列显示，一屏可显示更多的动态，方便后续查看。

使用者与其他视频号动态的互动（点赞、评论）有了反馈后，会以经典的数字红点的形式显示在“消息”里。这些反馈包括：

- 你的评论有人回复。
- 你的评论有人点赞。
- 你点赞的动态，你的微信好友（不是视频号粉丝）也点赞了。

在“私信”里，看到的是你以使用者的身份与其他视频号博主的互动内容。这个与下面的“视频号私信”是不一样的，这里的私信是你以博主的身份与你的粉丝的私信内容。

在“我的视频号”部分点击创作者的昵称，可以进入视频号创作者主页（后面我们再详细讲解）。

2.3.2 搜索框

在视频号主界面的上方是搜索框，比如搜索“思维”，结果如图 2-4 所示。

搜索结果界面分两部分，上面是账号列表，横排显示，默认显示三行，点击右侧的“更多”按钮，可以显示更多的账号；下面是动态列表，竖排两列显示，向上滑动可以看到更多的动态。

不管是账号还是动态，排在越靠前的位置，其被点击的概率就会越大。通过一些方法让自己的账号或者动态排名更靠前，就意味着拥有更多的曝光和流量。相较于推荐流量，搜索流量更精准、质量更高。

如何在搜索结果界面中让账号和动态获得更好的排名，以及如何通过视频号矩阵（运营多个视频号形成合力）占坑抢夺精准流量，本书 1.5.1 节“搜索流量与推荐流量”中有详细的讲解。

图 2-4

2.3.3 视频流

如图 2-5 所示，在任意位置（顶部导航区域除外）向上轻划屏幕，就可以切换到下一条视频。一条完整的视频动态包括视频画面、视频标题、账号头像、账号昵称、转发按钮、点赞按钮和评论按钮等元素，如图 2-5 中矩形框所示。视频画面充满了整个屏幕，由于视频号大多数视频的尺寸介于 6∶7 和 16∶9 之间，所以未充满的区域会以黑色填充。转发、点赞、评论等按钮下方会显示对应的用户互动数，数越大越能激发用户参与互动。

图 2-5

1．头像

在视频号首页的动态信息流中，头像的尺寸还不到100像素×100像素，和右侧昵称两个字的宽度相当，真的是太小了。即便点击进入视频号个人主页，头像也不大。

如果选择真人照片做头像，则最好显示胸口以上部位，这样才能看清楚。有些人用全身照做头像，想体现出自己的好身材。不过这样的效果，只能告知陌生粉丝你的性别，至于身材和颜值基本看不出来。

如果选择文字做头像，一般两个字比较合适，字太多了看不清楚。同时要保证背景和文字的颜色对比度高一些，这样才容易辨识出文字。

2．昵称

昵称既可以是视频号主人的称呼，也可以是视频号账号的名称，还可以是通过视频号宣传的一件事、一个项目的名称。

昵称不宜太长，最好不要超过7个字。

昵称位于视频的左上角、头像的右侧。昵称要加粗显示，能吸引眼球。但视频号毕竟是信息流，大量信息流动，注意力稀缺，所以要保证昵称好听、好记、好传播，同时能融入个人属性中。

卢大叔有位好友，是通过视频号结识的，她的视频号昵称是“耶鲁学姐笑笑”，就符合这个特点。

耶鲁大学，全球有名的高等学府，她一定是个学霸，激起陌生粉丝的好奇心；学姐，给人亲切、温暖的感觉；笑笑，她的真名里包含了“笑”这个字，笑笑连着读，好听也好记。同时她在每条视频中都爱笑，文字上的昵称，与她本人的风格，以及视频的画面感形成了统一。

笑笑想通过视频号推广她的读书社群。很显然，这个昵称与她的社群调性一致，可以很好地起到推广的效果。

在本书3.2节“基于定位的账号设置”中，针对头像和昵称还会进行详细的讲解。

3．转发按钮

每条全屏显示的视频右下角都会显示三个按钮，分别是转发、点赞、评论按钮。点击转发按钮，显示如图2-6所示。其中至少包含两个选项：“发送给朋友”和“分享到朋友圈”。

图 2-6

（1）发送给朋友

“发送给朋友”这个功能是大家最熟悉的，不管是公众号文章还是小程序，都可以点击右上角的“...”（更多）按钮，在弹出的菜单中发现“发送给朋友”选项。点击“发送给朋友”选项，你可以选择单个好友发送，也可以尝试群发，如图 2-7 所示。

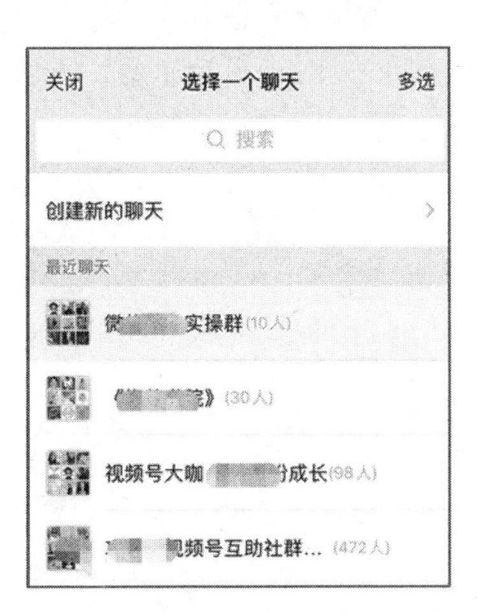

图 2-7

点击右上角的“多选”按钮，在聊天列表的左侧会出现圆圈，你可以同时选中多个好友，或者多个微信群。在群发前写一段与视频号内容相关的文字，引导人家进入你的视频号观看。如果没有任何文字说明，又与对方不太熟悉，那么多数人是不会点进去看的。这样其实是浪费了一个绝佳的点击机会。在与微信好友互动这件事上，不能偷懒。

还可以点击“创建新的聊天”，显示如图 2-8 所示。

点击搜索框，显示如图 2-9 所示。

图 2-8

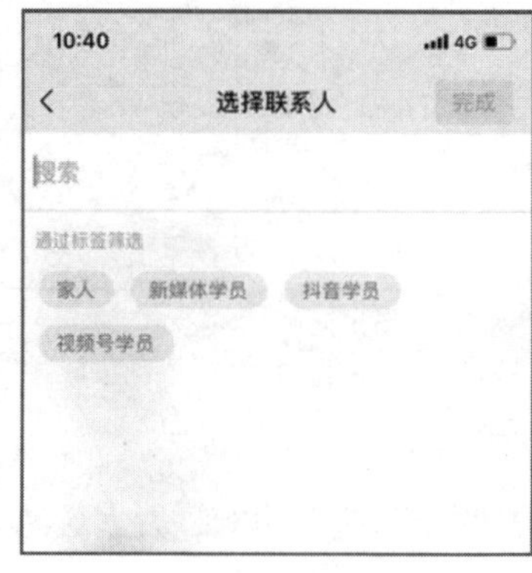

图 2-9

选择合适的标签，比如卢大叔把所有想学习视频号知识的好友都加上了“视频号学员”标签。点击“视频号学员”标签，显示如图 2-10 所示。

图 2-10

点击左下方的“全选”按钮，即可选中所有贴上此标签的好友（此时“全选”按钮变成“取消全选”按钮）。最后点击右上角的“完成”按钮，即可完成视频的群发。

微信创建、编辑、删除标签的方法如下：

① 打开微信，点击底部的“通讯录”。

② 点击“标签”选项。

③ 新建标签。

④ 如果已经创建了标签，则会进入标签管理界面，可以对标签名字、成员进行操作。

为微信好友添加标签的方法如下：

① 找到微信好友。

② 进入好友个人主页。

③ 点击“标签”选项。

④ 进入标签页，可以对好友进行添加、修改、删除标签等操作。

（2）分享到朋友圈

“分享到朋友圈”这个操作非常简单。但也正是因为操作简单，很多人不重视对“分享到朋友圈”的优化。点击“分享到朋友圈”选项，显示如图 2-11 所示。

图 2-11

直接点击右上角的“发表”按钮，就可以发送到朋友圈，效果如图 2-12 所示。朋友圈是典型的信息流，你发送到朋友圈的信息会被好友的信息上下包围。你分享到朋友圈的视频，会显示醒目的封面图，且中间还有播放图标，暗示好友可以直接点击播放。那么，如何能吸引到微信好友的目光并进行点击就显得尤为重要。

图 2-12

这一刻的想法：在发送之前，写上你的“这一刻的想法”。

“这一刻的想法”文字会显示在视频封面图的上方，其作用是告知视频的主题，或者分享此条视频的原因。这段文字写得好，能直接引导用户点击封面图下方的视频号，比如图 2-12 所示的这条视频来自视频号“卢大叔”。

通常，“这一刻的想法”文字有如下几种写法：

- 把转发的视频号动态最核心的点提炼出来。
- 写一段有争议性的文字，引导用户进入视频号参与讨论。
- 提出问题，暗示用户点击进入就能得到答案。
- 列出动态内容清单，暗示用户有更完整的介绍。
- 结合当下热点或节日，引出视频号动态。
- 让用户觉得“与我有关”。
- 通过活动福利吸引用户点击进入。

最后要提醒大家的是，千万不要误导、欺骗用户，否则对账号的伤害极大。

在转发视频号动态到朋友圈时，会提示附上“这一刻的想法”。“这一刻”只是一瞬间，你可以随时随地分享你的想法。相同的信息，同一个人，在不同的时间会有不同的想法。基于这个逻辑，我们可以对同一条视频号动态一天转发多次，并附上不同的“想法”。

如果一天发一条视频号动态，那么一天可以转发三次同一条动态到朋友圈，时间分别是早、中、晚。

一般来说，发布信息到朋友圈，“半衰期”只有 2~3 小时（半衰期是物理学上的概念，大致意思是放射性元素的原子核有半数发生衰变时所需要的时间）。这个概念用在这里是为了让大家能形象地理解，你发布到朋友圈的内容，2~3 小时后基本就很少有好友能看到了。

这个“半衰期”和好友数，以及好友平均的发圈频率、看圈频率有关。大家不用深究，只需要知道有这个现象即可，以便更好地利用朋友圈进行曝光。你可以多一些发圈的尝试，看数据的反馈，找出最准确的半衰期。从理论上讲，最理想的发圈频率 = 24 小时 / 半衰期。当然，这只是一个参考。在内容不够优质的情况下，会被好友认为是刷屏而取消关注，反而适得其反。

我们利用好朋友圈、视频号，可以达到 1+1 远远大于 2 的效果。

- 定时定点发圈，让好友对你的朋友圈有期待感，甚至会主动看你的主页（这种方法也同样适用于视频号的发布）。
- 如果你从事的是珠宝行业，则可以每周搞一次免费送礼活动。在朋友圈设置一个问题，让好友去你的视频号找答案。最先给你反馈的前 5 个好友，可以免费得到某款产品。这样的活动也适用于服装、化妆品、教育等行业，并可以同步在视频号中进行。
- 如果你对某行业有深刻洞见，或者你的好友多半是想跟着你学习，那么你可以每周找一个好友深度交流，帮他解决问题，让他给你积极的反馈。这样一方面帮到了这个好友，另一方面给微信好友提供了价值，同时也能促进更多的微信好友参与。

所在位置：一般发圈不用带上位置，但在有些情况下还是很有必要的。比如在外地旅游附上位置，会更具有真实性。如果你做的是线下店，那么附上位置会方便好友线下联系你。即便不需要好友线下联系，但如果是记录某场线下活动，在发圈时附上位置，也能增加真实性。

位置有两种，其中一种是根据提示选择附近的位置，一般只能选择周边几公里的位置，且位置信息不可更改；另一种是自定义位置，位置名称、地点都可根据需要修改。

发圈和发视频号，添加位置信息的操作几乎是一样的。在发圈时设置的位置信息，在视频号中也能共享。

提醒谁看：将信息发到朋友圈最多可以提醒不超过 10 个人看。提醒功能也需要朋友圈配合视频号来操作。

因为朋友圈信息太多、太杂，发到朋友圈的信息很容易被错过。这个没法避免，但可以通过上面提到的一天多次转发，并配上不同的“想法”来覆盖更多的好友。使用提醒功能，则会在被提醒好友的朋友圈强制出现提醒消息。所以这个功能也不能乱用，好钢要用在刀刃上。

你的视频号提到哪些人，以及哪些人出现在你的视频号中，在转发朋友圈时，就提醒这些人。如果人数超过了 10 个，那么就多次转发。这就实现了朋友圈和视频号的联动。最新版本的视频号也可以直接@好友，提醒好友关注你的视频号。

谁可以看：一般情况下，可以保持默认的选择“公开”，所有朋友可见。如果你的微信好友较多、较杂，则可以选择“部分可见”或者“不给谁看”。卢大叔的好友有 4800 人，包括家人、同事、商业合作伙伴、学员。但学员占了 80%，在“部分可见”中勾选“学员”，即可实现只让学员看到所发的朋友圈信息；或者选择在“不给谁看”中勾选“家人”“同事”“商业合作伙伴”，这样能看到的就只剩下学员了，也能达到一样的效果。

这样做的前提是要对每个好友做好清晰的标签，不要遗漏。

如果是自己发布的视频，点击该视频右上角的“...”按钮，除了显示通用的选项，还可以进行删除和关闭评论操作。删除是指删除该视频；关闭评论是指禁止粉丝评论该视频。与评论相关的操作，在本书 10.2 节“视频号评论功能操作与运营”中有详细的讲解。

4．视频区域

视频区域是指视频画面所能被用户看到的区域，此区域是用户目光最聚集的地方。据官方说明，视频号的视频尺寸的宽高比为 6∶7 到 16∶9，将 6∶7 尺寸的视频发布到视频号，高度是最高的。16∶9 是标准横屏视频的尺寸，将这个尺寸的视频发布到视频号，高度是最低的。

如果视频尺寸的宽高比介于这两个比例之间，比如 1∶1，则该条视频不会被裁剪。如果是这个比例之外的视频，则会被裁剪。

视频号视频的尺寸比较复杂，为简单起见，建议大家只做两种尺寸的视频，即高清横屏视频和高清竖屏视频。高清横屏视频的分辨率是 1280 像素 × 720 像素（即通常所说的 720P），高清竖屏视频的分辨率是 720 像素 × 840 像素。超清横屏视频的分辨率是 1920 像素 × 1080 像素（即通常所说的 1080P），超清竖屏视频的分辨率是 1080 像素 × 1260 像素。

目前视频号已经部分支持竖屏全屏播放，这样只需满足竖屏 720P（分辨率是宽 720 像素 × 高 1280 像素）和竖屏 1080P（分辨率是宽 1080 像素 × 高 1920 像素）的视频即可。对于使用手机剪辑类 App 处理视频的读者来说，最终导出视频时，选择 720P 或 1080P 导出即可。

在电脑上制作视频相对简单，可以自定义画布的分辨率。使用电脑端软件基本都可以自定义视频分辨率或尺寸，比如常见的 PR（Adobe Premiere）、Camtasia 等。PR 是相对专业的视频剪辑软件，而 Camtasia 的操作较为简单，只需要有基本的办公软件操作经验即可（关注公众号“豆芽商学院”，回复关键词“素材”，打开“第 2 章”文件夹，即可看到这两个软件的视频教程）。

5. 标题

视频号的标题，就是在发布视频前需要添加的描述部分。标题是选填项，可以不写，但如果不是绝佳的创意，建议还是要利用好标题，一方面便于系统算法更了解视频主题；另一方面便于陌生用户更好地理解视频。

虽然标题最多可以写 1000 个字，但也不是一定要写这么多字。除非你有绝佳的创意，或者有很好的文笔，让粉丝对标题的兴趣超过了视频；否则要利用好有限的三行区域，55 个字，超出部分会被折叠。

如果确实需要写很多文字来解释，则应尽可能做好排版和留白。反面案例如图 2-13 所示。

标题的文字本身就小，很多文字堆在一起，看起来很吃力。我们可以适当地换行、分段，预留足够的空间，提升阅读体验。

标题除了用纯文本外，还可以插入话题（2.4.1 节会进行介绍）。

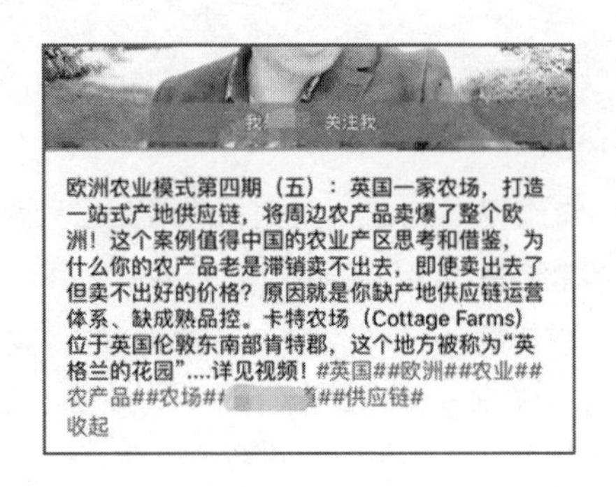

图 2-13

6．公众号文章链接

公众号文章链接是目前视频号导流和变现最重要的方式。前面讲过如何设置公众号文章链接，这里不再赘述。在设置公众号文章链接前，我们需要注意以下几个要点：

- 视频内容要与公众号标题的内容一致。
- 在视频中最好能提及下方的链接。
- 公众号标题要简洁明了，且易理解。
- 公众号标题要有动词引导。
- 公众号标题要有福利引导。
- 公众号标题谈钱不伤感情，不要太“文艺性”。
- 对不同版本的标题及文章内容进行测试。

7．“点赞”图标

点击“点赞”图标，或者双击视频区域，都可以完成点赞操作。“点赞”图标右边的数字是这条视频的点赞数，体现了其受欢迎程度。点赞数的多少，也直接影响着用户对视频的观看和互动的程度。

当然，点赞数对用户的影响是相对的。如果你有一群忠实粉丝，那么即使你的视频点赞数并不突出，他们也会被你的个人魅力和出彩内容所吸引，在你的视频上花更多的精力，创造更好的互动数据。

这也是视频在冷启动时需要有自己的粉丝群的原因。只有粉丝最了解你、最需要你，也只有他们会给冰冷的初始视频以温暖的互动。

关于如何提升视频的点赞率，本书 4.4 节“从运营的角度理解热门视频的算法”中有详细的讲解。

8．“评论”图标

点击视频下方的精选评论或者“评论”图标，都可以打开评论窗口。只有点击“评论”图标，才能进入评论区。

在视频号官方看来，只有点赞和评论才算严格意义的互动。用户对视频的点赞和评论是非常重要的，尤其是评论。

从操作难度上看，点赞只需要双击，双击区域还很大，闭着眼睛就能完成；而评论需要打开评论区，想好自己要说什么，输入文字，再发送出去。推荐算法也会站在人的角度思考这个问题。

难度越大的互动操作，对账号或视频权重提升的帮助越大。这句话虽然说得有些绝对，但却是很好的提升账号和视频权重的指南。卢大叔在分析账号和视频，特别是抖音时，从这句话里悟出了不少的道理，并运用于实操中，收到了不小的效果。

如何通过评论提升账号权重、如何评估评论的价值、评论对视频上热门的帮助有多大，以及评论的排序机制、评论的管理等，本书 10.2 节“视频号评论功能操作与运营”中有详细的讲解。

2.3.4 视频号个人中心详解

前面我们讲解了视频号主界面，这是作为视频号的使用者能看到的界面。本节我们讲解作为创作者所看到的个人中心界面。

打开视频号主界面，点击右上角的人形图标，进入个人中心，如图 2-14 所示。

图 2-14

上部分是使用者操作界面，下部分是创作者操作界面。在创作者的昵称下面有一个“消息通知”，点击进入消息界面。消息主要分两种，其中一种是系统通知，视频号官方为创作者发布的信息，如开通成功通知、审核结果通知、违规通知等。这是官方与创作者唯一的沟通渠道。

另一种是视频号粉丝的互动信息，包括：

- 粉丝关注信息，在短时间内有大量粉丝关注时，会重复显示有若干人关注。
- 发布的动态有用户点赞、评论。
- 自己为发布的动态写的评论，被用户点赞或回评。

参与账号互动的用户有如下几种：

- 不是视频号粉丝，也不是微信好友（陌生用户）。
- 不是视频号粉丝，是微信好友。
- 是视频号粉丝，也是微信好友。

目前还没有明确的证据表明，既是粉丝又是好友的用户对动态的点赞，所产生的权重一定高于陌生用户。但在排除诱导互动的情况下，与你关系更近的用户对动态的互动权重要高于与你没有交集的用户。

还有一个影响用户互动权重的因素是用户自身的影响力，比如视频号的粉丝数、动态的质量等。这个不难理解，一个有影响力的人说的话肯定比普通人说的话更有分量。所以多花些时间找到那些有影响力的人，相互关注、相互加为好友，多在视频号中交流切磋，对你的账号权重和视频上热门都有极大的帮助。当然，最重要的一点是你的内容要足够好。

点击创作者的昵称，进入创作者个人中心，如图 2-15 所示。

图 2-15

下面对图中的每个元素进行详细讲解。

1．主页头图

这个账号的定位是教师分享植物学知识。

如果账号的定位是旅游，那么可以放置一张高清的旅游照片。能增加真实感、亲近感的相关照片都是合适的，也可以是宣传海报，或者图文类图片。

点击头图的任意位置，可以对头图进行设置或者更换。头图是一张正方形图片，设置好后只能看到下半部分。

需要注意的是，要把最重要的信息放在头图的下半部分，也可以故意隐藏部分信息，但显示的信息能主动勾起陌生用户对所隐藏信息的兴趣，吸引用户主动滑动头图，看完整的头图。在主动滑动头图看的过程中，就完成了极佳的信息传递。

头图有如下作用：

- 设置头图的色系与风格，让整个主页更符合账号定位。
- 通过头图体现真实感、亲近感和权威度。
- 通过头图上的文字引导用户参与互动。
- 通过头图上的文字引导用户完成转化。
- 利用头图预热宣传活动。
- 利用头图部分元素的显示与隐藏，设置趣味小游戏。

在最新版本的视频号中取消了主页头图，但不确定这一功能后续是否会恢复。其他短视频平台，主页头图仍是凸显个人品牌与风格的重要元素。了解头图的价值与设计原则，对于其他短视频平台的运营也有较大的借鉴作用。

2．“相机”图标

“相机”图标位于界面的右上角，点击“相机”图标，弹出发布视频或图片选项卡，可以选择视频号内置相机拍摄，也可以从相册中选择已经编辑好的视频或图片。

3．头像和昵称

在 2.3.3 节“视频流”中，对头像和昵称做过讲解。在本书 3.2 节“基于定位的账号设置”中，还会针对头像和昵称进行详细的讲解。

4．个人属性

有人说把账号中的城市设置为大城市比较好。这个没有明显的数据支撑，建议大家写自己所在城市即可。不过也有例外，卢大叔生活在惠州，工作在深圳，视频号记录的事情大多发生在深圳，那么把城市设置为“深圳”肯定更好。

如果你从事的是三农行业，那么写上产品的出产地更能让陌生用户产生信任感，提升成交量。

性别与账号的上镜角色应保持一致。

5．“...”（更多）按钮

点击“…”按钮，进入创作者个人中心设置界面。

在设置界面中，点击头像或者昵称，可以对头像、名字（昵称）、性别、地区、简介（个性签名）等进行设置或者修改。如果是第一次创建视频号，那么在创建时系统会提示设置好头像和昵称等基础资料。

点击“我的二维码”，可以查看视频号二维码，并保存二维码，也可以直接分享给好友。

点击“认证”，可以对视频号进行认证。认证方式有两种，分别是“个人认证”和“企业和机构认证”。目前视频号个人认证按行业类型分职业和兴趣领域两种。大家可能认为只要满足有100个粉丝就可以进行个人认证了，其实这只是入门要求，想通过个人认证还是有门槛的。目前视频号认证并没有明显的流量扶持，但是对个人、企业或者机构则有很好的辨识度和信誉背书。

点击“原创计划“，可以向官方申请加入原创计划。在这里设置你的账号的原创内容领域，可以获得更精准的流量推荐。目前原创计划申请，要求的粉丝数从之前的1000个降低至500个。

点击“隐私设置”，可以对“黑粉”设置黑名单，加入黑名单的用户无法与你的视频号互动。

开启“在个人名片上展示视频号“，你的微信好友在你的个人微信主页即可看到你的视频号动态。这是一种推荐你的视频号的绝佳方式。

点击“创作指南”，账号管理、内容创作、运营规范、直播等相关问题都可以在这里找到指导。目前这里的信息还不够充实，相信随着越来越多的人加入视频号，这里会有更多丰富的指导干货。如果确实遇到了比较棘手的问题，则可以直接点击底部的“联系客服”。

6．简介

简介，我们习惯称之为“个性签名”（或者“个签”），在视频号中官方称呼是“简介”。简介是陌生用户了解你的账号最直接的方式。如何让简介凸显你的账号定位，以及如何让简介产生很好的营销转化效果，本书第3章中有详细的讲解。

7. 粉丝关注数

在简介信息的下方会显示账号的粉丝关注数。这个数据只有创作者本人能看到。

在个人中心（在视频号主界面中，点击右上角的人形图标进入）的“消息通知”中，有新消息时会显示红底的数字，而在创作者个人中心中，在粉丝关注数那里不会有粉丝新增提示。视频号官方不希望创作者过于关注粉丝数的增长，而是应该更多地与粉丝互动。可见，视频号在细节上的用心。我们也要多从一些细节中去窥探视频号的运营规则，并运用于实操中。

8. 视频号动态列表

创作者个人中心的视频按发布时间先后排列，同时可以将已发布视频置顶。我们可以选择将那些宣传活动、营销转化效果好、播放量高、陌生用户可以最快了解账号的视频置顶。

另外，视频号视频的尺寸没有统一的标准，但为了账号整体的美观和可看性，建议每条视频的尺寸、封面图风格等保持统一。由于视频号可竖屏全屏播放，因此可以考虑在兼顾窗口播放（一般是宽高比在 6∶7 到 16∶9 之间的视频）的同时，创作出可竖屏全屏播放的视频。

2.4 视频号内容上传流程

这里为什么说内容，而不直接说视频呢？这是因为视频号除了可以发布视频，还支持发布图片。

2.4.1 视频上传要点

虽然视频号可以发布图片，但还是发布视频居多。在发布视频时需要考虑的细节有很多。

1. 视频的尺寸

在 2.3.3 节“视频流”中，我们对视频的尺寸做过详细讲解，这里不再赘述。

为了便于大家理解，下面给出图 2-16 进行辅助说明。

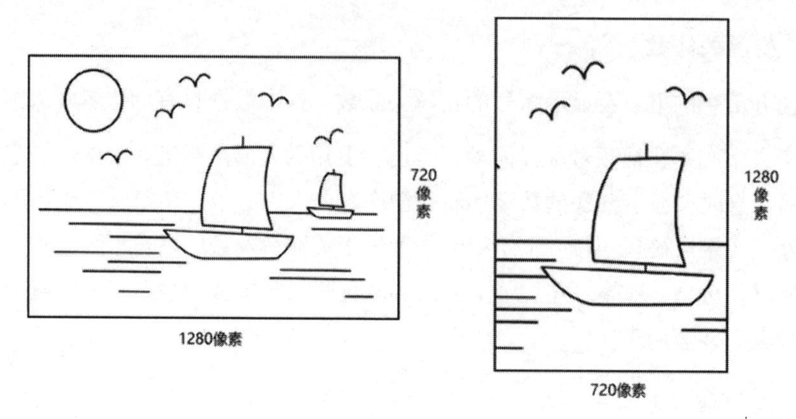

图 2-16

如果使用手机 App 进行视频剪辑，则不用记那些数字，只需要知道横屏和竖屏到底是怎么回事，以及 720P 和 1080P 分别代表什么分辨率即可。

在视频号中发布的视频宽高比在 6∶7 到 16∶9 之间。如果直接采用 16∶9 的比例编辑视频，那么发布到视频号中后该视频不会被裁剪。但这个比例高度是最低的，整体看起来比较吃力，画面元素不够吸引人。更多的创作者采用的是高度最高的 6∶7 的比例。

一些常见的第三方拍摄类 App 支持 3∶4 的比例，剪辑类 App 如"剪映"也支持 3∶4 比例的画布。这个比例最接近视频号视频的 6∶7。在拍摄和剪辑视频时，上下边缘要适度留空。

2．如何兼容不同平台的视频尺寸

有的创作者希望不用重复剪辑处理，就能将一条视频分发到多个平台。其实这是可以做到的。

抖音上 Vlog 作品特别火，大家纷纷跟着效仿，学其文案。视频的剪辑风格，大家也跟着学，这种上下黑边、中间横屏画面的剪辑方式甚至成为抖音特有的 Vlog 风格。

博主的同一条视频，几乎不用做任何处理即可同步发布到抖音和视频号。视频素材采用标准横屏拍摄，在视频上方加上大标题，下方加上旁白、解说字幕。这样做出来的源视频是竖屏 720P 或 1080P 的，将其发布到抖音上，上下有黑边；将其发布到视频号上，上下黑边部分会被自动裁剪掉，但不用担心视频画面或元素被裁剪掉。

3．如何让视频画面高清

通常来说，影响视频号视频是否高清的因素有两个：上传的源视频是否清晰，以及系统采用的压缩技术，在上传过程中做了多大程度的压缩。

如果源视频本身就不清晰，则不要指望上传到视频号中的视频会变得清晰。另外，用单反相机拍摄肯定比用普通手机拍摄的效果好，毕竟单反相机在镜头光学、画面捕捉、成像技术方面非普通手机可比。

关于系统是如何压缩视频的，我们无法得知，但是它对所有创作者上传的视频一视同仁，我们不用深究它的压缩技术。

那么，在不影响视频画质的前提下，如何降低视频的比特率（码率）呢？

有些人使用“剪映”导出视频后，将视频直接发布到视频号中，会发现该视频被明显压缩了。我们可以把源视频导入电脑中，右键单击该视频，查看其属性，即可看到视频文件大小、视频时长、总比特率等信息，如图 2-17 所示。使用手机下载“格式工厂”，也可以查看到这些信息。通过这些信息可以看出视频在传输过程中有没有被压缩。

图 2-17

这一点非常重要，万一操作不当，自己辛苦做出来的视频，就会被系统误判为搬运的。这很可能是因为他们图方便，使用了微信传送，导致视频被压缩。

使用“剪映”导出的视频，总比特率为 10Mbps，意思是视频播放完，每秒释放的信息大小是 10Mb。

视频文件大小、视频时长、总比特率三个参数，只需要得知任意两个参数，即可计算出第三个参数。比如视频时长为 2 分 14 秒，即 134 秒，总比特率为 1739Kbps，则：视频文件大小 ＝ 总比特率 × 时长/8=1739 × 134/8 ≈ 29128KB，即 29128/1024 ≈ 28.4MB（1MB = 1024KB），和真正的文件大小 27.8MB 非常接近。

为什么要除以 8 呢？我们仔细看一下，比特率用的单位是 b，即 bit（比特），文件大小用的单位是 B，即 Byte（字节），1 字节由 8 比特构成。

视频号的视频文件大小最大不得超过 30MB，我们根据最大时长 60 秒来计算，可以计算出最大的总比特率为 30MB × 8/60 ＝ 4Mbps。而用“剪映”导出的视频总比特率为 10Mbps，远大于视频号的视频总比特率的最大值。

这可能也是在大多数情况下，在手机上看视频很清晰，但上传到视频号后就明显变模糊的原因。如果使用的是电脑剪辑软件，则可以在导出视频时设置总比特率为 2~4Mbps，这样肉眼是看不出画质差别的。但与之前的视频相比，上传到视频号的视频被系统再次压缩的程度变小了。卢大叔进行过测试，效果确实比用“剪映”导出的视频清晰不少。

如果使用手机剪辑 App 导出视频，则可以尝试用视频压缩类 App（使用“格式工厂”可以自定义导出视频的总比特率，大家自行搜索安装），在不降低分辨率的情况下，把总比特率大小降低一半。

从理论上讲，我们不用进行任何操作，系统就可以在不影响视频画质的前提下直接压缩视频。有时候刷视频号的动态，确实能看到几乎和源视频一样清晰的视频。不过，此功能还在内测中。期待视频号能开发出更优秀的视频压缩技术，让创作者将更多的精力放在内容创作上，而不是视频的优化上。

4．添加描述

选择编辑好的视频并裁剪后，进行下一步操作，添加描述，如图 2-18 所示。

图 2-18

这里所添加的描述，就是显示在视频下方的黑色文字，也称为“动态的标题”。描述文字不宜过多，55 个字刚好是三行。我们要利用好描述，把意思表达完整，同时尽可能压缩字数。描述（同时也是显示在视频下方的标题）力求简洁、通俗易懂、与动态主题相关。

对描述要做到博取眼球、吸引互动、引发共鸣，这是我们不断追求的目标。

描述超过 55 个字会被折叠显示，点击描述的任意区域或者描述结尾的“全文”按钮，则可全部显示。

5．添加话题：归类与引流

在描述中还可以插入话题。插入话题有两种方法：一是在英文状态下直接输入两个“#”（注意，在中文状态下输入的“#”系统无法识别）；二是直接点击输入框左下角的“#话题#”，在输入框中会显示两个“#”，在这两个“#”之间输入话题的名称即可，如图 2-19 所示。

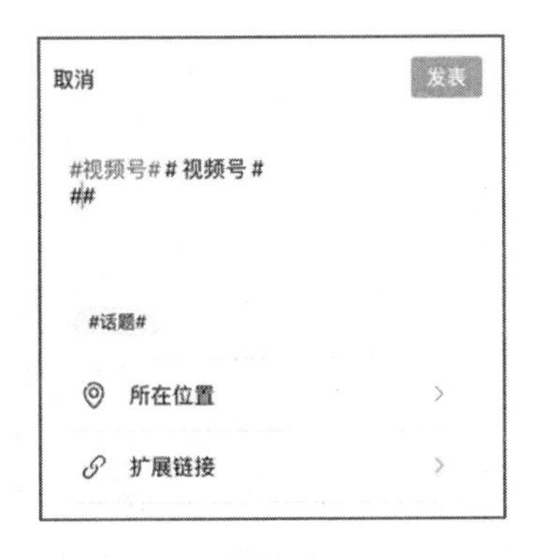

图 2-19

在一条视频的描述中可以插入多个话题标签，1~3 个比较合理。插入话题可以让系统更易理解视频的主题，同时也可以借助话题引入精准流量，还能通过话题对视频进行归类。然而，如果在一条视频的描述中插入过多的话题标签，则会产生标签堆积的风险，因此一定要谨慎操作。

关于话题的操作、运营和引流等内容，本书 10.3 节“视频号话题设置与引流”中有详细的讲解。

6．添加个性化的位置信息

在 2.3.3 节“视频流”中讲过，将视频号动态分享到朋友圈，也会进行“所在位置”的设置，其操作方式和发布视频号动态时“所在位置”的设置几乎一样。

在分享到朋友圈时设置的位置信息，在发布视频号动态时还能共享，反之亦然。

位置有两种：一种是根据提示选择附近的位置，一般只能选择周边几公里的位置，且位置信息不可更改；另一种是自定义位置，位置名称、地点都可根据需要修改。

例如，卢大叔想通过视频号宣传自己的线下实操培训班，那么他就可以利用自定义位置的功能。点击视频号编辑界面中的“所在位置”，进入位置设置界面，如图 2-20 所示。

图 2-20

默认列出来的是所在位置周边几公里的地点，可以选择离你较近的，且类似于小区、广场、大型商超、公共场所等地点，也可以点击“搜索附近位置”，进入搜索界面，如图 2-21 所示。

比如输入一个个人化的地点信息，如“卢大叔线下实操班”，则提示“没有找到你的位置”——就是要这个结果，否则没法自定义位置。点击“创建新的位置”，显示如图 2-22 所示。

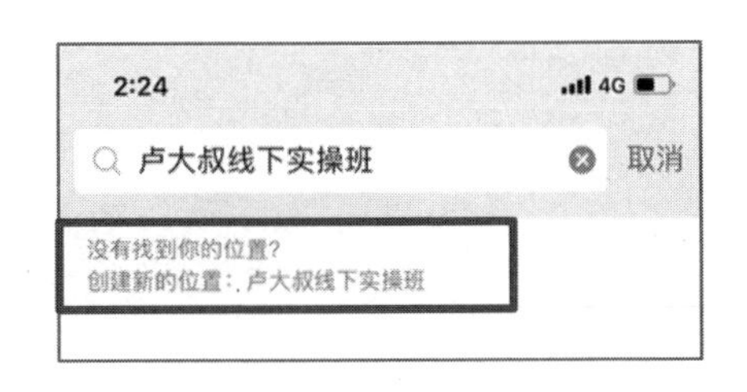

图 2-21

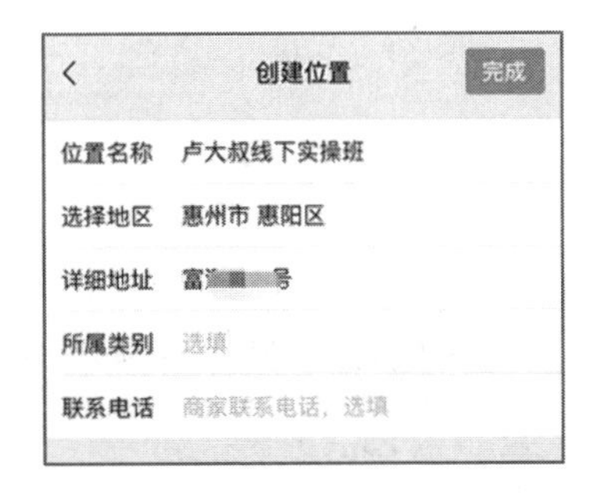

图 2-22

根据要求选择地区，填写详细地址，“所属类别”和“联系电话”是选填项，但最好都填写完整，这样粉丝可以通过电话联系到你。

所选择的地区只能是你的手机所在地区，没法随意修改。详细地址是粉丝通过位置信息导航到的精准位置，并会以地图的形式显示出来。

添加好位置信息后，发布视频号动态，最终的效果如图 2-23 所示。

图 2-23

点击左边的位置图标，会显示自定义的位置名称、详细地址、地图信息及联系电话（前提是设置了联系电话）。

如果位置信息写错了（目前还没有发现可以修改位置信息的功能），则可以重新输入完整的位置名称，如图 2-24 所示。

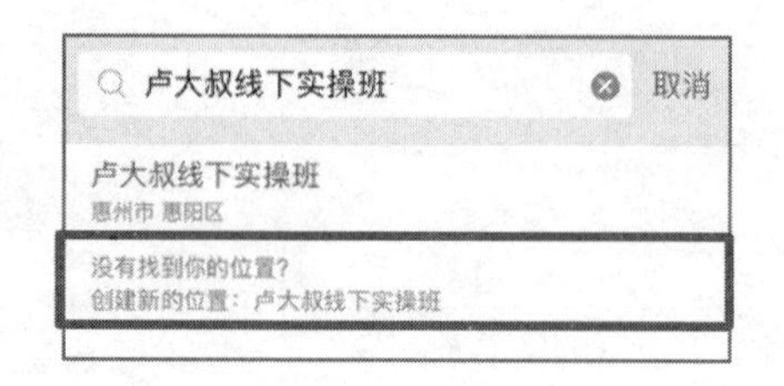

图 2-24

点击“创建新的位置”，重新输入位置信息即可。

7．链接公众号文章

前面讲过，在视频下方可以链接公众号文章，导流到个人微信，或者引导用户关注公众号。卢大叔做过测试，整体数据表现还是很不错的。比如想通过视频号推广 App，则可以先将 App 推广信息发布到公众号中，然后在发布视频前链接到公众号文章。

具体做法如下：

① 打开编辑好的公众号文章（最好是自己有运营权限的公众号，这样对于已经发布的公众号文章，也允许修改 20 个字。如果用别人的公众号，则可能有被人家误删的风险），点击右上角的“...”按钮，显示如图 2-25 所示，点击“复制链接”。

② 在视频号中选择发布视频或者图片，会显示添加描述和相关设置的界面，如图 2-26 所示，点击“扩展链接”。

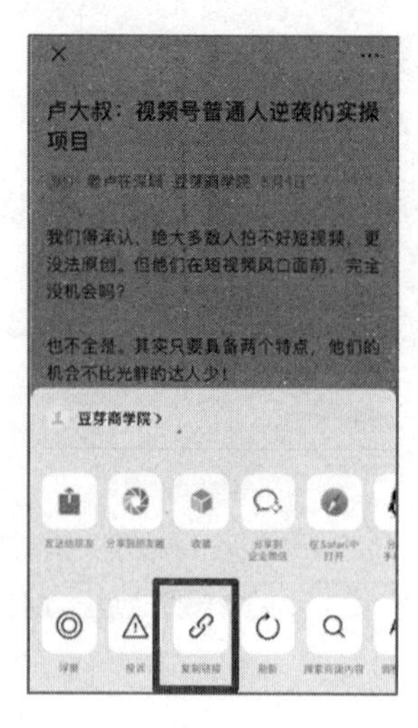

图 2-25

图 2-26

③ 由于在第①步中已经复制了公众号文章链接，因此这里会自动提示“链接已

复制”，如图 2-27 所示。轻点矩形框区域，选择“粘贴”，即可复制链接到输入框中（不同机型，操作会有差别，但大同小异）。点击右上角的“添加”按钮。

图 2-27

④ 在“扩展链接”区域就会显示链接文章的标题，如图 2-28 左图所示。查看标题，如果没有问题，并在做好其他相关设置后，点击右上角的“发表”按钮，即可完成视频的发布。如果发现链接不对，则可点击标题右侧的“>”按钮，选择“删除”，如图 2-28 右图所示。

图 2-28

⑤ 这样就完成了在视频下方链接公众号文章，最终的效果如图 2-29 所示。左侧会显示一个链接图标，告知用户这是一个可以点击的链接。

图 2-29

在视频号中添加公众号文章链接很简单，看一遍即可学会。不过，要实现公众号文章的转化效果最大化，这是一门学问，需要不断地练习、尝试、找规律，并不断地改进和优化。

2.4.2 图片上传流程及要点

通常我们不会选择视频号自带的相机拍摄，因为自带的相机没法改变拍摄尺寸，也没有滤镜、美颜等功能。

现在市面上有大量拍摄类 App，比如常见的激萌、无他、轻颜等都是不错的选择，大家可以根据自己的喜好来使用。

如何拍出美美的个人照、如何做好构图，本书第 6 章“拍出高质量的视频素材”中有详细的讲解。这里说的视频素材也包括照片、图片、音频等。

1. 图片的尺寸

对于图片的尺寸，我们只需要知道上传到视频号的图片的宽高比为 6∶7 到 16∶9 即可。

图片文件相对较小，不占用带宽。放大图片，并不会明显降低画质，影响阅读体验。而视频文件相对要大得多，占用带宽，没法自由放大。所以，为了不影响视频的观看体验，系统有统一的宽高比和分辨率上的约束。

我们以“轻颜”为例进行演示，如图 2-30 所示。

图 2-30

操作如下：

① 选择“拍摄”模式，在此模式下拍出来的是照片。

② 界面底部右侧有“美颜”和“滤镜”两个按钮，可以对脸型、五官、身材、照片风格等进行美化。大家可以根据需要，设置自己喜欢的效果和风格。

③ 选择界面顶部的第二个选项，常见的是 9：16 和 3：4。如果竖屏拍摄，就选择 3：4，这是最接近视频号视频的竖屏尺寸。如果选择 9：16 竖屏拍摄，那么发布到视频号后照片将会被裁剪。

④ 轻点界面底部中间的白色大圆，即可完成拍摄。有时候需要摆造型，或者多人入镜，则可以固定住手机，设置 3 秒后自动完成拍摄。

2．图片的选择与裁剪

一条视频号动态，最多可以上传 9 张图片，每张图片大小不超过 5MB。比如使用苹果 iPhone X 手机拍摄，照片大小一般为 3MB；如果使用单反相机拍摄，则照片的画质极佳，其大小都在 10MB 以上。这一点不用担心，一方面，上传到视频号的照片，默认会提示裁剪；另一方面，在最终发布前，系统会对照片进行处理，即在不影响照片画质的基础上压缩照片。

前面提到，既可以发布横屏图片，也可以发布竖屏图片。但不要随意选择图片的尺寸。这里有一个大原则：横屏能够放入更多的元素，如果想突出人物与环境的关系，或者有多人上镜，则可以选择横屏；如果想突出个人，或者某个物品，则可以选择竖屏。具体如何选择，要综合考虑现场环境和最终想要表达的效果。

如图 2-31 所示，通过上下两个滑条，可以自由调整图片的高度，也可以用双指在图片任意区域缩放图片，还可以拖动图片，选择显示图片最佳区域。不过不宜过度放大图片，以免影响图片画质。如果选择多张图片，那么对任意一张图片调整高度，都会将这一高度应用于其他图片。

此外，还有一些极易忽视的小细节，这些小细节也很重要：

- 图片上不能有拍摄类 App 的水印。
- 如果图片上出现明显的商业信息，则要做马赛克处理。
- 在拍摄照片时要选择高清模式。
- 图片要避免版权纠纷。

图 2-31

卢大叔做过测试，视频的互动数据表现要明显好于图片。但这并不表示图片在视频号中没有价值。比如你很上镜，会拍照，但拍摄视频却完全找不到感觉，这时你就可以在视频号中发布照片，照片更适合你。

3. 添加描述

选择好合适的图片，并对图片进行裁剪处理后，进行下一步操作，添加描述，如图 2-32 所示。为图片添加描述和为视频添加描述的操作几乎没有差别，这里不再赘述。

图 2-32

4. 插入话题

在图片描述中插入话题和在视频描述中插入话题的操作与要点完全一样，这里不再赘述。

5. 添加位置信息

既可以为图片添加附近位置信息，也可以自定义位置信息。请参照 2.4.1 节中的为视频添加位置信息相关内容。

6. 链接公众号文章

请参照 2.4.1 节中的在视频下方链接公众号文章相关内容。

第 3 章 视频号精准定位与账号设置

3.1 视频号精准定位

视频号定位确实太重要了，没有清晰的定位，你就根本不知道怎么拍视频，也没法吸引精准的、高质量的、高黏性的粉丝，更没法变现。可见，再怎么强调定位的重要性也不为过。

3.1.1 为什么要做定位

1. 吸引精准粉丝

定位就像街道两旁的招牌，比如写着酒店的招牌，可以吸引想住酒店的旅客；写着饭店的招牌，想吃饭的人就很容易找上门。

视频号有几亿用户，你不可能吸引到所有用户。这并不是说用户多了不好，而是说在无法达到千万级粉丝规模的情况下（即使能达到该规模，也需要事先做好粉丝群体的定位），我们能做的就是尽量吸引精准粉丝。比如同样有 10 万个粉丝，其中一个账号的粉丝很杂，而另一个账号的粉丝全是中小企业主，那么后者创造的价值将是前者的几十倍、上百倍。

即便你有能力孵化出千万级粉丝规模的账号，也还是需要对粉丝群体事先做好定位。比如我们熟知的影视明星，他们的粉丝群体至少在千万级规模，但其受众肯定是有差别的，这个差别体现在他们的外在媒体形象、行为举止、影视作品中角色的定位等方面。商家在选择与明星合作时，也会考虑自身产品和明星粉丝的契合度问题。

大众通过电视等媒体看到了明星，但不一定会深入了解明星，在这种情况下，对于明星来说只是产生了曝光。但这不算流量，只有那些被明星在影视剧中的角色所触动，并主动关注角色的观众，才能称得上明星的流量。而那些主动了解明星动态、追随明星一举一动的观众，才能变成明星的粉丝。

从传播学的角度看，明星的成名之路是对传播资源的严重浪费。只有明星的全民曝光，才能筛选出有限的精准粉丝。这是由传统的传播媒介决定的。传统的电视等媒体没有办法通过数据匹配出精准观众。

不过，这也给我们很多启示。影视剧在不精准的大众传播中，是如何俘获各色观众的芳心的。理解影视剧的创作思路，对于我们拍出能上热门的视频也是很有借鉴意义的。

以内容推荐算法为核心的短视频平台，在内容分发方面比传统媒介要先进得多。你拍出的视频是什么主题，系统就会把该主题的视频推送给对其感兴趣的用户。

我们再深入探讨一下，如果你拍出的视频的主题平台上从来没有出现过，那么这时候推荐算法就无法判断出要将其推送给什么样的用户。如果没有特殊情况，则尽量不要标新立异，拍出连自己都觉得晦涩的内容。我们要做到：复杂的逻辑用简单的道理理顺，抽象的东西用具体的事物打比方，陌生的事物用熟悉的对象来类比。

2．让推荐算法更好地理解

想象一下，如果你的账号定位不清晰，今天外出吃饭拍美食，明天刷到搞笑的段子想跟着去模仿，后天有感而发，严肃地探讨某个热点话题……

这时候推荐算法在分析你的内容时就蒙了。当你发布一条新视频时，虽然推荐算法也能大概判断出视频的内容，但是考虑到账号整体的主题偏好，本来可以推送精准流量，却因为账号定位不清晰，在流量推荐上受到限制。

只有有了清晰定位，推荐系统才会给账号贴上相应的标签。比如内容都是美食，系统就会给账号贴上美食标签。那些贴上此标签的账号，就能优先获得更多的精准流量。还有些账号虽然发了很多美食视频，但是因为其定位不够清晰，没有被贴上美食标签，那么在进行美食流量争夺时，就会略处下风。

推荐算法的本质是 AI（人工智能）技术，它的两个核心词是相关性和概率。账号定位清晰、稳定，可以提升推荐算法对视频的识别能力，让推荐算法更懂内容。推荐算法越懂你的内容，给你推送的粉丝就越精准，质量也就越高，甚至流量越大。

3．有利于内容创作

做好了账号定位后再进行内容创作，就像定好了点挖井一样，只要朝着一个点不断地挖，就总有一天能看到水源。

每一次用力挖，对下一次都是铺垫和积累。每一次都在一个点挖，也便于熟悉周边环境，研究出更好的挖掘技巧，提升挖掘效率。看到井一天比一天深，你也更有干劲和动力了。

对应到内容创作上，每一次的作品都是在提升你的信任度，拓展你的粉丝广度。做好定位其实也是在聚焦和深耕，你可以拍出更出色、更专业的作品。随着粉丝的积累、影响力的扩大，你也会更有自信和动力拍出更好的作品。

不同的是，如果挖井没选对有水源潜力的点，则可能真的一辈子也挖不出水来。但在内容创作上，任何定位都有受众。视频号网罗了几乎所有用户群体，你想要的一切受众这里都有。坚持做自己喜欢又擅长的事情，才能长久，也更专业。

这里所说的聚焦和深耕，并不是说只专注于自己的专长，其他的只当耳边风，而是以自己的专长为主线，对自己不了解的行业或知识要有所了解，找出它们和你的专长的结合点。同时要不断地提升视频创作的技巧，深刻理解视频创作最本质的思维，及时发现平台上新出现的视频形式，并多思考如何与自己的定位相结合。

短视频平台上的热门作品，永远没有最好，只有更好。正所谓“活到老，学到老”。

3.1.2 如何做好定位

定位决定了粉丝的质量和黏性，以及变现能力，再怎么强调定位的重要性也不为过。定位也是在运营账号之前要做的第一件事。很多人陷入了定位的误区，迟迟找不到或找不准自己的定位。

定位是一个比较宽泛的概念。我们之所以理不清定位，是因为定位有很多内涵和外延。

1．个人定位

个人定位，是指个人如何结合自身的优势和资源玩好短视频。比如个人具有鲜明的有别于他人的特征、有长久且稳定的兴趣爱好、对所从事的行业有专业且深刻的见解等，这些都是个人所具备的优势和资源。

（1）兴趣可以更长久，专业可以做得更好

想玩好短视频，三天打鱼两天晒网肯定是不行的，得有 3~6 个月的长期心理准备。自己感兴趣的事情，才能长久地做下去。不要看到什么火，你就拍什么。别人火了，你只看到了表象，没有深刻理解到人家的兴趣和专长才是火的根本原因。兴趣让他长久地做下去，超越大多数中途放弃的人；专长让他能够把事情做得更好，超越大多数同行竞争者。

你用自己的不足去挑战人家的优势，绝对不是一个好的策略。

短视频是内容推荐平台，想要胜出意味着充满了竞争。不管是提升竞争力，还是降低内容竞争的激烈程度，专注于自己的兴趣都是最好的做法。短视频平台有数亿用户，不用怀疑你的兴趣过于冷门。什么样的用户，平台都可以给你，前提是你的内容能匹配上平台的用户。

（2）把自己的不足转化成优势

你的特点是什么？内向还是外向，说话严肃还是比较搞怪？有些人觉得自己太内向了，不太好。其实未必，把内向和严谨结合起来也是优势。抖音上有一个网红叫“老爸评测”，评测本身就是一个非常严谨的行业，所以不能太娱乐化。你搞怪的话，怎么体现出产品测试结果的真实、客观呢？当然，以娱乐方式做测试也是可以的，但对于上镜人的表现力、专业度以及创意的要求会很高。

有时候自己的不足也可以成为一种优势，要善于发现自己与众不同的特点。

比如卢大叔的一个学员，广西人，不太会讲普通话，一开口就带着广西腔调。她做了一个办公教学类账号，在粉丝增长上遇到了瓶颈。卢大叔对她说，“你讲的内容还算专业，但在短视频平台光专业还不够，作为内容的承载者，还需要有些不同于别人的特点”。

她说，“那是什么呢？我觉得自己除了懂一些办公软件知识，就没什么特点了。长得一般，说话不好听，也没什么才艺，我觉得自己太普通了，没有任何特点”。

卢大叔说，“你的视频都是录屏（把软件操作录成视频，配上解说），颜值、才艺也没法展示，但你的声音很有特点，可以作为一个突破口”。她很吃惊，这是她最不愿被人触碰的地方，觉得说不好普通话，是一件很丢人的事情。卢大叔一提出来，就被她否定了。

卢大叔说，“咱们打个赌，我输了请你吃一个月的午餐”。事实上，卢大叔很自信，不会输，把自己的不足变成优势这一做法，已经被大量热门视频验证过了。卢大叔要做的就是协助她选择一个好的主题（也就是我们通常所说的选点，对应到她的办公教学类账号上，就是选择要拍什么样的小技巧）。至少可以保证拍出来的视频，即便声音没有给她加分，也不至于数据表现变差。

最后她照做了，结果数据表现出奇地好。因为这么一个小调整，她的奖金涨了六成，自信心也爆棚了。

分析原因不难理解，标准的普通话有时不如方言吸引人（方言不能太土，最好是掺杂方言的普通话，不然用户听不懂，就感受不到地方特色），有特点的声音提升了粉丝的互动率（让视频看起来特别有韵律，更容易被看完。有些粉丝会在评论区吐槽发音，但没有恶意攻击，都是满满的爱）。

（3）寻找个人特有的记忆点

每个人都有不同于他人的独特个性。在移动互联网时代，注意力是稀缺的资源。如何让别人在最短的时间、花最少的成本记住你，寻找自己的独特记忆点是最好的办法。

记忆点不一定就等同于高颜值、好身材。在一个满是高颜值、好身材的平台，普通但有个性的人更容易被记住。比如卢大叔就足够普通，一个大叔、技术宅男的形象。但光有形象还不够，还需要把形象强化成记忆点。

比如卢大叔每次上镜都戴着同样的眼镜，穿着相似的短袖（有条件的话，可以在衣服上印上个人品牌名称或 Logo），在视频开头说着相同的开场白（或者在结束时说相同的结束语）。这些作为一个整体构成了卢大叔特有的记忆点。

重复的或相似的元素可以强化记忆点，差异化也可以强化记忆点。

在短视频平台上，美女、帅哥以及唱歌、跳舞等已经泛滥成灾。比如你有好的颜值，也有一些才艺，如果按这个定位的话，则没有任何优势，反而是一种严重的资源浪费。但如果进行差异化定位，那么同样的资源又会迸发出新的生机。

这就是我们常说的“美女加”思维。在娱乐领域美女很难有竞争优势，但可以进入其他领域，比如“三农”、知识科普、垂直行业等。

2. 内容定位

严格来说，把内容称为主题更贴切。广义的内容包括主题、形式、风格等；狭义的内容，我们可以理解成主题。内容定位就是指主题定位（有时也称为类目定位）。

例如，你是一个健身教练，你的内容定位就是健身；你是一个化妆师，你的内容定位就是美妆；你喜欢旅游，你的内容定位就是旅游。

我们在交流时，一般会习惯省掉“内容”或“主题”二字，直接说成“定位”。我们以后在沟通时，应尽可能说清楚是哪种定位，这样也能避免误解。

但光确定了内容定位还不够，关于内容如何呈现，还涉及风格定位、人设定位、差异化定位和细分定位。

3．风格定位

风格定位，是指用户看完你的视频之后整体的感觉。用户看到任何信息都会有感觉，只是感觉强弱不同而已。我们从抖音上数万条热门视频（本书中的大量数据和案例来自抖音，因为相对来说抖音成熟、完善。抖音可以被看作是短视频行业的“活化石”）总结出以下一些风格（从不安全到安全）：

惊悚、悬疑、幽默、搞笑、清新、感人、励志、激情

这与划分的影视剧风格类似。以惊悚风格为例，早期抖音上有一个“鬼村探秘”账号，一条视频就获得 100 多万个赞，但很快账号被封了，原因是宣扬迷信思想。我们先不管账号违规被封有没有办法解救（因为迷信主题被封，没有任何争议，在各大短视频平台都不能碰这类主题），单看数据就足以见识到风格对视频的影响。

这个账号给我们的启示是，不是惊悚不行，而是不应该宣扬迷信思想。我们可以把惊悚元素融入自己的内容定位中。在健身视频里能不能有惊悚，在旅行游记里能不能有惊悚，卢大叔相信是完全没有问题的。

我们再来看悬疑风格的账号。其中做得最早、粉丝数最多的是“懂车侦探”。从账号简介“帮你躲避危险”，也能看出账号术语相对大众化的定位。风格对视频上热门有很大的帮助，它就像一件外衣，可以穿在不同的人身上。接着就出现了帮女性远离伤害的“名侦探小宇”，以及帮助小朋友远离伤害的“名侦探不美”。“名侦探不美”在视频号中也有不错的数据表现。悬疑风格也可以与育儿内容结合，于是就有了“育儿侦探”。

在策划幽默、搞笑风格的视频时，要让粉丝看完之后记住、喜欢上段子里的角色或人物，而不单单是喜欢段子本身。因为当有更好玩的段子出现时，用户就会迅速远离你。这种风格的视频，需要角色凸显人设。

感人、励志风格对视频上热门也有明显的帮助。在策划这类风格的视频时，也需要凸显人设，或者将产品卖点融入视频情节中，实现打造个人 IP、打造爆款产品的目的。

4．人设定位

严格来说，任何视频都需要人设。

对于真人上镜的视频，人设就是这个人（或多个人）给用户的整体感觉。角色的表情、动作、习惯、喜好、价值取向等，都是人设构成的一部分。幽默段子类账号，用户的注意力很容易放在内容上，什么内容火，用户的注意力就投向哪里。这时如果视频里的角色有突出的人设，那么用户的焦点就可以转移到角色上。

人设是对现实人物特点的提纯。比如婚姻要经营好，通常需要夫妻双方相互理解和宽容。但在视频中没法凸显角色的光环，这时丈夫一般会被塑造成绝对的忠心和“妻管严”，而妻子往往强势、无理取闹，还掌控家里的经济权。在这样的人物设定和框架中创作出来的故事才有看点。

人设是对人物特点的艺术放大和夸张。在视频中，丈夫对妻子只是简单的体贴还不够，还要绝对地服从，这其实是对人物特点的艺术放大和夸张。短视频的特点决定了用户获取信息的方式就是短、平、快。我们没有太多的时间做热身和铺垫，为了让用户尽快地了解视频并产生触动，除凸显角色单一特点外，还要对这一特点进行艺术放大和夸张。这些看似不太符合事实与逻辑的桥段，在短视频平台却能在短时间内获得巨大的流量。

比如抖音账号“忠哥”，其所有的视频都在表现忠哥对妻子的绝对忠诚和服从。他的每一件事、每一句话、每一个眼神，都是在为他的人设服务。

网红祝晓涵的账号也是如此。在她的账号中最常出现的三个角色是祝晓涵、爸爸和妈妈，其中妈妈以声音入境（即便是声音入镜，也需要人设）。这三个角色的人设非常鲜明且单一。

祝晓涵喜欢恶搞老爸，傻萌；爸爸老是被女儿欺负，憨厚；妈妈是一家的王，地位高、强势。祝晓涵和爸爸是主角，他们的戏份最多。为了凸显角色人设，他们还有几个常用的标签——祝晓涵的标签是单身、爱贪小便宜、好吃、爱捉弄人；爸爸的标签是贪玩。

标签是对人设的拓展，标签也为后续剧情提供了大量的创作素材。

对于无人上镜的视频，人设更多体现在解说或配音上。解说或配音的风格要与账号的内容、风格相一致。比如知识科普类账号的视频，“萝莉”来解说就不太合适了，但她与育儿相关类账号就比较匹配。

对于没有真人上镜又没有配音的视频，人设就是有别于其他账号的特色，要在视频风格上形成统一。还有一种形式是摆拍类视频，加上标题。因为视频中的角色没有说话，也没有配音，人设要通过视频标题来体现，那么在写作标题时就需要考虑到，视频中凸显的人设要符合上面讲到的几点。

5．差异化定位

差异化定位，是指所选的主题、风格、形式在竞争比较大的情况下，保持主题不变，在风格和形式上进行创新。

以脱口秀这种形式的视频为例，你讲的是情商主题，对手讲的也是情商主题，这样就形成了正面竞争。如果人家坐在那里说，那么你可以站起来说，或者边走边说，或者采用一问一答的方式，甚至拍成轻剧情（比剧情类更简单的形式，只需要把话说出来，即可收到剧情类视频的效果）。在主题不变的情况下，视频形式上的创新，可以明显提升视频上热门的概率。

还是上面的例子，你讲的是情商主题，在风格上和别人的一样，都是严肃性知识分享。你尝试将幽默、悬疑、励志等风格融入情商主题中，这样同样可以提升视频上热门的概率。

6．细分定位

我们早期做了一个育儿账号，刚开始时数据表现还不错，但不够稳定。原本以为“育儿”算是比较清晰的定位了，后来才发现育儿的范围太广泛了。

根据孩子的年龄可以细分为 0~3 岁、3~6 岁、6~12 岁。同时还可以分为生理的和心理的，仅仅这两个维度的细分，就有 6 种不同的定位。后来我们聚焦在 3~6 岁、亲子沟通这一细分领域。

我们只需要抓住某一小类人群，虽然其占的比例不算太大，但绝对数量不少，聚焦就能形成竞争力。

3.2 基于定位的账号设置

在做好定位之后，接下来要做的就是基于这个定位，设置头像、昵称、简介以及主页头图。

设置或修改头像、昵称、简介的方法如下：

① 进入视频号主页，点击右上角的人形图标。

② 点击下方的“我的视频号”头像或昵称，进入创作者个人主页。

③ 点击头像右侧的“...”按钮，进入个人资料设置界面。

④ 点击头像或昵称，对头像、名字、性别、地区、简介进行修改。

第一次开通视频号，系统会提示设置最初的头像和昵称。

3.2.1 昵称

对于昵称，最基本的要求是好听、好记、好传播，最好能做到与业务相关，即一看昵称，就知道你是做什么的，或者说从昵称可以看出你的业务是什么。比如野食小哥，野食：在野外吃东西；小哥：男孩子，给人一种亲近感。

从昵称可以看出账号清晰的定位。比如：

“60后小姐姐”给人一种反差，“60后”现在已经快60岁了，怎么还是小姐姐呢？这样的反差，反而让人一下子记住了昵称。虽然从昵称上没法直接看出定位，但这个人设一下子就变得鲜明、立体，这是一个热爱生活、心态年轻、自律、努力的小姐姐。这样的昵称凸显人设，在人设鲜明的前提下，各种类目都可以完美地切入。

“老罗懒人瘦”可以拆分成三部分，分别是“老罗”“懒人”“瘦”。从昵称上就可以看出，其账号定位是教别人减肥。为什么不直接用“减肥”二字？“减肥”可能会被平台设置为敏感词（目前视频号还没有限制“减肥”这个词，这里只是一个思路，当核心词是敏感词时，如何在昵称里告知用户你是做什么的）。“老罗”是角色的名字，也是打造个人IP（个人品牌）的重要方式。“懒人”暗示用户减肥轻松且有效，可以有效吸引到不想运动的用户。“瘦”是减肥之后的结果，除了可以规避敏感词风险，还能激发用户想瘦下来的欲望。

昵称是个人定位很重要的元素，一旦确定就不要轻易更改，它是个人品牌的一部分。需要指出的是，这里并不是说昵称一个字都不能动，而是说包含人设的部分不能动。比如他下周六直播，那么当然可以将昵称改成“老罗周六直播懒人瘦”。

还有一种情况是，虽然开通了视频号，但还没想好具体的定位，也不知道昵称应该叫什么。这时候不要急着改来改去，因为一年只有两次修改的机会。你可以先设置成自己的微信昵称，等想好了具体的定位和昵称，再改过来。

3.2.2 头像

头像最好使用真人胸部以上的照片。视频号中显示的头像尺寸比较小，如果是全身照或者半身照，那么除了可以看出性别，其他的几乎都看不出来，这就失去了头像的意义。

在视频号首页的推荐信息流中，账号的头像尺寸不到100像素×100像素，非常小。我们只需要考虑用户点击进入你的视频号主页后，从头像中能清楚地看出模样即可。

如果不是真人上镜，则可以考虑使用符合自己风格的卡通形象。

卢大叔的微信头像是一个戴着眼镜的萌萌大叔，从注册微信开始使用至今，大家都觉得这个头像和现实中的形象很像，卢大叔的视频号头像也直接沿用了微信头像。

其实卡通形象比真人更有识别度。

比如一个育儿视频号没有真人上镜，发布的都是混剪类视频。在这种情况下，可以使用文字图片，上面显示“育儿”两个字，但要保证背景是纯色的，且背景颜色与字的颜色对比度尽可能高一点，这样头像上的文字看起来就有比较好的识别度。

黑底白字，对比度比较高的搭配，或者将深绿色、黄色、紫色、深红色作为底色，搭配白色文字，或者使用偏淡的背景色，配上黑色或深色的文字，都是不错的头像设计配色方案。

照片类头像最简单，在视频号的个人资料设置界面中上传即可。文字类头像可以通过Logo生成类App，制作好图片再上传（可以在手机应用市场中搜索“Logo制作”，找到对应的App）。

3.2.3 简介

视频号的简介，我们习惯称之为“个性签名”（或者“个签”）。

简介，一定要简洁明了，字数宜少不宜多。每个人的时间都是有限的，如果简介是一大堆文字，则没有几个人能耐心看完。一两百字的意思，如果用二三十个字就能表达清楚，那么就用二三十个字来表达吧。

在简介中要告诉用户，你的视频号有什么不一样的地方、你能提供什么服务和价值、你的视频号有什么特点，引导他们看你的视频，并参与视频的互动，或者引导到你的个人微信号。

在视频号内测期，对简介的审核还是比较严格的。有部分人可以在简介中留微信号，也有部分人留微信号会被限流。这里不建议大家急着留微信号，因为有一定的风险。

视频号的前景还是非常明朗的，用心运营好你的视频号，不急不躁，细水长流，你的粉丝可以感受到，平台也能感受到。

很多人受抖音的影响，总觉得在主页中留微信号是不错的引流方法。其实还有更好的引流方法，可以在简介中明说：通过视频下方的链接联系我。视频号可以自由链接公众号文章，在文章中可以自由放置二维码和微信号，没有任何风险。

需要注意的是，链接到视频号下方的公众号文章的标题与内容要一致，否则会受到“内容不实”的举报。

3.2.4 个人主页头图

头图一般选择一张高清图片，图片的宽高比是 1∶1。默认只显示图片的下半部分，往下滑动才能显示出整张图片。

把最重要的信息放置在图片的下半部分，这样可以直接显示出来。图片的上半部分隐藏的信息，要与所显示的信息有关联。图片的下半部分信息给人一种神秘感和好奇心，引导用户主动往下滑动，看到完整的图片信息。

头图的风格要和主页的风格统一。专业设计的头图，也是非常好的品牌宣传利器。还可以为头图策划一些文案，以起到引导转化的作用。

3.2.5 账号设置案例分析

本节列举几个真实的账号进行综合分析（关注作者个人公众号，回复关键词“素材”，打开“第 3 章”文件夹，找到视频文件“视频号个人账号设置”，拖动到 5 分 30 秒处，即可看到卢大叔对以下 4 个账号的解读）。

（1）西安董红律师

律师可能更多地服务于本地，所以在昵称的前面加了“西安”。“董红”一看就知道是其真名，律师要和客户打交道，不需要用化名。在昵称的最后加上“律师”，与业务相关，直接告诉用户她是做什么的。

头像是真实的半身照，背景是纯色的，非常不错。简介是：

常驻西安，感谢您的关注。主做：企业法律顾问、经济和刑事案件。

简介简洁明了，常住西安，说明她只接西安的案件；对大家的关注表示感谢，说明她是很有礼貌的一个人；直接列出主营业务，过滤掉无关的客户。

头图是一辆豪车，“高大上”的黑白照片，不能说是最佳选择，但比空着好得多。

（2）蒋晖讲电商创业

蒋晖是卢大叔之前在短视频交流峰会上认识的一个朋友，他专注于电商培训。昵称“蒋辉讲电商创业”，与业务相关。蒋晖是真名，也是他一直推广的个人品牌。他现在从事的工作是电商创业，有此需求的粉丝就会直接找到他。

头像是他的真人照片，坐着拍的全身照。简介是：

电商问题给我留言。

简介非常简洁明了，他没有急着导流或转化，而是引导粉丝互动。做法很棒！

头图是他出席某活动的照片，给人一种非常真实的现场感，有非常好的说服力。同时右下角以文字形式对他自己做了详细介绍。头图起到了很好的个人品牌宣传的效果。

（3）潘 Sir

简介给人的第一感觉就是非常有意思，上下两条直直的线，一下子就将用户的目光吸引到简介的文字上。

虽然文字很多，但不显凌乱——每行前面都用了一个动词，动词后面加了一个“_”，更有层次感。特别是最后那句“找我_请看作品下方文章内容”，没有诸如“微信”“联系方式”之类的敏感词，起到了很好的导流效果。

这种含蓄的方式引导用户打开视频下方链接的公众号文章，在文章中列出了他的二维码和微信号，从而达到引流的效果，且没有任何风险。

这个账号有一个很大的特点，就是视频封面整齐划一，非常有特色。这是视频号中少有的设计感非常强的账号，非常出彩！

头图给人一种文艺、时尚、年轻、活力、自我的感觉，也很不错。

（4）熊莉讲个人品牌

从昵称就能看出她的业务——打造个人品牌。熊莉是她的名字，她也在做自己的个人品牌。

熊莉的简介非常详细、清晰，让用户觉得这是一位用心做内容和为粉丝服务的博主。简介有点长：

个人品牌实战权威专家，资深媒体人，策划人，有度个人品牌管理创始人，数百企业家、创始人、专业人士的幕后推手。

我的视频号讲个人品牌实战经验和案例。了解我请看视频下方的文章《她是两个娃的妈，熬过人生最灰暗...》

其实简介可以适度缩减。在短视频平台，用户的注意力很难集中。

我们对照原来的简介，梳理如下：

个人品牌实战权威专家
数百企业家、创始人的幕后推手
分析个人品牌实战经验和案例
了解熊莉：点击倒数第三条视频下方的链接

修改后的文案只是个人建议，不一定完美，但修改的思路值得大家参考。

头衔可以精选一两个，但不宜超过三个，否则用户反而记不住你是做什么的。服务的客户也是同样的道理，数百位没有知名度的客户，不如一两位重量级客户；三五类群体，不如一两类高端人士。

之所以叫简介，说明文字要简短、扼要，字斟句酌。有人会说，这里不是可以写上百个字吗，只要没超出限制就好了。这话也没错，但考虑到短视频平台用户的注意力极度稀缺，每多一个意义不大的字，对用户都是一种负担。

说了解“我”，不如说了解“熊莉”，后者是个人品牌的一部分。

直接说“视频下方的文章”，陌生用户很难找到，卢大叔也是花了三五分钟，才发现这篇文章在倒数第三条视频的下方。直接列出文章名，不如省掉文章名，一方面，确实要字斟句酌；另一方面，能吸引更多的用户主动查阅，因为有些用户可能没有好奇感，没有太大动力去查阅。

头图非常好，采用的是她线下培训的照片，同时带上她的业务：“熊莉讲个人品牌·新加坡站”。

前面我们讲过，线下流量的价值比线上流量要高得多，用线下的照片会给人一种真实感，能有效提升信任度。

第 4 章 揭秘视频号热门背后的逻辑

4.1 八大人性驱动力

人类能够成为这个星球上的主人，在很大程度上是人性的驱动。我们把驱动人性的内在动力总结成八大原动力。正是这八大人性驱动力，驱动人类生生不息向前发展。了解这些，我们才能更深刻地理解，为什么短视频会这么火爆，以及如何能更好地拍出迎合人性的热门视频。

八大人性驱动力像一朵花蕾，先有最里层的“生存温饱”，才有精力去“享受食物”。解决了生存问题后，就得面对外界的危险，产生“免于恐惧”的需求。人类为了繁衍，又产生了“性的需求”。

解决了最原始的生存和繁衍问题后，人类就产生了精神层面的需求。“追求舒适”，过上更好的生活；“与人攀比”，激发自我提升的斗志；“保护爱人”，并最终“获得认同”。

图 4-1

1. 生存温饱

吃饭、呼吸、睡眠是人类最原始的生存需求。从某种意义上讲，工作和创业也是在解决生存问题。

在视频号的热门推荐列表中，全是各种正能量视频。比较有代表性的视频如几个小伙子，“偶遇”高龄老人，他们帮老人修葺老旧不堪的房子，布置好新床，送上柴米油盐。老人感动落泪，甚至跪下来表示感谢。这类视频的点赞数直接 10 万+。如果是抖音平台，甚至能获得几百万个赞。

为什么这类视频在多个平台上都可以获得极大的热门？原因就在于生存温饱是人最基本的需求。当你看到一个陌生人连最基本的需求都得不到保障时，你的内心会受到强烈触动。你很想帮他，而帮他最好的方式就是把视频看完，然后双击点赞。

2. 享受美食

解决了生存上的原始物质需求后，人类的欲望被进一步激发出来。考虑到人类进化发展了亿万年，这里不应该只理解成美食，还可以引申为美景、美人、美事。

比如早期红遍抖音的网红城市——在重庆看穿过高楼的轻轨电车，在厦门体验最皮的网红土耳其冰淇淋大叔，在青海的茶卡盐湖感受如天地颠倒的天空之镜。有些地方融入了独特的民俗，有些地方本身就是天然美景，有些地方因人而美。

正所谓“民以食为天”，美食在热门视频中占有很大的比重。比如教别人做家常菜的麻辣德子、具有乡土气息的李子柒、各种区域性的特色小吃探店、给儿子做爱心早餐或阻止老公点外卖第 *N* 天打卡。光美食就可以演变出各式各样的玩法。

爱美之心人皆有之，高颜值、好身材永远都是短视频平台上的香饽饽，有“美人”元素的视频更容易获得上热门的机会。

3. 免于恐惧

人类的繁衍生息需要两个基础：一是物质上的温饱保障；二是外界环境上的安全保障。于是，人类有免于恐惧，或者说追求安全感的需求。我们将这种需求进行延伸，安全的程度从弱到强，依次为惊悚、悬疑、严肃、舒适、开心、励志、激动、幸福。

在现代生活中，人类早已没有了恐惧的威胁，但人类亿万年进化过程中的基因被记录下来。那些面对恐惧时的不安和紧张，反而成了吸引人眼球的诱饵。

上面提到的对安全的不同感知，在短视频平台都可以找到相应的热门视频。

（1）惊悚

2019 年年初，有一个鬼屋题材的账号，只发了两个作品，就收获了 100 万个粉丝。其主题大致是探访一个被人遗忘的村庄。其实这里并没有明显的宣扬迷信的元素，但画面风格过于惊悚，被人举报，账号被封。

这时候有人会说，“账号都被封了，这种题材不能做”。没错，我们不可能做一样题材的作品。但这至少验证了一点，人的内心有“免于恐惧”的需求。在现代社会中，这种需求会被转变成博取眼球的诱饵。

惊悚成不了一个独立的作品，但其可以成为作品中的一份佐料。

（2）悬疑

悬疑推理类账号，在各大短视频平台上都是吸粉的重型武器。说到底，它就是抓住了人的好奇心，总想知道最终的结果。

（3）严肃

有人说，“我长得太‘严肃’了，不会带动气氛”。严肃只是一种风格，并没有好坏之分。比如“老爸评测”，其本职工作是检测和风险评估。如果你太过于活跃，人家还担心你的评测是不是公正、客观。严肃是他的风格，但严肃中更多透着十足的自信。有了自信这个长板，其他的所谓短板就不再是障碍了。

（4）舒适

舒适是一种踮一下脚就能达到的状态。在现实生活中，大多数人的状态并不舒适。很多人穷尽一生所要的就是一种舒适。

（5）开心

多种舒适的叠加，或者一种舒适的加深，都会让你开心。舒适与开心之间没有明显的界限。有的人偏于乐观，情绪较敏感，刚到舒适边缘，就能感受到开心。

短视频是一种创作，它一定不是对真实生活的完全记录。生活就像一片沙滩，每天发生的事情就像里面的贝壳。我们要做的是，从平淡无奇的生活片段中，找出有潜质的“贝壳”来打磨，让它闪亮发光，通过太阳反射，吸引海边度假的游客带走。

（6）励志

有人说，励志类视频就是毒鸡汤。在一个亿级用户规模的公域平台上，对任何概念的绝对评论都是有失公允的。

如果视频是教你投机和享乐，激起贪婪的无下限“励志”，那当然是不对的。但如果是教你一些走捷径的方法和提升效率的工具，你通过自身努力获得提升，这样的励志类视频也算是有营养的鸡汤。比如每天发一条健身视频打卡、每天早起读书写笔记等视频。也许很多人是摆拍出来的，那又怎样，人家拍出来的视频，那是作品，并不是真实的记录。

励志类视频能够火，是因为大多数看视频的人做不到。他们就通过点赞的方式，对对方的行为表示认可，同时也希望自己能够像对方一样“励志”。对于平台来说，它也需要励志的正能量。

创作者有励志的动力，用户有励志的需求，平台有励志的缺口。我们在分析视频为什么能火，以及怎么让自己的视频火时，需要考虑创作者、平台和用户这三者的博弈。励志类视频满足了三者博弈、三者皆赢的格局。

（7）激动

激动是在短时间内迸发的开心。你不能全程激动，也不能随意激动，你要把激动这个极致的瞬间安排在高潮部分。

一个人的时候可以激动，多个人的时候也可以激动。当你发现明天是周末时，你会激动；当你发现暗恋的对象同意跟自己约会时，你会激动。

激动也不全是开心，也可以是愤怒、委屈。激动可以使角色的风格更立体，也可以加速情节的发展，让故事更有张力。

（8）幸福

与激动相比，幸福更像是一种长期稳定的状态。幸福是每个人终身追求的目标。幸福可以分两种：小幸福和大幸福。

乐观的人对每件小事都有慢慢的幸福感。短视频要做的，就是把每个人的小幸福呈现出来。对于大幸福，也许终生只有一个，且难圆满。它是我们内心的灯塔，让我们活着有目标、有勇气、有追求。

每个人都渴望得到幸福。用户刷到一条充满幸福感的视频，会有感触，并把自己对幸福的追求寄托在对视频的双击上。

4．性的需求

这里说的“性”是广义上的。比如恋爱中的男女、女生做美妆、玩穿搭、唱歌好听的小姐姐、跳舞帅的小哥哥等，这些热门视频中的元素，大家一定记忆犹新。这些视频为什么能火？就是因为人性中有“性的需求”。

几乎每部影视剧中都有男女主角，里面充满了性的元素，只有这样的作品才有人看。说到底，还是人有对性的需求。

卢大叔给学员上课时，经常提到一个词“美女+”。在现实生活中不管做什么，只要有美女在场，总能吸引众人的目光。有美女上镜的短视频，也能获得用户更久的停留。

对于“美女”这个元素，也可以加一些行业属性。比如一个卖菜的小摊位，想吸引路人太难了。但是可以请一个美女，她动作麻利，叫卖熟练，顿时就能吸引大量路人围观。如果把这个场景拍成短视频，同样能获得不错的曝光。

当然，好看的男生，有特点、有喜感的人，自信大方的专家、学者等，都可以成为“美女”。

5．追求舒适

（1）便捷

短视频能够爆发，就是因为它比图文更便捷。图文需要阅读和思考，而短视频只需要看和感受，而且是直接的快感，因为人内心深处有追求便捷的需求。

我们在创作短视频的过程中，需要思考一个问题，就是如何把视频的优势发挥出来，让用户体验到视频远超于图文的便捷性。

这里有两个思维需要调整：一是图文思维要过渡到视频思维；二是将传统视频思维转换成短视频思维。

图文思维体现了系统、全面、深度、理性，而视频思维体现了画面感、情绪化、节奏感。有些做公众号的“大V”玩不好短视频，就是因为他们有很强的图文思维，其拍出来的视频太理性，说的话太深，抓不住短视频用户浮躁而感性的心。

这里所说的浮躁并不是针对某一类人群，而是说同一个人在刷短视频时，也会变得焦虑、浮躁。

很多拍传统纪录片、电影的专业导演也做不好短视频。按理说，他们轻车熟路，就像是拿着牛刀宰鸡一样。

我们想象一下，一个人在看影视剧时，或者坐在家里的沙发上，或者坐在电影院里，他没有别的选择，只能静下心来，耐心等待。影视剧开始前的几分钟广告，他也觉得很正常。所以影视剧开始后可以有几分钟的铺垫，甚至可以 1 小时后才到高潮或结局。

这在短视频中是不可想象的，三五秒没吸引到对方，人家就走掉了。滑到下一条视频的成本很低，而错过下一条视频的精彩成本很高。

（2）愉悦

看到美女唱歌、跳舞很愉悦，刷到一条搞笑的段子很愉悦，看到一段明星的自拍也很愉悦……我们很难用一个场景来形容什么是愉悦。从人性的角度来讲，“追求舒适”是人的天性。

我们可以倒推什么样的视频不会让用户愉悦。

看完你的视频，都不知道你在说什么，摸不着头脑，用户不会愉悦。如果这条视频是一张纸条，此时的用户恨不得把它撕成稀巴烂，因为它让他错过了看到更精彩视频的机会。如果你的视频冗长拖拉，用户也不会愉悦。

（3）爽和刺激

爽，我们可以理解成一种极致的愉悦。

什么样的视频能够让粉丝爽？下面做一下简单总结。

- 说话太到位了，引起了粉丝强烈的共鸣。
- 这人太坏了，怼的好，让粉丝深深出了一口恶气。
- 这人演技太爆了，演尽人间百态、世态炎凉。
- 这人演技太爆了，仿佛说的就是我。
- 这项技能操作简单，效果超酷，可以在女（男）朋友面前露一手。
- 这项技能太棒了，我这辈子都学不会，跪赞。

其实愉悦、爽、刺激只是表现的程度不同而已，并没有太大的区别。快速和粉丝站在一起，让粉丝觉得你心中有他；告诉粉丝复杂技能中简单而实用的技巧；成为一个让粉丝只能仰视，而无法企及的优秀的人……这些都可以让粉丝获得极致的愉悦感。

6．与人攀比

与人攀比是人的天性，我们会跟身边的同龄人相比，跟同行相比；有了孩子，会拿孩子跟别人家的孩子相比；女生会拿自己的男朋友跟别人的男朋友相比，等等。

从这些内容来看，攀比确实是不好的恶习。其实攀比也有积极的一面，你攀比的对象一定是比你强、比你优秀的人，他能激发你的斗志，你要超越对方。

（1）羡慕

当对方比你优秀，或者对方的资源比你的资源好时，你就会羡慕对方。更多的时候“羡慕”是一个中性词，表示对对方的认可和欣赏。不过，在有些影视作品中，羡慕一般都是冲突的导火索，最终演变成嫉妒甚至报复。

影视作品需要冲突，冲突是推进剧情发展的动力。短视频也需要冲突，冲突能吸引粉丝停留，触动粉丝，调动起他们的欲望，引发他们双击和评论互动。

羡慕是非常好的引发冲突的导火索，这里的冲突不一定是激烈的争吵和打闹，一切能量的不平衡皆是冲突。

一个 5 岁的小孩子，幼儿园放学回家。晚上在自己的小书房，挺直腰板坐在椅子上，正在写一篇真情实感的作文，映入眼帘的是一个个比成年人写得还要好看的汉字。

这条视频在某短视频平台获得了超过 100 万个赞。其根本原因就是人性中有“与人攀比”的内在驱动力。

相信点赞的多半是宝妈奶爸，这么优秀的孩子一下子激起了他们的羡慕心理。“怎么还有这么优秀的孩子？我们家的有他一半就不错了，给他双击点赞，祝愿我们家的孩子也可以像他那样优秀”。

（2）炫耀

炫耀的本质也是攀比心在作怪。一个天生比你优秀的人是没有动力在你面前炫耀的。不过，我们得公正地看待炫耀，有些炫耀也具有积极意义。

通过自身努力获得成长和进步，这种“炫耀”就是值得肯定的。特别是短视频能够把这种“炫耀”放大，让更多的人受益。这也是卢大叔最提倡的，你可以炫耀自己的努力，但不要炫耀你多么轻松挣了多少钱。没有人天生仇富，我们“仇”的不是你的财富，而是你的不劳而获、投机和贪婪。

早些年一些微商人在朋友圈炫富，赚得盆满钵满，于是他们把同样的方法复制到短视频平台，却发现处处碰壁。

为什么在朋友圈可以炫富，而在短视频平台却失效了？

朋友圈是私域，刷到你的视频的人也都是认识的朋友。他们羡慕甚至嫉妒你，也想成为像你一样“优秀”的人。但由于贪婪，最后他们变成了“韭菜”，被你收割。

短视频平台是公域，用户会把你的视频当成宣传与表演的手段，他们觉得你是有目的的。加上这种炫富行为已经广为熟知，大家防骗的免疫力也在增强。

不是不能炫富，而是要讲究方法。

有这样一个故事，卢大叔经常分享给学员：

一个老板开着豪车，急着去公司开会。当时已经是傍晚，在小巷子里，光线昏暗。有一对老夫妻蹒跚着往外走，很吃力的样子。老板调转车头，把车子开到小巷边，用车灯照着老夫妻走出了昏暗的小巷。

如果你看到这样的场景，有什么感想？是觉得老板在作秀，还是会被他的行为所感动？我们很容易通过视频把这个场景还原出来，但仅仅通过这个场景还不足以让视频上热门，还需要一个能引起大家共鸣的标题。

第一版标题如下：

去公司开会路上，看到一对老人。我用车灯照着他们走出昏暗小巷。想起老家的爸爸和妈妈，我泪眼模糊了。

第二版标题如下：

开会路上，看到一对头发灰白的老人，步履蹒跚。我用车灯照着他们走出昏暗小巷。想起老家的妈妈，我泪眼模糊了。

第二版标题很简单，不到 50 个字，没有提到他具体做的事情，因为视频画面中有所呈现，在标题中再刻意地讲，反而有作秀的嫌疑。第一版标题中提到“去公司开会”，第二版把“公司”去掉，开会是核心，说明有要事在身，至于在哪里开会不重要。可见，短视频的标题真的要字斟句酌。

第一版标题中没有提到“头发灰白”“步履蹒跚”，如果只是一对老人，不足以引起“泪眼模糊”。第一版标题中提到“爸爸和妈妈”，后来发现有点冗余，直接提“妈妈”就够了。这就给粉丝无尽的想象空间，“是与爸爸关系不好，还是爸爸不在了”，能引起粉丝更深入的互动。

简单的一个标题，里面确实有很多学问和技巧（本书 5.7 节“热门视频文案深度解读”中有详细的讲解）。

（3）嫉妒和报复

“羡慕”被激化，就变成了“嫉妒”，嫉妒就由之前羡慕中的认可变成了敌对。如果事态再继续恶化，将会引发报复。

在现实生活中，我们当然不希望这样的事情出现。但在影视剧或者短视频的创作中，我们非常希望这样的事情发生。大家不要担心，也不要回避，因为这是人的“与人攀比”心理在作怪。这样的元素能够吸引粉丝，触发推荐算法。

这并不是为了博取眼球，而是希望这些元素能够吸引粉丝，并告诉他们，正义终将战胜一切邪恶。

“叶公子”（在抖音或视频号中搜索“叶公子”）在抓住人性“妒忌和报复”的攀比方面，绝对是高手。其作品在抖音、快手、QQ 空间、视频号中都有不错的数据表现，这也从侧面说明人性是相通的，与平台无关。

卢大叔身边的很多朋友都非常反感这种价值观扭曲的剧情。但作为研究者，首先要摒弃自己的真实感受，把自己当成一个普通的小白。这种类型的账号之所以能够获得大热，一定有它的秘诀，那我们就得花时间研究。如果带着严重的个人偏见，则不但研究不出结果，而且对自己账号视频的创作也没有任何帮助。

“叶公子”视频的剧情极其简单，人物关系也非常片面，其成功其实是因为抓住了“追求舒适”和“与人攀比”这两个人性驱动力。

“叶公子”是所有视频的主线，她的主要身份是有钱的大老板。有时候她会伪装成服务员、清洁工、基层员工等，围绕在她身边的男友、同事、下属、闺蜜，在金钱和权力的诱惑下，上演了一幕幕狗血的剧情。

比如刚开始时剧情比较简单：

曾经的她不会保养，像个黄脸婆。男友光鲜亮丽，劈腿了。她鼓足勇气做保养，变身后气场十足。男友回心转意，她已爱理不理。

非常狗血的剧情，但却获得了惊人的曝光量。这种类型的视频之所以能火，就是因为“劈腿和报复”，让人看了非常爽。

大家都知道情节很假，但都幻想着这样的事情肯定曾经真实发生过。女生想象着自己的男友哪天劈腿了，她也要像“叶公子”一样报复他。

7. 保护爱人

通常是男性保护女性，我们可以理解成男性有保护爱人的需求，女性有享受保护的需求。再扩展一下，大人有保护孩子的需求，孩子有接受大人呵护的需求。

我们根据保护的程度，由弱到强做一下分类：

注视、靠近、握手、关照、体贴、拥抱、接吻、亲热、拯救、献身

想象一下，你暗恋一个女生，只要能注视她，你就觉得开心、幸福。一旦有机会靠近她，你的心跳就加速。比如有一次外出活动，你终于跟她搭上话了，发现她居然也喜欢你。那一瞬间，你觉得自己是世上最幸运的人。那次活动你们有幸握手，你可能几天都不愿洗手，总觉得手上还留有她的余香。

从那以后，你对她的关照越来越多，她也觉得你越来越体贴。接着你们的关系更亲密了，你们拥抱、接吻，你感觉自己是世界上最幸福的人。没过多久，你们结婚了。

一年后你们可爱的小宝贝出生了。很不幸，小孩得了重病，需要 20 万元。你们的所有存款加起来还不到 10 万元。你们决定砸锅卖铁，变卖家当也要救治孩子。

你白天工作，晚上瞒着妻子打零工，好几次都晕倒了。但你不觉得苦，不觉得累，因为孩子就是你的一切，你甚至愿意为她献出生命。

老实说，看着上面的文字，卢大叔都深受触动。如果能拍成视频，这种感觉一定更强烈。

当我们理解了人有“保护爱人”和“被人保护”的内在需求后，就能明白为什么萌宠、晒娃类短视频那么容易火。

8. 获得认同

当人类解决了物质上的生存问题，以及对外界的危险免于恐惧之后，就会有精神层面的追求。其中最高的精神追求是“获得认同”。

人类是社会的动物，一个人没法立足于社会。获得认同，本质上是为了更好地立足于社会，获得更好的生存机会。

获得社会认同，按从轻到重的程度分类，分为：

肯定、欣赏、夸赞、钦佩、热爱

在获得社会认同的对立面，按从轻到重的程度分类，分为：

否定、嫉妒、诋毁、报复、陷害

“寻找对立面”是非常好的一个思维工具，它可以帮助我们写出更有张力的剧本，刻画出更加立体的人设。

在现实生活中，努力干活的人都能得到社会的肯定。但这样的故事司空见惯，毫无看点。为了刻画凸显人设，我们通常要让这个“人”叛逆、不合作、孤僻等。接着他身边的亲人、朋友、同事、领导对他各种“否定”“诋毁”“报复”（不能陷害，不然主角不在了，剧情没法推进。不过可以安排他被陷害未遂），这些反而激发出他的斗志。凭着自己的努力（需要把努力具体化，比如很有才华、做事果断、乐观、镇定等），他最终获得了社会的“肯定”“欣赏”“钦佩”。

4.2 热门视频“黄金三法则”

我们每天都会刷到大量的短视频，它们的形式和主题千差万别。但不管如何变化，都逃不出这三类：有趣好玩、具有实用价值、能让人产生共鸣，如图 4-2 所示。我们以此为准绳，就可以创作出吸引眼球、有看点，还能上热门的视频。

图 4-2

在刷短视频时，请有意识地对每条视频按这三类来划分，这是非常简单又有意思的事情。坚持下来长期做，你会有意想不到的收获，对日后的创作也会有极大的帮助。

卢大叔平时会为客户做一些短视频策划，客户只需要告知他们的目标和资源，卢大叔便可以给出清晰可落地的创意方案。

比如客户想做某一风格的视频，想了几天都没有头绪，于是将问题反馈给卢大叔，卢大叔仅仅把最符合要求的几条素材拼起来，一个全新的创意方案就出来了。很多人没有灵感和想法，觉得创意与文案太难了，其实是没找对方法。

我们可以把任意热门视频拆解后，组合成完全属于自己的创意（参见 4.3 节“拆解热门视频的万能公式”）。我们还可以收集大量的热门创意、文案、配乐等，为稳定、高质量的创意产出提供源源不断的弹药（参见本书 6.3 节“打造高质量的私有资源库”）。

4.2.1 有趣好玩

1. 有趣的人

比如你是一个幽默、会搞怪的人，总能引得身边的朋友捧腹大笑，但是你需要做的是，让粉丝喜欢你这个人，而不是喜欢你的内容。在公域平台上，每天都有无数更出彩的内容与你竞争，你唯一的优势就是，你是与众不同的个体。

有喜感的人不一定长得帅，而长得好看的人不一定有喜感，因为其太“端着”了，放不下自己。那些觉得自己长得一般，甚至还有点难看的人很明白，能让粉丝喜欢自己的就是真实和真诚，以及一颗让他们开心的心。

比如某喜剧演员有无数拥趸，不是因为她长得漂亮，她胖胖的样子，明显不是严格意义上的美女，而是因为她在镜头前很真实，没有架子。她在作品中敢想敢做，却屡屡被人嫌弃，即便如此，她也很乐观、豁达，一脸憨笑。她给我们带来快乐，使人放松，却也让我们学会反思，人生苦短，放下面子，做真实的自己。

不要觉得，自己没有好身材，也没有高颜值，玩不了视频号。其实那些受粉丝欢迎的达人、网红，并不见得就有高颜值、好身材。与其纠结永远无法弥补的短板，不如把自己的特点放大。

2. 有趣的事

对于有趣的事，有些人的第一反应就是要环球旅行，去不同的地方，见不同的人，感受不同的文化。这当然也算有趣的事，但成本太高，并不合适大多数人。

普通人的生活难道就不能有趣吗？换个视角来看，其实每个人都在做有趣的事情。比如你是宝妈，只需吸引宝妈群体就好了，她们会觉得你做的每一件事情都很有趣，因为她们感同身受。

孩子第一次会叫“妈妈”，第一次会站起来走路，那种感觉是无以言表的，只有宝妈最能理解。每天和孩子相处，会发生很多事情，可能大多数都像流水账，但总有一件事情对你有所触动，记下来并把它放大，上升到一个更高的层面。

下面卢大叔以宝妈的口吻来讲述一个有趣的故事。

早上刚买完菜回到家，一进门就发现沙发红一块紫一块，彩笔散落一地。4 岁的儿子手上沾满了油墨，见到我回来，还冲着我笑。我看到满地狼藉，想着老公的工作还没有着落，我气不打一处来。我放下手中的袋子，径直走过去，朝他的屁股重重打了三下。他拿出手中的画给我看，强忍着眼泪说：“今天是你的生日，这是我送给你的礼物。”顿时，空气仿佛凝固了。

你可以使用 Vlog 记录下这个故事。这里有趣的事，不一定是好玩的，也可以是有看点、有意义的，让人有所触动，引人反思。

4.2.2 具有实用价值

人人都需要学习与自我提升，但人的注意力是稀缺的，而短视频平台聚集了大量的注意力，因此短视频平台可以成为非常好的知识分发和筛选的渠道。

有价值的信息涵盖面非常广，比如在学校中学到的知识、职业技能、生活经验、行业解决方案，以及个性化的咨询服务等，这些都是有价值的信息。

有些知识会给人一种无趣、说教的感觉。为什么会有这种感觉呢？因为拥有这些知识的人本身就比较理性，他们可以写出通俗易懂、接地气的文章，但是拍视频要么完全不知道怎么拍，要么用文字思维拍成视频，变成了硬性的说教。例如：

“老爸评测”（在视频号中搜索“老爸评测”，可以看到认证的“老爸评测 Daddylab”账号）抓住了大众对化妆品是否含有超标配方、居住环境中是否含有有害气体，以及有害气体是否超标的痛点，实地检测，现身说法，严谨、专业。把专业知识变成大众都能听得懂的经验，将知识融合到用户的真实需求中。将知识经验回归到真实的场景中，不要把原本有趣的知识经验抽离成教科书式的专业术语，否则就太无趣了。

“秋叶 PPT”（在视频号中搜索“秋叶 PPT”，可以看到认证的“秋叶 PPT 小美”账号）抓住了白领在日常工作中需要使用办公软件，但他们又没法抽出整块的时间系统学习的需求，将具有欢快风格的办公室剧情与知识点相结合，一下子就获得了他们的喜爱——剧情贴近他们的工作、生活，知识点又能提升其工作技能。看着迷你电视剧，还能学到东西，这种视频能火也就不足为奇了。

知识就像一个道具，没法直接成为主角。但知识与不同的元素相互融合，就可以迸发出不一样的光彩。道具思维是短视频创作中非常重要而又常见的工具，很多问题在它面前都可以迎刃而解（关于道具思维，请见本书 10.6.10 节）。

4.2.3 产生共鸣

用户与视频号作品有多种交互方式，由浅到深分别是：看到、注意、喜欢、被触动、产生共鸣，其中产生共鸣是用户与作品最高层次的互动。我们写的文章、拍的作品，最希望看到的结果就是引起读者或者观众的共鸣。

如果你的作品能让用户产生共鸣，那么用户会更愿意与你互动，当你推出服务或产品时，他们的成交意向更强烈。

共鸣有以下三种。

1. 群体共鸣

比如你是一个程序员，在网上看到有人抱怨写代码太累了，头发都掉光了，你的感受肯定跟别人不一样，因为这让你产生强烈的群体共鸣。相同的文化背景、相同的地域、相同的身份之间都会形成明显的群体共鸣。

在写视频的标题时，需要找准目标受众，从而引起他们的关注。能不能让他们产生共鸣，得看具体的内容。

在创作中不要泛泛而谈，而是要想清楚所针对的对象是谁，让他们感觉你就是他们中的一员，你很懂他们、理解他们。

2. 情感共鸣

看到小孩子笑，你就想上去捏捏他的脸蛋；看到一个蹒跚前行的老人，你就想上前扶他一把；看到失学的儿童衣衫单薄，你就很想救助他……这就是情感共鸣。各大短视频平台上满是正能量类视频，其获得惊人的曝光量，就是因为它们唤起人们内心深处的情感，产生共鸣。

群体共鸣是相同群体间产生的共鸣，情感共鸣是不同群体间产生的共鸣。之所以会产生情感共鸣，是因为人拥有共情的天性，能够站在对方的角度来想事情。不同群体的经历所产生的情感，每个人都能感同身受。

情感的本质是情绪，情感共鸣不都是积极的、正面的，也可以是消极的、负面的。我们不能宣扬用户的消极情绪，但需要有引发用户愤怒情感的事件，作为剧情的转折点和导火索。

比如“破产姐弟”（关注作者个人公众号，回复关键词“素材”，打开“第 4 章”文件夹，即可看到卢大叔对此视频的解读）中“眼镜女”对女生的各种嘲讽，就是典型的引发用户愤怒情感的事件，它为姐弟俩挺身而出提供了足够的氛围铺垫。

3．体验共鸣

当你以前的某一段体验被勾起时，你会有非常强烈的感觉，这种感觉甚至超越了当初的真实体验。比如看到李子柒田园般的生活，卢大叔就很有触动，它唤起了卢大叔小时候在乡间插秧、捉鱼的体验；看到初入职场的“小白”被老员工使唤差遣时，你一定很同情“小白”的遭遇，对老员工的做法表示不满。

与情感共鸣类似，体验共鸣也有好有坏。同时对于以前未有过的体验，只要情绪是共通的，你也能产生体验共鸣。

4.3 拆解热门视频的万能公式

我们拍视频，当然希望能上热门，但上热门其实是非常复杂的过程，它受很多因素的影响。如果把视频上热门简化成一个公式，你便能更好地理解热门视频背后的逻辑。

从实操的角度来看，视频上热门的公式如图 4-3 所示。

图 4-3

我们先看一个例子。

抖音在短视频这块已经非常成熟，而且一条热门视频能带动大量有创新的模仿视频跟着火（为了便于学习，请读者关注作者个人公众号，回复关键词“素材”，打开“第 4 章”文件夹，即可看到两条热门视频，以及卢大叔的解读。看完视频后，再接着往下阅读）。

原视频有超过 120 万个赞，模仿视频也获得了 60 多万个赞。从数据上看，这两条视频都非常成功，后者的学习模仿也很到位。模仿视频可以被理解成原视频的变种，它之所以会成功，是因为创作者对原视频先拆解后拼接。原视频是在国外拍的，模仿视频是在国内拍的；原视频的场景是广场，模仿视频的场景是室内；原视频展现的是芭蕾舞动作，模仿视频展现的是跳起腾空。可能拍摄者本人也没有意识到这些，只是无意间遵循了视频创作法则。

之所以拿抖音的案例来分析，是因为抖音平台上有大量的优秀作品，也有大量的模仿者。在数量庞大的创作群体中，总会有胜出者，那些胜出的作品，是我们最好的老师，从中可以学到大量鲜活的灵感和思路。

4.3.1 如何拆解热门视频

我们顺着上面提到的思路，按不同维度对原视频进行如下拆解。

性别：男 女

年龄：幼 少 青 中 老

地点：国外 国内 城市 乡村 家里 户外

动作：芭蕾舞 街舞 爵士舞

音乐：Take Me Hand

主题：身材 颜值 力量 趣味

原视频展现的是一个**青年女**性，在**国外城市广场**上，在 **Take Me Hand** 的音乐声中，跳了一支**芭蕾舞**，让我们直观地感受到她的**好身材**、**高颜值**，以及身材背后的**柔性美**。这个组合基本上把原视频中的大部分元素都表达出来了。

4.3.2 如何拼接出新的创意

模仿视频按上面的思路来组合，就是：

一个**少女**在**室内**，伴着 **Take Me Hand** 的音乐，**腾空而起**，让我们直观地感受到她的**好身材**，以及身材背后的**柔性的力量**。

与原视频相对应，在模仿视频中，将青年女性换成了少女，将芭蕾舞的动作换成了腾空而起，我们的感受也由柔性美变成了柔性的力量。

简单的十几秒的视频，在直观地展现美好的同时，也让我们看到少女背后的自律和努力。没有自律和努力，就没有好身材及柔性的力量，这样的视频很容易打动陌生用户。我们做短视频，最高追求无非就是：粉丝不是因为内容喜欢你，而是因为你这个人。

创意就像搭积木一样简单。替换热门视频中的一个或多个元素，就可以变成自己的创意，而且同样能火。

根据搭积木的思路，我们再随便想一个创意：

一个少年在街头，伴着动感的音乐，一只手撑地，双脚腾空，让我们直观地感受到少年的肌肉线条与力量美。

不久，我们在抖音上就刷到了这样的视频。

4.4 从运营的角度理解热门视频的算法

从运营的角度来看，视频上热门的公式如图 4-4 所示。

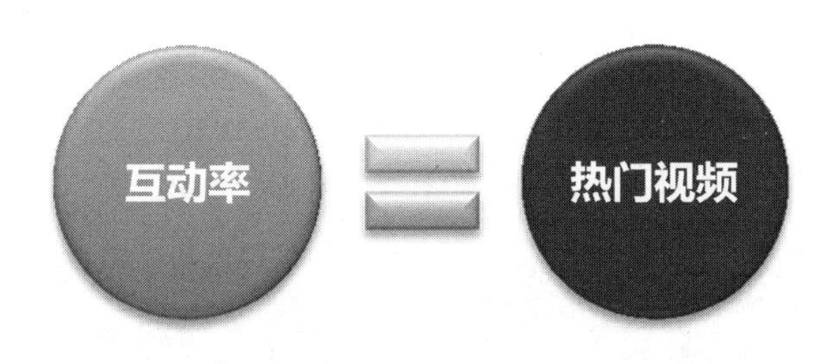

图 4-4

运营的本质就是提升账号或视频的互动率。互动率包括但不限于以下几个指标。

4.4.1 完播率

完播率是指用户看完一条视频的程度。只有视频拍得好，用户才会停留更长的时间。

比如有 10 个人看到一条 30 秒的视频，如果 10 个人都把这条视频看完了，那么完播率就是 100%；如果其中有 5 个人看完了，还有 5 个人只看了 15 秒，那么完播率就是（5 × 15+5 × 30）/（10 × 30）=75%。

如果每条视频都要这么计算，那么视频上热门太难了，更何况也无法得知每个用户的观看时长。这里只是让大家更清晰地理解完播率的计算方法，以及它对视频能否上热门的意义。

我们不用在意单个用户的观看时长，而是要把所有用户当成一个整体，这些用户一定具有一些共同的特征，而这些特征是大多数人都具备的。比如：

- 倾向于有画面感的信息。
- 对新鲜事物充满好奇。

- 倾向于有节奏变化的信息。
- 倾向于有意义关联的信息。
- 倾向于趣味游戏。
- 渴望学习，提升自我。
- 渴望得到爱或被爱。
- 渴望被理解和认同。
- 自我价值的实现。

基于这 9 个特征，我们可以在短视频策划与创作中提出 9 种对应的优化方法，来有效提升视频的完播率。

- 文案有画面感，解说类视频要配上图片素材。
- 设置悬念，埋下伏笔。
- 剧情有反转，高潮前置。
- 想清楚了再拍，不要乱拍。
- 风格尽量轻松、好玩。
- 炫富不如炫肌肉和学习。
- 有萌宠、小孩的元素易火。
- 只迎合自己的受众。
- 努力实现梦想会被鼓励，特别是共同的梦想。

提升视频的完播率，更多的是一种感觉。通过对大量热门视频的观看和分析，找出它们的共同特征，将其优势融入自己的作品创作中来。

4.4.2 点赞率

点赞率是指在看过一条视频的所有用户中，点赞用户所占的比例。比如有一条视频，一周后其播放量是 1000 次，点赞数是 20 个，那么这条视频的点赞率就是 2%。

点赞率和完播率是评估视频能否上热门的两个重要指标。比如你刷到一条不错的视频，刚开始看时很激动，看了一半你就双击点赞了，后来你多次刷到这条视频，虽然没了点赞的冲动，但是你还是觉得有价值，会坚持看完。

可见，通过点赞率和完播率这两个指标，基本上就能把真正优秀的视频筛选出来。

4.4.3 评论率

评论率是指在看过一条视频的所有用户中，参与评论的用户所占的比例。比如有一条视频，播放量为 1000 次，有 5 条评论，那么评论率就是 0.5%。

评论率和点赞率是评估视频互动效果的两个重要指标。除了评论率，还有如下几个需要关注的点。

- 创作者参与评论的程度。对用户的评论，创作者要第一时间回评，并表示感谢；对用户的提问，创作者要第一时间解答，同时引出用户的二次提问。
- 用户间相互评论的程度。引导用户把评论区当成讨论社区。
- 正面评论的比例。目前这方面还没有明确的数据支撑，有时候看到负面评论很多的视频，也有不错的数据表现。视频好不容易上热门了，但一看评论区全是负面评论，这对创作者的品牌和信誉度是极大的打击。从长远来讲，避免负面评论，引导用户给出正面评论，是粉丝运营的一项长期工作。

我们要允许用户进行无关痛痒的吐槽，有时候用户的吐槽也是出于对你的爱，一定要善意引导，形成统一战线。不要误解，更不要恶意打压，本来可以拉拢的用户，一不小心就变成了打击自己的敌对力量，这就得不偿失了。

4.4.4 分享率

分享率是指在看过一条视频的所有用户中，将视频发送给好友，转发到微信群、朋友圈的用户所占的比例。

分享率对视频能否上热门的影响不是很大。但我们做视频号不是百米冲刺，而是马拉松，通过一些方法提高视频的分享率，对视频号的权重提升有一定的帮助。整体上，提高分享率，可以帮助视频号获得更多的流量。

通常来说，以下几点能有效提高分享率。

- 针对大众最为关注的问题，提出解决方案。
- 内容有收藏价值，比如盘点类、技巧类内容。
- 在视频中引导用户分享，前提是内容好。
- 说出某些人的内心话，引发共鸣。
- 专注于某一领域的内容，获得圈内人的转发。

4.4.5 关注率

关注率是指在看过一个视频号的所有用户中，关注该账号并成为粉丝的用户所占的比例。对于关注率还有一种计算方法，就是一个账号总的粉丝数除以总的点赞数。很显然，让陌生用户关注一个账号，比点赞某条视频要难得多。

关注率越高，说明该账号越受欢迎、价值越大，也可以理解成权重越高。

- 明星、名人等有一定的受众，一经开通视频号，即使没发几条视频，也能获得大量粉丝关注。这些明星、名人等对于视频号是优质资产，会被重点照顾，获得流量扶持。从数据运营的角度来看，如果关注率非常高，则可以极大地提升视频上热门的概率。
- 一两条视频讲不清楚、讲不完的知识分享类视频号。卢大叔在抖音上有 360 万个粉丝，但总点赞数只有 280 万个，就是因为卢大叔的账号是分享 Excel 小技巧的，想学习 Excel 的用户都明白，不可能通过一两条视频就学会了 Excel，但又怕错过这么好的账号，于是在点赞之前就先关注了，然后再看。
- 有连续情节的剧情类视频号，可以把一个完整的情节拆分成多条视频。当陌生用户刷到一条视频后，觉得不错，就想看到更多的视频（总想知道后面发生了什么、结局是什么）。

4.5 从创作者的角度理解热门视频的算法

从创作者的角度来看，视频上热门的公式如图 4-5 所示。

图 4-5

4.5.1 如何做好清晰定位

从创作者的角度来看，定位是创作的第一步，也是最重要的工作。很多人做不好定位，是因为对定位没有清晰的认识。虽然听过无数关于定位的课，看过很多关于定位的文章，但是对定位还是一知半解。

对于账号，我们要做账号定位。账号定位是一项综合性工作，账号涉及所发布视频的形式（脱口秀类、小剧情类、摆拍类、动画类等）、视频的风格（视频排版风格、用户看完视频后的感觉等）、对上镜人的定位等。

如果想从事短视频创作，该如何定位？如果所选择的主题竞争太过激烈，该如何重新定位？拍脱口秀类视频流量遇到瓶颈，该如何重新定位？关于这些问题，第 3 章中有非常详细的讲解。

4.5.2 精良制作三大要素

精良制作并不是说非得用单反相机、无人机拍出超高清画质的视频，而是说你有没有用心做好内容、打磨内容、剪辑内容。

玩视频号，其实大多数人会选择真人上镜。要想拍出高质量的真人上镜视频，需要考虑三大要素，分别是画质、音质和内容。

1. 画质

要想拍出画质佳的视频，首先应保证拍出来的视频是高清的。如果在白天拍摄，光线比较充足，则应注意不要曝光过度；若是晚上，光线不足，则需要通过灯光补光。比如直播时用到的圆形的补光灯，就有非常好的补光效果。当光线充足，尤其是用美颜相机拍摄时，使用手机会拍出更佳的美颜效果。

拍摄的角度也很重要，这里建议大家不要用原装摄像头拍摄。比如使用苹果手机拍摄的视频很真实，但真实有时也意味着可能比较难看。卢大叔习惯用“轻颜”来拍摄。当然，“无他”“激萌”或者你习惯使用的拍摄类 App 都可以。App 的操作大同小异，这里以“轻颜”为例来演示如何保证画质是高清的。

如果拍摄的视频要同时发布到视频号、抖音、快手上，则应先设置视频的宽高比为 16：9，并用手机横屏拍摄。将拍出来的横屏视频素材导入“剪映”中，然后把视频画布设置成 9：16 的竖屏，这样 16：9 的横屏视频就会居中显示，其高度只占视频画布高度的三分之一左右，上下有大量的黑边，上边加上大标题，下边加上字幕。

将该视频发布到抖音上，其本身就是竖屏 9：16 的全屏效果；将该视频发布到视频号上，上下黑边可以被自动裁掉。

如果拍摄的视频是专门发布到视频号上的，则建议将视频的宽高比设置成 3：4，它最接近视频号视频的尺寸 6：7。

那么，如何保证画质的高清呢？可以点击“...”按钮，然后点击“相机设置”，默认选中的就是“高清画质”。其他拍摄类 App 的操作，与之类似。

此外，可以取消选中“水印设置”。这里有一个“男生妆容适配”选项，因为卢大叔是男性，所以默认选中“男生妆容适配”选项。这个挺有意思的，所拍摄出的视频效果会针对男性做一些美颜处理。整体来说，这比使用苹果手机原装相机拍摄的效果好得多。

2．音质

通常来说，发声源与手机保持一个手臂长的距离，在拍摄视频时录制的声音是很饱满的。如果超出这个距离，所录制的声音听起来就让人不太舒服了。使用麦克风录制的声音，比使用手机自身录制的声音效果明显好得多。所以建议不管手机离发声源有多远，都统一使用麦克风。

声音是短视频非常重要的组成部分。特别是在视频号上，目前还是以脱口秀类视频为主，对声音的要求尤为严格。如果听着声音感觉不舒服，那么陌生用户自然就滑走了。

使用手机直接拍摄的视频，声音听起来挺清楚的，感觉没什么问题。但是通过对比就会发现，使用麦克风和使用手机自身录制的声音有着明显的差别。

我们在刷视频时，不可能处于绝对安静的环境中，或多或少会有些外界噪声的干扰。使用麦克风录制的声音，饱满、有通透力，一下子就能透进耳朵。

在本书 6.1 节“拍摄与录音设备的选择”中，对于如何选择录音设备，以及如何录制出饱满的声音，有详细的讲解。

通常对视频中的声音不用做任何处理，但如果拍摄时离其他电子设备比较近，则会有滋滋的电流声，这时就需要做降噪处理。“剪映”可以降噪，操作也很简单，本书 6.1 节中有详细的讲解。

3．内容

画质和音质非常重要，但内容更重要，它是短视频的核心。我们每天刷大量的热门视频，这些视频都具备以下三点：

- 要么有趣，让你看了想笑，释放了压力。

- 要么有实用价值，让你能学到知识（1 分钟解决了你几个月都没想明白的问题）。
- 要么能引起共鸣，内心深受触动。

如果你的视频符合其中的一点，那么该视频就具备了上热门的潜力；如果符合两点，甚至三点，那么就奔着大热门去了。当然，这种情况可遇而不可求，我们只能一步一个脚印，从符合一点开始。

另外，在视频中不能有水印，不能有商业信息，不能出现 Logo 和二维码。

4.5.3 用户思维与工程师思维

“用户思维”是近几年经常被人提及的一个词，与之对应的是“工程师思维”，这个词的流行也从侧面表明大多数人不具备用户思维，没法站在用户的角度来思考问题。

用户思维与工程师思维的对照如图 4-6 所示。

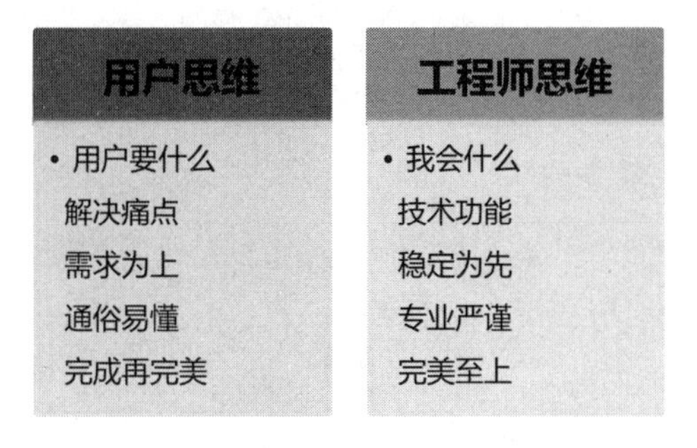

图 4-6

1. 用户要什么与我会什么

有一位经验丰富的摄影师找到卢大叔，他想做一个抖音号，定位是教别人玩单反相机。卢大叔跟他说恐怕不行，他说“我都不行，这世上没有人能教玩单反相机了”。话语间满满的傲气。卢大叔向他解释，玩单反相机不是不能做，而是在短视频早期，最迫切的需求是教摄影小白如何用手机拍出大片的效果。

想结合自己的兴趣或专长，在视频号上有所作为，出发点是“用户要什么”，而不是“我会什么”。“我”会玩单反相机，“我”就去拍玩单反相机的短视频，拍出来的内容专业又严谨，很可能大众看不懂，看不懂自然就提不起兴趣。在抖音早期，学习用手机拍摄视频的需求没有得到满足，而专业的单反相机教学类视频长时间无人问津。当然，随着抖音用户量的激增，对单反相机的学习需求慢慢增多，单反相机教学类视频也有不错的受众。

2. 解决痛点与技术功能

到外面吃饭想拍照，不可能随身拿着单反相机。但女生又特别喜欢拍照发朋友圈，她们的痛点是只需要简单地构图和光线处理，就能拍出唯美的效果。这是用户思维。而工程师思维（并不是说工程师会这么想，这里是指某类人群的思维模式）是更多地从产品的技术与功能出发。按工程师思维，某款手机的宣传文案可能是：

采用最快 A9 处理器，运算速度更快，画质更细腻。

产品的功能点没有考虑到用户的痛点，没能激起用户的购买欲。还是同一款手机，只需换成用户思维，修改一下宣传文案就完全不一样了：

采用高性能 A9 处理器，逆光也超美！

采用什么技术、有什么样的功能不重要，重要的是能解决用户的痛点，这才是王道。相较于画质细腻，用户更在意能不能拍得更美。如果逆光也超美，则不但解决了用户的痛点，还给用户超预期惊喜。

3. 需求为上与稳定为先

诺基亚曾经是手机行业的霸主，最为人称道的便是强悍的做工、稳定的性能。然而，正是对硬件品质的过分追求，忽略了用户需求上的变化——用户不需要一个可以用一辈子的“砖块”，他们需要一部屏幕更大、功能更多的手机。

随着以苹果 iPhone 为代表的功能更强、体验更人性化的智能手机的推出，诺基亚被请下神坛，苹果在 iPhone 上的巨大成功，便是顺应了用户需求。

4. 通俗易懂与专业严谨

短视频这种信息呈现形式，决定了其承载的内容不可能太深入。短视频平台上的用户处于极度放松与感性的状态，他们不会也不想再动脑子思考复杂的问题。但也并不是说专业类信息就没法在短视频平台上传播。这需要我们把内容做得通俗易懂，用户看得懂，才会与内容产生互动；有了互动数据，才能触发推荐算法给予更多的曝光与流量。

具有工程师思维的人觉得，这件事情很复杂，三言两语说不清。为什么一定要说清呢？短视频可没那么多时间让你把事情说清楚，短视频的作用是让用户知道是什么，并产生兴趣和欲望。至于深入系统地学习，那是长篇幅的文章、图书、长视频以及面对面交流才能达成的。

所以面对专业的内容，试着将复杂的逻辑用简单的道理理顺，将抽象的东西用具体的事物打比方，将陌生的事物用熟悉的对象来类比。

5. 完成再完美与完美至上

很多人都有完美主义情结，总觉得拍出的视频没有体现出自己的水平。其实你的水平与用户对作品的喜好并没有必然的联系，没你水平高的人也能拍出好作品，水平比你高的人拍出的内容也可能无人问津。

首先我们得明白没有绝对的完美，以时间和精力为代价打磨出来的作品，没准让用户更摸不着头脑。更实际的做法是，承认自己不了解用户，并愿意倾听用户的心声。最好的方式就是作品成型后，尽快发布出去，让用户来评定。通过所获得的播放量、点赞数、评论等数据，更客观地看待自己的作品。数据反馈好，就再接再厉；数据反馈不好，则及时发现问题，进行总结、改善与提升。

最重要的是，以完成后再追求完美的方式来操作，作品通过不断迭代会越来越成熟，也越来越受用户喜爱。

4.6 推荐算法的启示

4.6.1 完善算法需要时间和数据

我们把视频上热门看成一种推荐机制，其主要有两种：一是好友推荐；二是内容算法。我们把它们统称为“推荐算法”。

简单来说，推荐算法就是指通过对视频内容、用户互动数据等进行综合分析，确定视频流量分配的机制。这里的视频内容包括视频画面、音频、视频标题、话题等；用户互动包括看完视频的程度，以及点赞、评论、转发、关注等行为。

推荐算法是一种计算机程序，要让计算机理解程序并执行，我们要把所有的内容和行为变成数据。比如我们要提取视频画面中的文字，或者识别画面中的主题元素，还要提取视频中的音频，把它转换成有意义的文字。

用户看完视频的程度，其实就是完播率。完播率等于用户看了视频的时长除以该视频的总时长。点赞和评论等行为，只有转换成点赞数、点赞率、评论数、评论率等数据，才能参与运算和比较，才能被计算机推荐算法所理解。

计算机能够理解，其实是说这些数据是文本类和数字类的，可以用于计算机的AI运算。从本质上讲，视频号的推荐算法就是一个大型的AI机器人。

1. 推荐算法需要数据喂养

AI机器人，其最大的特点就是需要大量的数据喂养。它就像一张白纸，需要不断试错，找出大量数据之间的相关性，并不断地进行反思和总结。

在视频号早期，我们经常会刷到一些莫名其妙的糟糕的视频。如果知道视频号的推荐算法是一个人工智能程序，你就能明白它是一个“孩子”，还很幼稚，需要大量的数据喂养。

下面结合视频号，我们具体看一下推荐算法到底是如何运作的。

用户在视频号上刷到视频，就会和该视频产生互动——不管是否看完视频、是否点赞，都属于互动，只不过看了不到两秒就滑走是一种不好的互动。

推荐算法会记录相应的视频，以及对应的用户反馈数据。反馈数据好，推荐算法就认为该视频不错，就会分析该视频有哪些元素和信息，并找出具有类似的元素和信息的视频，给其推荐更多的流量。同时跟踪这类视频，如果能得到更好的数据反馈，那么就是正反馈，推荐算法会不断给这类视频推荐更多的流量。如果数据变差了，推荐算法就会反思，哪些元素和之前数据反馈好的视频不一样。

这里只是简单地描述了推荐算法，真实的推荐算法要复杂得多，我们还需要考虑每个用户的画像，画像包括用户个人信息、浏览行为、个人偏好等。

很显然，每个用户的画像都不可能一样，这意味着即使为同一条视频推荐相同数量的用户，前后两次推荐的用户也会有明显的互动差异。这也是经常有人说，在抖音上发第二次视频就能火的原因（真实情况可能是，他一共发了六次视频，在发第六次时火了，而删除或隐藏了前几次发的没火的视频）。

这说明视频上热门是概率事件。

2. 推荐算法需要时间成长

我们不能指望推荐算法一夜之间就变得强大、精准，我们需要更多的耐心，等待推荐算法成长。

推荐算法需要时间成长和成熟，但这个时间比我们想象的要短得多。人的学习是线性的，但推荐算法的成长是指数级的。比如推荐算法今天还是一个5岁小朋友的智商，明天它可能就拥有了初中生的知识储备。推荐算法是一种人工智能，它可以24

小时不停歇，不知疲倦地“吃”着大量的数据，根据数据反馈不断地反思和总结。它之前学到的知识和总结的经验，可以为其后面的学习提供强大的支持。

我们有理由相信，有微信的全力支持、官方资源的倾力投入、入局者的创作热情，视频号可以发展得更好，未来前景无限。

4.6.2 重复触发热门推荐

前面我们讲过，视频号的推荐算法是一种人工智能，它模拟人脑运行机制，对大数据进行分析，对海量用户进行内容标记，将合适的内容推荐给感兴趣的用户。它通过跟踪用户的互动数据反馈，实时动态调整内容和用户的匹配。

推荐算法的终极目标是找出内容和用户的最佳匹配。在这个过程中，很重要的考量指标就是相关性。相关性在数据上的反映就是概率。

例如，通过人工智能判断环境对出行的影响。利用人工智能统计了一个月内市民在某个城市广场活动的数据，如图 4-7 所示。图中分别列出了白天和晚上，在不同环境下进入广场活动的市民数量。

天气	白天	晚上
晴	220 人	580 人
大风	375 人	304 人
中雨	218 人	107 人
暴雨	48 人	7 人
合计	861 人	998 人

图 4-7

若想评估不同因素对市民出行的影响，考虑的是相关性，衡量相关性的指标是概率。我们把上面的市民数量变成百分比，如图 4-8 所示。通过百分比数据，我们可以更直观地看出不同因素与市民出行的相关性。

天气	白天	晚上
晴	11.80%	31.20%
大风	20.20%	16.30%
中雨	11.70%	5.70%
暴雨	2.60%	0.37%
合计	46.30%	53.57%

图 4-8

从图 4-8 中可以看出，白天有 46.30%的人进入广场活动，晚上这个比例达到 53.57%。因此，我们认为晚上与市民出行有更高的相关性。晚上晴天有 31.20%的人进入广场活动，而在同等环境下的白天只有 11.80%。因此，我们认为相对于晴天的白天，晴天的晚上与市民出行有更高的相关性。

但在大风、中雨和暴雨这三种环境下，白天与市民出行有更高的相关性。在四种不同的环境下，白天有三种状态胜出，晚上有一种状态胜出。

假设新增雷电状态，利用人工智能应该如何判定相关性呢？到底是选择整体相关性更高的晚上，还是胜出更多的白天？

好在人工智能的运算速度极快，24 小时不停歇，还不知疲倦，对两种方案同时进行预测，再与真实的数据做对比。如果在雷电状态下晚上胜出，那么人工智能就会给晚上更强的正反馈。

真实情况要复杂得多。但这是一个极简的模型，直观地呈现了人工智能的运行机制。

1．重复的人物

当同一个人物或角色在不同的账号中以不同的形式出现时，系统会认为它很重要，从而会给予更多的流量。同一个人物在不同的账号中也可以以同一种形式出现，但内容一定要有差别，否则就会涉嫌搬运。如果内容高度相似，则会被限流甚至被认定违规。

在抖音上，重复的人物在不同的账号中触发热门算法非常常见，而在视频号上，目前这样的案例还很少。比如“樊登读书”在抖音上的成功，就是因为樊登在多个账号中重复出现，从而触发了热门算法。

当然，并不是说随便把视频发布到多个账号中就能上热门，还要看整体内容有没有看点。关于内容有没有看点，可以参考热门视频“黄金三法则”：有趣好玩、具有实用价值、产生共鸣。

如图 4-9 所示，在抖音上搜索“小小如”，能找到上百个包含“小小如”的账号，粉丝数从几万到百万不等。“小小如”在抖音全网有超过 3000 万个粉丝。全网是指其玩的是抖音矩阵，本书第 10 章专门讲解了矩阵玩法。“小小如”从事微商行业，有很多代理，每个代理都有一个抖音账号，其发布的视频都是“小小如”上镜。

图 4-9

每个账号都发布了上百条视频，但单个账号的粉丝数并不出众，其追求的是曝光和引流。大量的视频和账号提升了视频上热门的概率。

2．重复的物品

在视频中出现重复的人物，可以触发热门算法。同样的道理，在视频中出现重复的物品，也能起到类似的效果。

这体现在短视频中，可以打造爆款产品。按照传统电商思维，打造爆款产品，成本很高，如果控制不好，则可能连成本都挣不回来。但是利用短视频思维打造爆款产品，就可以收到四两拨千斤的效果。

如果在多个账号中出现同一个产品，推荐算法就会认为这个产品很重要。那么，如何让同一个产品出现在不同的账号中呢？简单地拍摄视频发布到视频号中，这种做法显然是不可取的。

这里需要一个诱饵，就是能吸引用户互动的内容或形式。

比如有一款 AR（Augmented Reality，增强现实）地球仪产品，将手机对着实际的地球仪，手机画面中会立刻出现一个虚拟的仿真地球。转动地球仪，屏幕中的地球也跟着转动。点击屏幕中地球的任意地方，就会出现相应的交互功能。

通过视频能直观感受到卖点的产品，在短视频平台有非常好的引爆潜质。有了这样的产品和功能，我们再考虑把产品融入什么样的场景中，就相对简单多了。

我们之前提到过一个5岁的小女孩，写出一手漂亮的字，她写的作文也非常出彩。将其拍成视频，获得了100多万个赞，原因就在于激起了家长的攀比心。基于这个场景，我们可以拍出关于这一款AR地球仪产品的视频。

妈妈拿着手机对着地球仪，问四岁的儿子："儿子，埃及在哪里呀？"儿子不假思索地用手指着地球仪上的某个点，同时说出了埃及历史、地理的基本信息。说完后画面中的金字塔拔地而起，并且列出了详细的介绍信息，其内容和儿子说的一字不落。

这条视频基本具备了上热门的潜质，也就是我们所说的诱饵。只有这样的视频，才能引起家长用户的关注，并产生互动。根据4.3节"拆解热门视频的万能公式"中所讲的内容，对视频进行各个维度的拆解，然后拼接出具有热门潜质的视频——只保留产品，对其他元素进行替换。

角色：爸爸和女儿

场地：书房、卧室、户外

事件：可以问事件发生地、名人出生地，也可以讲故事、做科普

很显然，根据不同的组合，可以获得具有热门潜质的视频，然后使用不同的账号发布出去。很难说每条视频都能火，但视频数量的增多以及质量的提升，可以提高整体上热门的概率。这种玩法适合三大短视频平台，如果你是电商从业者，千万不要错过。

当然，重复的物品也可以是视频中一个不起眼的道具。你在不同的视频中重复展示它，它就具有了某种神奇的寓意和魅力。

比如抖音上有一个"刷子哥"，他双手拿着两把刷子。对于单条视频来说，谈不上刷子有多么重要的作用，但是在他的视频中刷子重复出现，刷子就像被施了魔法一样。他的视频拍得越来越顺，刷子是他的幸运星；他在视频中讲得越来越专业，刷子是他的参谋。如果每一次专业和流畅都是伴随着刷子出现的，那么下一次出现刷子时，用户就会被暗示，这条视频同样是专业且流畅的。这里还有一个好处，就是当一个人拿着道具时，其上镜说话也会更自然，且更接近真实的场景。

你也应该找到自己的这把"刷子"！

3．重复的动作

这里所说的动作是指角色任意状态的改变，包括肢体动作、神态表情、喜怒哀乐

等。对于单条视频来说，角色翻一个白眼，只是表明他对某事或某人的憎恶。但如果这个表情经常出现在不同的视频中，则暗示用户，他是一个爱憎分明的人。重复的动作极大地凸显了他的人设。

重复的动作降低了用户对视频的理解成本，也推进了剧情的发展。

角色的动作不是越多越好，而是要想清楚，开心时用哪个动作，不开心时用哪个动作。有时候似乎挺矛盾的，要凸显某人丰富多彩的个性，而他的动作又不能太随意多样，要精简，甚至唯一。这就需要我们在创作实践中进行尝试和摸索，找出适合自己的创作模式。

4．重复的配乐

我们刷到一条视频，1 秒内肯定猜不出它要表达什么，但如果配上音乐，就可以大概率地猜出它的主题和风格。我们对感性的旋律的理解速度，远远快于对理性的文字的理解速度。短视频平台上有大量的热门视频，但上热门的视频所配的音乐数量并不多。

音乐不像文字，可以相对精准地记录真实确切的感觉，音乐有更广阔的想象空间。一段励志风格的音乐，可以被配在所有与励志主题相关的视频中。当创作者需要加上一段励志风格的音乐时，只需要选择大众熟知的音乐就可以了，不要随意选择音乐或者选择个人喜欢的音乐。在短视频平台上，用户的理解成本是视频上热门最大的障碍。配上大众熟知的音乐，就是在极大地降低用户的理解成本。

只有明白了这一点，才能真正理解配乐和视频上热门之间的关系。这里需要指出的是，不能为了上热门而使用热门音乐，而是要保证所选择的热门音乐和视频风格相一致。

热门音乐是一个相对概念，一年前的热门音乐现在也许不热门了。我们需要了解最近热门音乐有哪些，最好能养成一个习惯——找出热门音乐的名字，做好收藏，以备不时之需。

此外，热门音乐也许存在一个风口。简单来说，如果最近某首音乐超级火，平台一直在推，那么及时创作适合使用这首音乐的视频，对于视频上热门也有较大的帮助。

5．重复的文案

比如摆拍类视频上热门，核心在于文案。但这并不表示文案就是无敌的，我们要怀着取长补短的心态，学习它的优点，同时摒弃它的不足。此外，对于热门摆拍类视频，文案、视频画面和配乐是一个整体，不能单独抠出来分析。这就要求我们有非常丰富的视频感，知道热门视频的亮点在哪里。

假如有一条摆拍类视频获得了1000个赞，但是它的画面和文案匹配还不够出彩，那么就可以在画面上进一步优化，在文案上深入打磨，这时拍出来的视频，也许能获得比原视频高出几倍甚至几十倍的流量。

在本书5.7节“热门视频文案深度解读”中，对摆拍类视频文案做了详细讲解，这里不再赘述。

4.6.3 积极信号触发热门推荐

前面提到，视频号的推荐算法本质上是一种AI技术，它无时无刻都在跟踪用户与视频的互动行为，并把这些行为数据化。它通过对数据的分析，找出用户喜好与优质视频在概率上的相关性。

简单来说，推荐算法是一个计算机程序，使用的是数据，执行的逻辑是概率和相关性。比如推荐算法对某用户进行三个月的观察，统计该用户在使用手机的过程中产生的数据，如阅读喜好、浏览记录、行为轨迹、消费记录等，综合分析后得出：此用户67%为女性，79%为大专以上学历，90%生活在深圳。

用户要么是女性，要么是男性，不可能存在中间值。计算机程序针对的不是某一个人，而是亿级规模的用户。而且，它的决策因素也不只有“性别”单一指标，而是对用户与内容两者相关的多个指标进行运算和分析，得出一个总的概率。优先显示概率最高的用户与内容的匹配结果，且这个匹配的过程是实时动态变化的。

从时间维度看，内容分配机制会越来越成熟、越来越精准。

按照人的思维逻辑，这是一个无法完成的任务。人决策的优势是对艺术、文化、创造类信息有极强的判别能力，而计算机在这方面简直是个盲人。但人的这种思维逻辑产生的运算能力没法放大，更别说应用在具有亿级用户规模平台的内容分发上了。

目前来看，以AI技术为核心的推荐算法是更好的方法。只有接受了这一点，我们才可以针对AI技术的特点，猜测一些影响AI决策的因素，通过推荐结果的对照来验证猜测。当猜测验证成功时，你会惊喜万分。老实地说，这真是一件非常有意思的事儿。做这种猜测和分析，不需要你有任何技术背景，只需要你有人文思维（本书10.6.9节对人文思维有详细的讲解）。

前面讲到重复可以触发热门推荐，这是我们基于AI技术做的第一个猜测。通过对大量热门视频的分析，基本验证了这一猜测。被验证成功的猜测，就变成了一项基本指导原则，我们可以把它运用在短视频创作中。这里需要注意的是，重复原则并不是万金油，其前提是要保证有良好的创意、策划和制作。

基于 AI 技术的第二个猜测是，积极信号可以触发热门推荐。通过对大量热门视频的分析，也基本验证了这一猜测。

这里所说的大量热门视频，主要还是指抖音上的视频。选择抖音上的视频作为分析样本有两个原因：一是抖音是目前推荐算法比较完善、比较成熟的平台；二是抖音上有大量高质量的视频。我们很难说把抖音视频直接搬运到视频号上也能大火，但至少通过抖音，我们能找出很多适用于视频号推荐算法的规律和原则。

站在人文思维的角度，我们也容易理解为什么积极信号能触发热门推荐。我们先回想一下短视频平台构成三要素：用户、内容（创作者）、平台（推荐算法）。这个模型非常强大，当遇到没法理解的短视频问题时，想想这个模型，问题便可迎刃而解。

站在平台（推荐算法）的角度，只有积极向上的内容才能让平台走得更稳定、更长久，不良内容有极大的政策风险。站在用户的角度，他们花时间在平台上，当然是想获得快乐、释放压力、学到东西，只有积极向上的内容才能满足他们。站在内容（创作者）的角度，用户喜欢什么，如何做才能满足用户的需求，他们就得创作什么内容。

平台（推荐算法）可能会给予内容中的积极元素更高的权重，也有可能会基于概率和相关性的考虑，自动给予这些积极元素更高的权重。

那么，积极信号都有哪些呢？当然包括开心、激动、兴奋等这些显著的积极信号，但远远不止这些。

1．熟悉的信号

这里所说的熟悉的信号，就是指 4.6.2 节中提到的“重复”。“熟悉”算是积极信号的一种，这里有两个层面的意思。

一是重复出现的人或物对用户来说具有熟悉感、亲切感。角色在不同作品中的重复动作，会强化用户对角色的感受。物品在不同的作品中重复出现，会被下意识地注入某种寓意。这些重复的信号（也可以说是熟悉的信号）能降低用户对视频的理解成本，提升用户与视频的互动率。

二是推荐算法会对视频中重复出现的人或物进行概率和相关性分析。站在人文思维的角度来理解，重复出现的人或物会在概率和相关性上占据优势。

这里所说的只是技巧和原则，它们是框架。我们更需要创意和内容，这才是血肉。框架和血肉构成有灵魂的内容。

比如同一个人在不同的账号中出现，这个人最好有较好的内容输出或镜头表现能力；否则，产生一大堆平庸的内容，就是在给平台制造垃圾，对用户和平台都是不利的。如果需要对角色的某个动作进行重复，则应明确这是唯一的最好地体现角色某一特征的动作。此外，当动作确定下来后，就不要随意替换或更改了。

对于物品的重复出现，有两种情况。一是它重复出现在同一个账号中。比如 4.6.2 节中提到的“刷子哥”，刷子在账号中只是一个道具和配角，它要衬托出刷子哥的自信和专业。对道具的选择要和角色人设相一致。

二是它重复出现在不同的账号中，这是典型的打造爆款产品的思路（当然，同一款产品也可以出现在同一个账号中，只是这种策划难度更大）。在这种情况下，产品是主角。如何将产品卖点与用户痛点相结合，这是策划的难点。通常的做法是多参考热门视频，从热门视频中获得产品策划的灵感。

2．正向价值观的信号

有人说富人没法在短视频平台上炫富。这种说法并不准确。当然，传统的朋友圈式炫富在短视频平台上自然是没法生存的。

同样是炫富，为什么在朋友圈可以繁荣这么多年，而在短视频平台却被骂呢？这是因为朋友圈是强关系的熟人社交，即便只是一面之缘，人家也会把你当成真实的个人。你对财富的欲望，以及你所展示出来的财富，会不自觉地激发他们的贪婪性。

而短视频是弱关系的陌生人社交，你展示出来的财富，人家觉得你是演出来的。因为你有很强的目的性，人家会下意识地提防。再加上这么多年的朋友圈式炫富，大多数人已经形成了免疫能力。

在短视频平台不是不能炫富，而是要按照平台规则来。人们天然排斥那些不劳而获的人，也不喜欢拿自己的优越感来碾压别人。通过自身努力和坚持获得成功的人，天然能获得大众的尊重和好感。

“明明可以靠颜值，却偏要靠才华”，其实是一种赞许。所谓的才华，其实是背后努力的结果。

假如你很有钱，要告诉大家这是你自己靠双手挣到的，你分享挣钱的经验和心得，暗示大家只要愿意尝试，就可能会获得成功。假如你很有钱，你可以把钱变成一种资源，帮助弱势群体。这种正能量的视频不要太多的创意，怀着感恩的心去做善事，拍成视频，平台算法都会有极大的流量扶持。

在疫情期间，有人模仿这样一个桥段：

一位清洁工忙碌着，没戴口罩。一个美女跑过去，送上一叠口罩，转身离去。清洁工弯腰鞠躬，表示感谢。

只要视频中加入了帮助他人、助人为乐的元素，就会获得不错的曝光，原因就在于视频中融入了正向价值观的信息。

我们以剧情类视频为例，如果只是跟风拍段子，那么虽然会有不错的曝光，但流量上限容易见顶。如果在故事里融入一些人生哲理、人性反思等正向价值观的元素，那么这样的视频的流量会翻几倍，甚至几十倍。

3．美好的信号

通过对大量热门视频的分析，我们发现包含美好信息的视频更容易上热门。爱笑的女孩（只要是开心的笑，就是美好的），颜值高、身材好的女生，细腻、高清的画面，美如画的风景等，这些都是美好的信号，而且是可以用眼睛看到的。

有的美好光看不行，还要用心去感受。偶遇心仪的女孩，发现她也喜欢你；机场接机，看到恋人那一刻，忘情地跑过去扑进对方的怀里；加班回家的小伙，看到老婆给他留的热饭，以及打扫得干干净净的小家；赶十几里山路，去县城接女儿回家过年的老父亲，等等。

视频中体现出来的美好，只有人能感受到，推荐算法没法感受到，但用户与这些视频的互动会影响推荐算法的决策。

这里为大家介绍一个实用的思维工具——“营销日历”。一年有 365 天，官方认可的节日并不多。但我们可以换个思路，将那些与营销主题相关的日子，都可以变成“节日”，如历史上的今天、好友生日、各种纪念日等。挖掘这些“节日”的意义，为产品或主题找到好的切入点，融入这些“节日”里，相信一定能产生意想不到的化学反应。

4．符合视频语言的信号

在拍摄视频之前要先写文案，而写文案很容易陷入文字思维中，这是一种不自觉的行为。我们需要主动练习，才能具备视频思维。

文字是将现实抽离出来的信息。文字的优势是可以表达更加丰富、深刻的内涵，精准描述复杂的概念。文字对于人类历史文化的传承有着不可估量的巨大作用。

在以文字为载体的大众信息传播过程中，对文字的理解需要深入的知识储备。由于大众不完全具备这种能力，使得文字在大众信息传播中的作用慢慢减弱。特别是随着科技的高速发展，信息呈现方式更加多样化，大众自然选择了理解成本低、更符合直觉的视频这一信息载体。

那么，如何使用视频语言拍出一条视频呢？我们可以从以下几个维度来分析。

（1）画面

- 视频画面中出现的元素要与文案、解说相对应。
- 画面中一个镜头的时长不宜超过 5 秒（特殊情况除外）。
- 通过剪辑处理，配合音乐的节奏，可以让画面呈现出节奏感和紧凑感。
- 在剪辑处理画面时，要避免冗长。一个操作或流程只需两三秒即可，在操作或流程之间，用户自然会脑补其中过渡的部分。这样剪辑出来的视频，在切换镜头时会显得自然、流畅。
- 在处理画面的顺序时，除了按正常的时间顺序，还可以做一些倒叙、插叙等处理，使情节收到意想不到的效果。

（2）文案

这里所说的文案侧重于解说类或口播类。对于此类文案，有如下几个基本的原则性要求。

- 文案简洁明了、通俗易懂，不要出现过多的专业术语，避免冗余。
- 文案凸显“与我有关”，就像与用户在唠家常。
- 文案要有画面感、具象化，避免文字特有的抽象属性。
- 文案要串联起视频画面、配乐、角色人设等，在弥补不足的同时，可以提升综合效果。
- 文案也要发挥出理性抽象的优势，总结提炼出正确的道理，通过视频画面、配乐来直观地呈现这个道理。

同样的文案，不同的人来表达，也有很大的差别，解说人能否完好地传达文案的核心精髓尤其重要。

（3）配乐

没有音乐和韵律的视频是没有灵魂的。配乐在视频创作中起着极其重要的作用，但是很多人忽视了它的重要性，总觉得其他的都搞定了，最后随便加一段听着不错的音乐就行了。这是很不负责任的做法，代价就是你用心做成的视频，总感觉比人家缺少了点什么，其实缺少的就是对细节的全局观和洞察力。

要利用好配乐，有以下几点原则。

- 在风格与视频需求一致的前提下，尽可能用平台上的热门音乐（热门是相对概念）。要使用最近三个月内的热门音乐，太久的热门音乐很可能过气了。热门音乐对视频上热门有明显的帮助作用，尤其是平台上刚刚热门的音乐。
- 配乐不一定是十几秒或者几分钟的片段，也可能只有一两秒。配乐不一定非得选择音乐或曲调，也可以是一句话、一声大叫或大笑。一切可以引起用户注意和兴趣的声音效果，都可以作为配乐。

所谓的“梗”多了易热门，本质上是决定视频发展走向的动作或声效，被原创者甚至第三方创作者多次引用，使得推荐算法增加了对这些元素的权重。基于这个思路，一方面，我们可以引用人家用过的热门声效作为自己的热门音乐的资源库；另一方面，也可以尝试拆解热门视频，提炼出潜在的热门声效。

（4）解说

让解说视频化的前提是，首先，文案本身得符合视频化要求；其次，解说人本身能很好地揣摩文案的精髓，并能声情并茂地呈现出来。

如果自己在说话上不具备优势，则可以付费请专业人员配音。对配音的要求并非专业就好，而是要符合视频的具体情境。比如很生活化的情境，如果配音过于专业则会出戏。当然也有特例，比如“朱一旦的枯燥生活”，略显专业的配音也是视频的一大特色，而其定位很明显不是真实的正常生活。有特色的配音或解说，有时也可以成为视频的“梗”，甚至成为视频上热门的决定要素。比如有一个视频剪辑的账号，就是为一些搞笑的动物片段配上重庆话，使得平淡的视频一下子充满了乐趣。

我们可以一次性准备大量需要解说、配音的文案，找专业的配音人员，这样单条视频配音的成本可以平摊得很低。专业又符合视频基调的解说或配音，可以明显提升视频的格调，提高视频上热门的概率。

（5）剪辑

剪辑不是简单地把视频画面理顺了就万事大吉，将视频画面理顺只是对剪辑的最基本要求。关于对剪辑的要求，请参见上面的“画面”部分。

此外，剪辑还需要考虑画面、配乐、配音、字幕、排版等更多元素的融合，要保证外在风格和内在寓意达到最佳的呈现效果。

短视频对剪辑最大的要求，就是让视频整体看起来紧凑而流畅。紧凑，但不能遗漏什么；流畅，但不能拖拉。只有多练、多尝试，才能找到最佳的平衡点。

4.6.4 “人力”是撬动算法的杠杆

“‘人力’是撬动算法的杠杆”，看到这个标题，你可能会一脸茫然。什么是“人力”？这里的“人力”是指动员好友和粉丝，与你的视频号互动的能力。能够发动的好友和粉丝越多，他们与你的账号互动越紧密，你的“人力”就越大。

下面讲一讲“人力”和推荐算法的关系。

从本质上讲，抖音和视频号的推荐算法是一样的，都是对用户做好喜好标记，对内容做好主题标记，将合适的内容推送给感兴趣的用户，再根据用户反馈，不断调整内容分发的匹配度。

所不同的是，视频号多了一层好友推荐机制。比如你将视频发布出来，当你的一度、二度好友有不错的互动数据时，就会触发推荐算法，进入推荐流量池。这时推荐机制与抖音的类似，只不过抖音更注重内容，偏媒体属性，而视频号更注重用户互动，偏社区属性。

具有媒体属性的抖音只需要最好的少部分内容。在抖音看来，每个人的精力都是有限的，他们只需要看有限的精品内容就够了。而具有社区属性的视频号则精致地推送内容，用户被动接受，就像使用高端饲料将用户当宠物圈养起来，用户被束缚在信息茧房里。这很不符合微信产品的运营哲学。

微信觉得用户需要一个更开放、更透明的信息平台，用户可以自主对内容做决策。这里就像是一片广袤的草原，微信不种草，但保证阳光和水源充足，让草儿茁壮成长，牛、羊、马等都能自由地吃到优质且天然的草料。

视频刚发布时并没有什么流量，系统如何识别你发布的视频内容，以及如何推荐给对此内容感兴趣的用户，这是系统在冷启动中需要解决的问题。

抖音和视频号在冷启动方面有着明显的差异。在抖音上发布一个新作品，系统会随机推送给三五百个用户。这里所说的随机不是真的随机，而是从符合条件的流量池中随机抽选一批用户。如果这些用户与视频的互动数据还不错，比如点赞率、完播率比平均值高，那么就可以进入下一个更大的流量池。当然，真实情况要复杂得多，涉及的因素也更多。

对于视频号来说，刚发布的作品，如果账号粉丝比较多，则会优先推送给粉丝，同时也会推送给微信好友（这类似于抖音初始随机推送给的三五百个用户）。根据这些用户与视频的互动数据，再决定是停止推荐，还是进入下一个更大的流量池。

这时候“人力”就派上用场了。微信好友多、质量高，微信群多、群友的认知度高，公众号粉丝多、粉丝黏性大，这些都是提升“人力”最好的因素。

很多人有误解，以为利用好自己的微信好友资源，就可以很好地推广视频号。其实一个微信账号，好友最多也就 5000 人。即使每个好友都看你的视频，播放量也只有 5000 次，更何况你拍的每条视频不可能每个好友都会看。

这就引出了“‘人力’是撬动视频号推荐算法的杠杆”。假设你的微信好友有 5000 人，只需要利用好十分之一的好友，也就是 500 人就足够了，但前提是这 500 人是忠实的铁杆粉丝。

前面提到，视频冷启动时，系统会把视频推荐给微信好友和视频号粉丝。这只是在测试视频的质量和主题，在这个阶段不可能给你太多的流量。

我们可以利用 500 个铁杆粉丝，主动测试自己的视频。很显然，测试是没有问题的，因为我们可以完全掌控这些粉丝。其难点在于，需要铁杆粉丝如何与视频互动。下面列出互动时要留意的几个要点。

- 转发给微信好友的内容是他们感兴趣的、有需求的，这样才会产生非常好的真实互动。
- 在策划视频内容时，要加入引导好友互动的元素。比如视频内容中包括来自好友提问的答疑；视频有一定的争议点，能激发大家的讨论欲望；视频能紧跟当下的热点等。
- 在引导好友互动的过程中，可以设置一些游戏，完成游戏的好友，可以获得一些奖励。比如视频内容中有 Bug，最先指出的前几个好友可以获得 30 元的红包；或者在视频结尾有某个问题的答案，最先指出的前几个好友可以获得 VIP 资格。

- 提升互动率的方法有很多，就像保护自己的孩子一样，你能想出很多种保护方法。

虽然500个铁杆粉丝可以有效提升参与视频的互动率，但他们对视频播放量的贡献最多也只有500次（500个铁杆粉丝都看了视频）。我们要明白，铁杆粉丝只是引爆视频号的导火索，他们的作用是帮助触发推荐算法，把视频推向更大规模的流量池。这也正是铁杆粉丝的价值所在。

第5章 爆款文案像搭积木一样简单

5.1 什么是文案

想拍出热门视频，首先要会写爆款文案。比如视频中的小剧情、段子、混剪的片段等文字信息，都需要文案。你能看到的所有视频，都需要文案的辅助。我们可以这么定义文案：短视频中以文字呈现的一切信息。

基于这个定义，以下形式都可以用文案描述。

1. 上镜人说话

上镜人说的话，以及未上镜人说的话，这些都要形成文字，也就是“台词”。我们经常看到一些剧情、段子，里面的对话非常流畅、自然。这不排除有些人确实很有镜头感，很会表达，但对于普通人来说，最好还是养成在拍摄之前写下台词的习惯，而且要对台词打磨润色，达到真实、自然、流畅的效果。

2. 视频旁白

“旁白”最开始是一个戏剧名词，是剧中人物在一旁评价对手，表述本人内心活动的台词。后来它在影视行业得到了广泛应用，在影视剧中由画面外的人对其中的故事情节及人物心理加以叙述、抒情或议论。旁白可以传递更丰富的信息，表达特定的情感，启发观众思考。

旁白，说白了就是配音，希望大家能理解配音对视频整体效果提升的重要性。旁白不是简单地解释视频画面，而是根据具体的创意、视频画面等，在配音文案、配音语气和语调等方面进行相应的配合。

与传统的影视剧旁白不同，短视频的旁白在遣词造句上更加灵活，有时方言更别具一格，反而成为视频上热门的重要推手。

3．视频字幕和辅助字幕

一般来说，视频中有人说话，就要配上对应的字幕。字幕是辅助，不要太花哨、喧宾夺主。影视剧中的字幕主要是便于各种文化背景的人都能看得懂剧情，但在短视频中字幕的作用更多的是降低场景干扰。短视频的用户体量大，其使用场景极其复杂，比如喧闹的聚会场所、喧嚣的马路边、拥挤的地铁等。为了让每个场景中的人都能看得懂有人说话的短视频，添加字幕是一种不错的方式。

辅助字幕是指动态地显示在画面某些地方的字幕，可以有效提升视频的张力，推动情节的发展，凸显角色人设。辅助字幕用得最多的就是综艺节目，有时为了达到更好的效果，还会配上音效。

4．对人物动作、神态的描述

剧情可以分成两种：轻剧情和小剧情。轻剧情是指只需把台词说完，不需要任何演技。之所以提出“轻剧情”的概念，是因为剧情类视频更加大众化。大家都知道你不是专业演员，也不会对你有多少演技上的期望，只需要你把台词说完，大家就能明白视频所表达的创意，也会跟着感动，或哭或笑。

对演技没要求，并不是说不需要把角色的动作、神态表现出来。你表现得生硬、夸张、尴尬都没问题，只有表现出来了才能推动情节的发展。大多数人通过后天练习，都可以达到相对专业的适合短视频的上镜要求。

剧情类脚本，一定要加上角色动作、神态的描述性文案。

5．对环境的描述

环境对凸显人设、推动情节发展有非常重要的作用。环境可以分成三种：自然环境、社会环境和自我环境。

这里为大家介绍一个非常强大的思维工具——“寻找冲突”。

（1）自然环境冲突

想象一下，你喜欢一个女生，和她聊过几次后，你鼓起勇气向她发了一条表白微信，她居然同意了。你激动得一夜未眠。第二天你满心欢喜地去赴约，却发现她被别的男生逗得直乐，而那个男生是你的同胞哥哥。原来她把你们俩搞混了。

任何词语都不足以描述你此刻的心情。此时最好的表现方式就是你把心情寄托在自然环境里。

此时正值酷暑，你的后背却直发凉，漫无目的地走在街头。几分钟前的骄阳被一堆浓密的乌云挡住，顿时电闪雷鸣，大雨倾盆，你被浇成了一只落汤鸡。

不需要任何关于心情的描述，只需要通过对自然环境冲突的描述，就可以更好地刻画出你此刻的心情。

（2）社会环境冲突

我们把冲突的元素加入社会环境里。

17 岁的叛逆少年，和家里人吵架了，一气之下，瞒着家人南下打工，并发誓一定要混出个人样来。五年来，他一直没有跟家人联系。

他终于鼓足勇气决定回趟老家。他提着行囊，临近家门时，偷偷看见父亲坐在大门口编竹篮，旁边是一副拐杖，眼睛时不时地看着当初他出走时的小巷。

看着父亲两鬓斑白，他强忍着情感，用乡音喊道："爸，我回来了！"

父亲望着他，迟疑了几秒钟。接着迅速拿起拐杖，起身准备进屋。

他再也忍不住了，用乡音大喊："爸!!"

父亲站住了，一只手不自主地擦拭眼睛，说道："回来就好，你妈饭做好了！"

这条只有 13 秒的视频获得了 130 万个赞（关注作者个人公众号，回复关键词"素材"，打开"第 5 章第 1 节"文件夹，找到视频文件"少年"）。卢大叔第一次看到这条视频，也不禁泪眼模糊，感动不已。这条视频能获得大热，给人强烈的触动，就是因为它很好地利用了环境冲突。

"叛逆""吵架"是在视频中能看到的冲突。在视频背后，我们能够发现更多的冲突。通过"编竹篮"可以知道这是一个普通家庭，家境并不富裕；通过"拐杖""两鬓斑白"可以知道父亲操劳过度，思子心切，落下顽疾。这些细节都强化了社会环境冲突。

父亲说"回来就好"，可以看出父亲对儿子并没有太高的奢望。离家出走，更多的动力可能来自"与人攀比"（这是典型的社会环境冲突），也可能是因为当初父亲望子成龙心切，而现在看到儿子平安归来，才明白一切都是浮云，健康、平安才是真。

（3）自我环境冲突

这里所说的自我环境冲突，其实就是指角色内心的冲突。儿子离家出走，这一定是进行了激烈的心理斗争才做出的决定。五年不跟家人联系，也是需要极大勇气的。

“偷偷”，说明他对家里人有深深的愧疚；“强忍着”，可以看出他见到父亲的那一刻，对家人的不满早已烟消云散；“再也忍不住了”，说明这么多年他终于理解了家人的不易，以及对自己不孝的悔恨。各种复杂的情感涌上来，像决堤的洪水。

父亲望子成龙，但恨铁不成钢。儿子离家出走让他醒悟，原来健康和平安才是最宝贵的财富。父亲和儿子争吵，事后一定悔恨不已，“时不时地看着儿子出走时的小巷”，希望儿子有一天能回家。“父亲望着他，迟疑了几秒钟”，此刻父亲一定不敢相信自己的眼睛，内心一定波澜起伏，但毕竟是父亲，一定要强忍着情感。“迅速拿起拐杖”，不想让儿子看到自己脆弱的一面。

6．视频标题

这里的标题指的是在视频编辑界面中，在“添加描述”中输入的文字。在视频标题中可以插入话题标签，最终显示出来的效果就是视频下方的黑色文字（也包括蓝色带链接的话题）。

一般来说，视频标题是给用户看的，它主要具有如下作用。

- 补充视频的不足，通过标题提供更多的信息。
- 引起用户的兴趣，有了兴趣才能有更长时间的驻足。
- 提升互动率，互动有助于增加视频的曝光量。
- 引发共鸣。

视频标题也是给系统算法看的，这一点很多人都忽视了。系统算法仅通过视频本身，还不足以明白视频的信息，视频标题可以强化系统算法对内容进行更全面的掌握，从而为其推荐更精准的粉丝。

值得指出的是，对于“摆拍加标题党”类型的视频，视频标题起着极其重要的作用。一条画面普通的视频，因为一个出彩的视频标题，马上可以上热门。这种做法在抖音、快手、视频号上都是可行的。

比如文案相同，点赞数的多少主要受视频画面、配乐和账号权重等因素的影响。

通过对大量视频的分析，我们发现那些数据表现不好的视频，是因为视频画面、配乐和标题不符；而那些数据表现好的视频，都是在画面和配乐上下了功夫的。

这给我们一个启示：对热门视频进行拆解，从文案、画面、声音、配乐等各个角度来分析——画面与主题的相关性，画质是否高清，声音与视频风格是否统一，声音是否饱满、有穿透力，配乐与视频风格是否统一，最好使用大家熟悉的音乐。

虽然可以使用热门标题，但标题一定要与自己所表达的内容相对应。

7. 视频封面标题

在视频号首页的推荐信息流中，视频封面标题的作用不太明显，因为视频都是自动播放的。但在视频号的话题列表、搜索列表、附近列表等两行推荐信息流中的封面标题，其作用是非常明显的。

封面标题尽可能字号加大、字体加粗、醒目，文案尽可能简洁明了。通常可以两行显示，在同一个账号中，各视频的封面标题样式要统一。

8. 参与粉丝互动的评论

运营视频号很重要的工作是与粉丝互动。与粉丝互动，除了要给粉丝的评论点赞，还要回复粉丝的评论。本书10.2节“视频号评论功能操作与运营”中有详细的讲解，这里不再赘述。

5.2 创意文案之对标账号

微信视频号开通后，发布的前三条视频有流量扶持。我们不要着急，最开始发布的几条视频一定要拍好。

想拍好视频，核心是要有好的创意或文案。获得视频号创意文案的第一种方法就是对标同行账号。这里所说的同行，是指与自己同行业，也可以指同兴趣、同风格。

5.2.1 寻找对标账号或视频

比如卢大叔的视频号定位是专注于视频号的创作与变现。卢大叔关注了两个账号，其中一个是“粥左罗”；另一个是“秦刚”。这两个账号中都有很多与视频号相关的内容。

同行账号（也包括同兴趣、同风格的账号）有很多，那么什么样的同行账号值得关注并学习呢？

1. 平均数据表现远优于同行

我们以秦刚的视频号为例，他的视频号非常有特点，他每天坚持更新一条视频，雷打不动；每条视频都分享一条视频号运营心得，通俗易懂，没有复杂的专业术语。

秦刚的视频号平均每条视频的点赞数都超过500个，这在视频号内测期非常难得，远超出同类账号的水平。而且每条视频的点赞数都相差不大，没有大起大落，这说明账号整体的内容创作水平不低，也相对稳定。

这样的账号是难得的对标账号。

2. 有大热门的视频

有些账号发布了很多作品，点赞数据表现一般，只有几十个或者上百个赞，但偶尔有一两条视频的点赞数达到数千个或者上万个，这样的视频号也是我们需要重点关注的。

大多数作品可能都体现了创作者的真实水平，偶尔会有几个爆款作品的选题踩到了点子上，那么选点就是核心，也是我们可以参考借鉴的。

我们通过上面两种方式找到了热门账号和热门视频，那么如何借鉴将其变成自己的创意和文案呢？

5.2.2 获得创意和文案

1. 扒文案

目前视频号还是以脱口秀类视频为主。卢大叔的做法是：

① 找出数据表现不错的脱口秀类视频。

② 看一两遍。

③ 记下3~5个核心的关键词，不宜过多，也不宜写成句子。

④ 理解原作者的意思。

⑤ 融入自己的想法。

⑥ 写出200~250字的脱口秀文案。

这样写出来的文案和对方相比就已经有了极大的差别，甚至比对方还要好。这是因为卢大叔一直深耕短视频行业，有非常丰富的理论与实战经验；此外，卢大叔一直保持着写作的习惯，看到一个词，在几分钟内就可以扩展出几百字的小短文。

有人问，能不能把对方的文案一字不落地记下来，再改写？这样做不是不可以，但很容易受到对方的干扰。前期可以这样进行练习改写，但后期还是希望大家慢慢脱离原作的文字束缚。

以视频号的运营为例，其实并不存在原创观点和技巧一说，你分享出来的东西，就为大众共同所有。不过一些注重知识产权的行业，还是谨慎为好。

2. 扒创意

比如剧情类、技巧类视频，可能没有明显的文字信息，更多的是一些操作、情节、创意等。卢大叔的做法是：

① 找出数据表现不错的创意类视频。

② 看一两遍。

③ 对视频进行维度拆解。

④ 结合自身情况，针对每个维度替换成自己能做到的方面。

⑤ 拼接出新的创意。

⑥ 形成文案脚本，拍摄出来。

本书 4.3 节中详细讲解过一个例子，请大家温习一下，这里不再赘述。

在拆解和拼接过程中，一定要避免版权风险。在文案和创意上进行模仿与借鉴问题不大，但是对于有版权的素材要格外留意，使用私人照片或者视频片段要事先征得对方的同意，特别是用于商业用途更要谨慎。

5.2.3 创新从完全模仿开始

我们不可能一开始就会创新，就像刚出生的婴儿不可能会跑一样，不管是脱口秀类还是创意类视频，抑或是小剧情类视频，都先完全按照人家热门视频的文案和脚本把视频拍出来，看最终的效果能否接近甚至超越原作。

通过这种方式，可以最快地找到玩视频号的感觉和自信。有了感觉和自信，再学习前面讲的方法去扒文案、改文案，扒创意、改创意。

其实很多时候我们不是不会创新，而是还没有找到感觉和自信。

5.3 创意文案之灵感来源

如何获得视频号的创意灵感，这里列举 4 大类平台。

1. 短视频平台

目前短视频做得最好的平台是抖音和快手，而视频号的体量最小，不过它的发展潜力最大。这三大平台以后可能会出现三足鼎立的局面。

抖音是目前国内最大的短视频平台，其用户量最大。如果你的创意特别好，那么在抖音上短时间内就可以获得惊人的流量。抖音也比较适合品牌宣传和曝光，比较有格调。

当一个平台用户达到亿级规模时，平台上的热门视频也一定是精品内容。对于新人来说，想要找到好的创意确实不容易，但从其他平台上寻找热门视频是不错的选择。

比如你有一个创业主题的账号，你对创业知识很懂，很多知识点都想讲，但不知从何开始讲，这时你就可以在抖音上搜索创业类关键词，将找到的那些热门视频的知识点整理成文案，拍成视频发到视频号上，是大概率可以火的。甚至可以说，在抖音上火过的热门视频，在视频号上也会火。

前面讲过要对标同行，抖音上肯定有你的同行，而且做得非常好。你可以把他们的视频创意扒下来，变成自己的内容，拍成视频发到视频号上。这是一条上热门的捷径，最好的时机是你的同行还没有布局视频号。

同样的思路也适用于快手，快手也是获得创意和文案灵感的好平台。

2．图文类平台

微信公众号、新浪微博、今日头条、知乎、小红书、百度等都可以说是图文类平台，目前可能有一半以上的流量还停留在图文类平台。但现在的趋势是，图文类平台的流量在走下坡路，视频平台（包括短视频和长视频平台）的流量一直在上涨。这个趋势不可逆转。

我们可以把图文类平台上多年积累的优秀内容转换成视频的形式，发布到短视频平台上。

（1）微信公众号

微信公众平台是国内最优质的图文类平台。细心的读者会发现，在微博、知乎、头条或者其他平台的文章中，在结尾处经常有“更多信息请关注我的公众号”字样。从这个小细节可以看出，公众号绝对是国内内容发布渠道的首选。

卢大叔的做法是，关注 2~3 个官方类视频号相关账号（根据自己的定位或行业特点，选择相应的账号），这里有最权威、最真实的一手资料。绝大多数媒体对视频号的报道，都来自官方账号的信息源。官方的很多信息，就像经书一样常看常新。

同时关注 2~3 个偏重于视频号或与短视频相关的媒体类账号，从中可以看出大众的舆论动向。这里多半是对官方一手信息的解读，观点不偏不倚，是重要的创作素材的来源。我们可以持学习的态度看看其信息与自己的看法是否一致，以及差别在哪里，最终达到求同存异。

再关注 2~3 个与视频号相关的自媒体账号。这类账号的特点是有一定的深度，更有个人色彩，甚至有些偏激博眼球的观点。我们需要批判性地看待，并结合自身的理解与实际，创作成自己的内容。

以上账号，由于阅读的频次较高，卢大叔会加上星标，这样就实现了公众号的置顶，每次有新信息时都能及时看到，节省时间。

（2）新浪微博

新浪微博是国内最大的图文内容分享平台。虽然新浪微博早已被抖音等短视频平台抢去了风头，但它仍然是获得创作灵感与素材的重要阵地。

在新浪微博中搜索“视频号”（以及与视频号相关的其他关键词），找出粉丝数、作品平均互动数明显高于同行水平的账号，并关注它们。一般来说，微博关注数没有限制，很多人的累计关注数达上千人。这时可以对主要的关注账号进行分组，点击不同的组，可以只看指定内容。

话题是微博的重要组成部分。直接在微博中搜索，选择“话题”选项，可以找到包含此关键词的热门话题，顺着话题可以找到更多的优质内容。

新浪微博上还有各种分类热门。微博上的热门内容，在其他平台上也是大概率能火的。只是不同平台的调性不同，在内容呈现上需要做相应的调整。

（3）今日头条

今日头条是国内最大的图文类推荐平台，只要懂推荐算法和技巧，就可以在短时间内获得大量的曝光和流量。我们可以将今日头条理解成图文版的抖音。

今日头条的热门内容是被算法验证成功的，该热门内容有更大的热门概率。抖音的推荐算法就是从今日头条移植而来的，视频号的推荐算法与抖音的越来越相似。

从今日头条获得的热门内容，在视频号上也具备极好的热门潜质。

（4）知乎

知乎是国内质量最高的内容问答平台。知乎上有很多高点赞量的帖子，通过此类帖子可以筛选出最受欢迎的内容，找出与自己的视频号定位相关的内容，这些内容多半以观点为主。其比较好的呈现方式是脱口秀和 Vlog。卢大叔曾经参考过知乎上的几篇帖子，根据自己的理解，整理成三条 Vlog 文案，拍成短视频，都获得了数万个赞。

在整理过程中要注意，知乎以文字为主，还是有较强的文字思维的。我们拍视频，则需要按视频思维来写文案（在本书 1.4.2 节的“自媒体博主”部分，对文字思维如何转成视频思维有详细的讲解）。

（5）百度

百度是国内最大的搜索引擎。虽然百度受到了移动互联网的冲击，但它还是以60%以上的市场份额占据绝对地位。百度是我们最常使用的，也是操作最简单的工具，但是谁能自信地说自己已经掌握了百度搜索的所有技巧。越简单的东西，我们越不能忽略它背后的力量。

- 使用双引号（“ ”）。给要查询的关键词加上双引号（在半角状态下输入），可以实现精确查询。例如，在搜索引擎中输入““视频号””，它就会返回网页中有“视频号”这个关键词的结果，而不会返回诸如“视频信号”之类的结果。
- 使用加号（+）。在关键词的前面使用加号（在半角状态下输入），是告诉搜索引擎该词必须出现在搜索结果的网页上。例如，在搜索引擎中输入“视频号+视频+教程”，就表示要查询的内容必须同时包含“视频号”“视频”“教程”这三个关键词。
- 使用减号（-）。在关键词的前面使用减号（在半角状态下输入），则表示在查询结果中不能出现该关键词。例如，在搜索引擎中输入“短视频-抖音”，就表示在搜索结果中包含“短视频”，但不包含“抖音”。

3．图书

图书已经有数千年历史，目前绝大多数信息还存储在图书中。图书里的信息质量是最高的，也是最系统的。

图书要花钱买，图书的作者肯定会花心思把书写好。卢大叔深有体会，平时给学员讲课，基本不用怎么准备，到点就开讲，每次都能收到学员的好评。但写书不行，为了写好一个知识点，需要查阅更多的图书和相关资料。不像网上的文字可以随意改，图书的文字变成了铅字，就终生定型了。

大量图书没有数字化，网上只能搜索到图书信息，看不到图书的具体内容。同时大量图书没有视频化，图书中的优质内容没有被拍成视频。

卢大叔平时最大的兴趣就是逛书店。以前卢大叔看得最多的是互联网、经管、心理学等领域的图书，后来将精力更多地放在了内容创作上，对创意与文案有了更多的关注。2019 年年底，一家销售瘦身产品的公司请卢大叔做其短视频顾问，卢大叔根据《写给女人的美丽健康书》（作者：范志红，化学工业出版社出版）整理出 200 多条短文，可以直接拍成脱口秀和 Vlog（关注作者个人公众号，回复关键词“素材”，打开“第 5 章”文件夹，即可找到相关素材）。

如果你的定位是独立创业女性，那么除了上面讲到的方法，也可以从图书中寻找灵感。比如：

《30 岁时你能赢》

《会做人 会说话 会办事大全集》

《20 几岁，决定女人的一生》

这类图书一般比较厚，目录非常吸引人，且每节都有清晰的大小标题。每篇文章千余字，直接把小标题收集起来，就是一篇 200 多字的小短文，简单、高效（当然，为了说起来通畅，需要对文字进行润色）。

同时，这类图书大量涉足口才沟通、经营管理、国学文化、健康医疗、女性保养等领域。

4．海外内容平台

海外内容平台是一个被忽视的宝藏。

谷歌（Google）是全球最大的搜索引擎，我们可以将其理解成海外版的百度。如果你使用百度搜索某个领域的信息，信息质量一般，干扰信息较多，则不妨试试谷歌。

YouTube 在国内被称为“油管”，是全球最大的视频分享平台，我们可以将其理解成海外版的爱奇艺和抖音（如果确实没概念，则可以这么理解，当然不一定准确）。YouTube 是全球范围内用户黏性最强、商业变现环境最佳的视频分享平台，拥有百万粉丝的油管博主的变现能力，是抖音的百倍都不止。

Instagram（国内一般称为 Ins）是全球最大的图片和视频分享社区，我们可以将其理解成海外视频版的微博（抖音被认为是国内视频版的微博）。

Facebook 是全球最大的社交平台，我们可以将其理解成海外版的微信。Facebook 在全球拥有几十亿用户，用户分享的文章、图片、视频等内容会形成类似于微博那样的榜单。

好作品是不分种族、国界和文化的，它在任何地方都受欢迎。

5.4 爆款标题的 4 大要点

这里所说的标题，是短视频运营中最重要的一部分。标题分两种，其中一种是在视频下方显示的黑色文字部分。这个标题的作用主要是介绍视频内容，或者在视频内容没法表达清楚的情况下进行补充，也可以引起用户的注意，或者引导用户对视频产生深度互动。

另一种是显示在视频封面中的标题。封面标题要尽可能醒目，吸引用户关注，并能引导用户看完视频。

1. 简洁明了

比如下面这个标题：

视频号刚开通不久，你却刷到了我，这就是缘分，不嫌弃咱们做个朋友，我是潮汕人在广州，你呢？#潮汕#

所有文字加起来，包括标点符号，总共 48 个字。如果超出 55 个字，多余部分会被折叠隐藏。整体来看，文字简洁明了，一看就能明白，没有多余或重复的废话。

有些人觉得标题确实很重要，也是用户注意力较为集中的区域，他们恨不能把所有信息都列出来。其实要表达的信息太多，用户反而什么都记不住，甚至连看的欲望都没有了。最好的做法就是简洁明了，或者只突出一个点，把这个点讲明白、说透。

2. 引起注意

标题很重要的作用是对视频的补充和描述，摆拍类视频更是如此，如果只看视频，则根本不知道视频想表达什么。

不管是视频标题，还是封面标题，它们都起着很重要的引起用户注意的作用。引起注意是引导用户观看、点赞、评论、分享、成交的前提，没有用户的注意，一切都无从谈起。

标题中的“你”，暗示用户这条视频“与我有关”；标题中的“缘分”，一下子拉近了陌生用户和视频的距离。这些字眼都极好地引起了用户注意。

3．引导互动

成功地吸引了用户的注意后，还要引导用户进行某些操作，否则用户单纯的注意就没有任何意义了。

标题中的“嫌弃”，看到视频中这么清纯的邻家女孩，哪个男生会嫌弃呢？于是一下子就为用户互动做好了前期的热身和铺垫。标题中的“做个朋友”，这个互动就自然发生了，没有强求，也无须诱导。最后的“你呢？”，女孩在做完自我介绍后不忘反问一句，“我都这么主动了，你还能拒绝吗？”

这里所说的引导互动是希望用户在评论区介绍自己的同时，能与女孩交流。当然，有些用户会以双击或者把视频看完这种更简单的方式来互动。其实互动不止这些，只要是能引发用户状态上的改变的行为，都可以认为是互动。

假如用户对视频没有感觉，本想直接滑走，但是标题能吸引他把视频看完，这也是一种互动。虽然在你看来他啥也没做，但他发生了状态上的改变。

基于对互动的定义，以下几种行为，我们都认为是互动。

- 点赞、评论、转发、收藏。
- 点击“位置标签”。
- 点击公众号文章链接。
- 点击小程序链接。
- 点击进入主页，并看了其他作品。
- 关注账号。
- 点击“话题”标签。

有些互动可以提升账号和视频的权重，有些互动可以直接促成变现，有些互动可以更好地提升用户黏性。

4．引发共鸣

共鸣是用户与账号或视频产生的更高层次的互动。拍出让用户产生共鸣的作品，也是创作者追求的目标。

当你的作品能让一个陌生用户产生共鸣时，该用户瞬间就变成了你的铁杆粉丝。当你后续推出作品时，他是最积极的互动者、参与者。当你每次推出新款产品或服务时，他都是最有力的潜在消费者。

标题中的“潮汕人在广州”，对于潮汕人，以及在广州打拼的外地人，他们看到了都会有触动。随着视频点赞数和评论数的增长，更大范围的用户群体在评论区发酵。大家同病相怜，生活不易，在外漂泊，思念家乡，所有漂泊在外的游子，因为“乌合之众”效应，都会有强烈的共鸣。

5.5 爆款标题的 9 大秘诀

为什么人家的标题那么吸引眼球，总能吸引用户点击？写出好的能上热门的标题，确实需要深厚的文字功底，以及大量的阅读积累。那些优秀的热门视频的标题，都是有技巧可循的。我们只需要总结出它们的规律、技巧，浓缩成公式，即可轻松写出出彩的标题。

这两年卢大叔看过无数热门视频的标题，发现它们都逃不出以下 9 点。

1. 与我有关

你有多久没在 10 点前睡过了？

开头就是“你”，一下子吸引到粉丝的眼球。“10 点前”，暗示粉丝这是关于睡眠健康的话题。对话题感兴趣，且有相关需求，又“与我有关”，这样的标题就能吸引精准粉丝的关注和点击。

考虑到视频封面标题要求简洁明了，我们对原标题进行润色，变成两行（以“，”分隔，逗号两边分两行显示）：

你有多久没，10 点前睡过？

将“没有”变成“没”，“在”和“了”直接去掉。视频号的视频宽度有限，标题又要尽量醒目，这就意味着标题字数尽可能少，标题字号尽可能大，那些可有可无的字能去掉的一定要去掉。一个标题不是几秒钟想出来就定下来的，还要多花几分钟对每个字仔细斟酌。

另外，还有两个常见的“与我有关”的技巧。

第一，提炼产品卖点加上用户的收益点。卖点越清晰，表达越具体，用户越有感觉。

比如某品牌手机主打的卖点是前后摄像头 2000 万像素，这 2000 万像素带来的好处就是能够让用户拍照更清晰，于是其宣传文案为：

前后 2000 万照亮你的美！

“前后 2000 万”是提炼出来的产品卖点，“你的美”是能够给你带来的收益。利用产品卖点加上给用户的收益点，不仅能体现出产品的特点，还能突出产品与用户之间的关联，让用户感同身受。

第二，在标题中运用人群和行为标签。人群标签，包括年龄、性别、出生地、教育程度等；行为标签，包括做过什么事，说过什么话，有哪些行为和技能等。

在标题中插入标签，我们可以便捷地写出既优秀又吸引眼球的标题：

9 个月宝宝，开口说英文的秘诀

“9 个月”是对人群的描述，“说英文”是对行为的描述。“与我有关”并不是让 9 个月的宝宝看标题，宝妈奶爸掌握着决策权，其实是与家长有关。“开口说英文”，可以吸引那些想为孩子做英语启蒙的家长。

通过这个模板，我们可以写出大量的优秀标题，比如：

200 斤的大胖子，30 天逆袭高富帅

应届毕业生注意！来深圳工作奖 5 万

通过前面的人群标签可以筛选出相关群体，通过后面的行为标签可以吸引对该行为有诉求的用户。

2. 引发焦虑

熬夜易致癌，六大危害不可逆

“熬夜”是现在年轻人的日常生活状态，没法吸引用户关注。“易致癌”可以引起用户的关注，但易致癌的东西有很多，还不足以引发焦虑。后面的“不可逆”，引发了用户的焦虑，“六大危害”加重了这种焦虑的心理。

日常生活中的一件普通事，与危害关联起来，通过修饰语加深危害的程度，从而达到引发用户焦虑的目的。根据这个模板，我们可以轻易地写出很多引发焦虑的优秀标题，比如：

吸烟引发不育，还会遗传下一代

孩子吃饭看电视，易消化不良人变傻

“吸烟”和“孩子吃饭看电视”都是日常生活中的平常事，大家不觉得有什么不对。吸烟对“不育”的影响只能引起大家的关注，但如果“会遗传”就会引起焦虑。“吃饭看电视”“消化不良”，家长都明白这个道理，但让孩子“变傻”，他们就会焦虑。

3．痛点刚需

23 个面试技巧，任何公司 100%通过

原标题使用的是汉字“百分百”，后来改成数字的“100%”。数字更容易吸引眼球，同时它占的空间更小，可以让标题字号加大，更醒目。这些都是细节问题，在平时运营中也要多加留意。

这是职场相关标题，找工作是刚需，如何掌握“找到一份合适工作”的能力是痛点。“任何”“100%”虽然有明显的夸大成分，但在短视频平台，结合瀑布流的信息展示方式，用户变得浮躁不安，只有这样的字眼，才能吸引用户的眼球。

“23 个”，说明技巧很多，但也不至于多到让人想放弃。如果是“23 个”资源，则显然是不够的，通常使用“2000”，甚至“2 万”。比如下面的标题：

2000 份精美简历，任何公司 100%通过

这里的“刚需”是相对概念。比如对于资深的游戏玩家来说，游戏是刚需，而四五十岁的家长可能完全无感，对于这个群体来说，买房是刚需。

对于游戏玩家来说，一款游戏的某个技巧还不能算是痛点，能解决他们长期面临的，而一时半会儿又没法解决的难题，这才是痛点。对于家长来说，价格便宜、交通便利只能算是卖点，学区房才是痛点。

4．实用干货

掌握 8 大标题技巧，格调提升 100 倍

这个标题非常好地利用了数字的优势，更加直观，吸引眼球。数字之间还会形成对比，只需要 8 个技巧，就能提升 100 倍。这里用“大”而不是“个”，以体现出技巧的重要性和实用性。一般来说，数字不超过 10，就用“大”。有时对于一些特别重要的人物或重大事件，数字超过 10 也可以用“大”。比如下面这个标题：

史上最杰出的 100 大文化名人

是否是干货，也需要看具体的受众。“8 大标题技巧”，对于农民工来说算不上干货，而“普通人逆袭的 8 种方式”，也许能吸引他们的眼球。

这种标题形式是，前面列出干货的描述，后面列出得到干货后的突出效果；前面通过干货的描述吸引精准受众，后面通过效果吸引他们关注和点击。

5．颠覆常识

挥汗如雨未必有益健康

按照正常人的逻辑，“挥汗如雨”是因为运动了，运动对健康肯定是有益的。但这里反其道而行，“挥汗如雨”，“未必有益健康”。这从逻辑上讲也是行得通的，可能在运动过程中，一些不规范的操作对身体产生了负面影响。

从标题来看，这很有可能是一条关于运动科普的视频。标题一下子引发了用户的好奇心，对于那些经常运动、对健身感兴趣的人来说，大概率会点击进去一探究竟。

通过“未必”的句式，颠覆常识，吸引大众主动关注。

基于这个思路，我们可以把所有的“可以”句式改成“未必”句式。例如：

高颜值好身材未必能做好直播

高颜值、好身材的人看到这个标题，他们会很好奇，“难道做直播不需要有高颜值和好身材吗”“凭什么我不行”，从而激起了他们的好胜心。没有高颜值和好身材的人看到这个标题，他们会想“难道我也有机会”。

一个常规的标题，把“可以”改成“未必”，就能吸引用户的眼球。

6．罗列数字

一分钟记7000单词，我是如何做到的？

罗列数字是标题写作中常用的手法，数字直观、形象，可以吸引眼球。当标题中出现两个数字时，数字之间还会形成强烈的对比。

“一分钟”和“7000”，这是明显的对比。在常规情况下，一个人一分钟能记住10个单词就很厉害了。比常规方法快数百倍的方法，肯定能吸引英语学习者的眼球。对于那些想学好英语，但是记不住单词的人来说，这是一个痛点刚需。

罗列数字有两个需要注意的地方：一是将原本用汉字表达的数字变成阿拉伯数字；二是将笼统的信息换成数字。比如：

一分钟记住半本书单词，我是如何做到的？

很明显，这个标题的效果与上面的相比差很多。“半本书”到底有多少个单词，大多数人完全没有概念，而具体到7000个单词，大家就会联想，英语四级常见单词4000多个，雅思常见单词5000多个，7000多个单词相当于把大部分常见单词都囊括其中。一分钟的技巧就能解决多年记不住单词的苦恼。

7．利益福利

PPT 封面这么做，老板立马涨工资

这个标题的结构是，前面是技能的展示，后面是因为技能而获得的利益。

封面制作本身比较简单，“封面这么做”，说明这里有很多技巧和秘诀，有别于其他人的课程，暗示用户一定要点击进来学习。

学到这个技巧后，“立马涨工资”。如果通过一项具体的技能，就能获得明显的利益，那么这对于大多数人来说都是非常大的诱惑。把它形成于文字，就是一个非常吸引眼球的优秀标题。

8．猎奇悬念

从保安到大学教授，到底经历了啥？

保安和教授是两个完全不同的群体，保安很难成为一名教授，教授也不可能当一名保安。这就是利用人的好奇心，制造了一个巨大的悬念，“即便不告诉我‘经历了啥’，我也会下意识地点击进去”。

利用人的猎奇心理制造悬念，可以引发关注和点击，获取流量的效果非常好。但没法吸引精准用户，因此需要在“到底经历了啥”上多下功夫，通过具体内容筛选出精准受众。

比如在一家培训机构中，保安遇到了一个有爱的老师，老师传授给他独家的学习方法。利用这种方法，这个保安顺利获得了学历，当上了大学教授。

9．情感共鸣

中国小学生，到底有多累

“中国小学生”是非常特殊的一类群体，他们在本该快乐成长的年龄，却肩负起沉重的学业负担。

小学生本人看到这个标题的概率不大，但小学生的家长曾经也是小学生，他们看到这个标题，尤其是后面的“到底有多累”，一定会产生强烈的情感共鸣：中国小学生真的太累了（关于情感共鸣，本书 4.2.3 节中有详细的讲解）。

5.6 爆款标题的 8 大公式

虽然快速写出优秀标题有 9 大秘诀，但还是需要花大量的时间，并且具有一定的文字功底，才能写出优秀标题。那么有没有一套公式，只需要替换里面的文字，就可以生成一个新的优秀标题呢？

答案是肯定的。

我们发现优秀标题都有一些共同的特征，只需要套用以下公式，替换公式中的名词或动词，就可以轻易地生成一个新的优秀标题。

1. 数字型标题

提升业绩 10 倍，7 步销售流程

提升高考成绩 30 分，7 步学习心法

- 将其中的数字改成任意符合实际的数字。
- 将“提升”替换成“改善”“提高”等。
- 前后数字形成明显对比。

2. 揭秘式标题

曝营销黑暗，百万粉丝 90%僵尸

曝初中学历工厂小妹，直播带货一晚 10 万

- “曝”用于吸引眼球，不一定是黑幕。
- 将“曝”替换成“揭秘”“揭幕”“震惊”等。
- 前面是事件，后面是效果。

3. 疑问型标题

企业为什么，越创新越穷

男人为什么，越有钱越坏

- 前面是人或事物。
- 两个“越”，形成违反常识的对比反差。

4. 描述型标题

给儿子爱心早餐第 1 天

阻止老公点外卖第 1 天

- 第 2 天、第 3 天……持续下去，类似于打卡，养成习惯。

- 前面是有意义的，但很难坚持做下去的事情。
- 一个账号可以统一为这样的标题。

5．故事型标题

一个月瘦 20 斤，我经历了什么

从保安到大学教授，我经历了什么

- 前面是有意义的重大突破。
- 将“经历”替换为“遭遇”“反思”等。
- “经历”暗示用户这是一个励志故事。

6．警告式标题

这 6 种水果，千万不要吃

遇到这 3 种人，千万不能深交

- 前面是描述，后面是回应。
- 将“吃”替换为“深交”“碰”等。
- 为了使句子顺畅，可以调整一些字眼。
- 肯定的语气，让用户深信不疑。

7．建议式标题

一个月瘦 20 斤，我的 6 大建议

半个月涨粉 20 万，我的 6 大建议

- 前面是突出的效果。
- 建议类内容有较高的点赞量和收藏量。

8．盘点式标题

世上最感人的 10 部电影，全程无尿点

史上最卖座的 10 部好莱坞大片，部部堪称经典

- 将“世上”替换为“史上”“国内”“全球”“盘点”等。
- 中间是描述+事物，最后是对事物的整体感受。
- 盘点类内容有较高的点赞量和收藏量。

5.7 热门视频文案深度解读

1．脱口秀类视频

比如一条关于如何回怼别人语言攻击的视频（关注作者个人公众号，回复关键词“素材”，打开“第 5 章”文件夹，找到视频文件“热门视频文案深度解读”，在 1 分 17 秒处开始播放，即可看到该视频），在视频号上获得 2.4 万个赞。这个数据在抖音上不算什么，但在视频号上就相当于抖音上的百万级别点赞数。脱口秀类视频能上热门，核心在于文案。当然，这条视频上镜者的表现力也非常棒，其面对镜头自然、自信，说话幽默风趣。这些对于脱口秀类视频来说都是非常重要的。

这条视频的作者使用了专门的耳麦，保证声音饱满。如果直接用手机拍摄，上镜人离手机超过半米的距离，录进去的声音就会显得很空旷。在稍微喧杂的场景中，听视频里的声音就会非常吃力。

我们把这条视频的文案一字不落地扒下来，分析它为什么能火。

遇到别人不客气的攻击，该怎么幽默地以牙还牙呢？当别人说你傻的时候，你可以说“我儿子聪明就可以了”。当别人说你丑的时候，你可以说“那不敢当，还是你长得安全一点”。当别人让你背黑锅的时候，你可以说“你这锅甩的可以啊”。对方不怀好意，你没必要对他客气。认同吗？

第一句话“遇到别人不客气的攻击，该怎么幽默地以牙还牙呢？”直接点题，一下子吸引了那些对沟通、口才内容感兴趣的人。

“不客气的攻击”“幽默地以牙还牙”，非常吸引人的字眼，没有多余的废话，直击用户的心。

接着连续出现三个“当……的时候”，每次都通过“你可以说……”来应答。这在文学修辞上就是排比，给人强大的说服力，不容置疑。

最后摆出高姿态“对方不怀好意，你没必要对他客气”，那些平时在沟通中受过委屈的粉丝，看到这样的高姿态回应，感觉非常爽。

总的来说，脱口秀类视频能否上热门，除了要保证文案优秀、上镜人的表现力强，还要保证声音饱满。

2．剧情类视频

比如一条视频讲的是妻子体谅丈夫艰辛，在外跑出租补贴家用（关注作者个人公众号，回复关键词“素材”，打开“第 5 章”文件夹，找到视频文件“热门视频文案深度解读”，在 3 分 58 秒处开始播放，即可看到该视频），虽然数据表现不太好，但其比较有代表性，看完还是很受触动的。

剧情类视频文案包含角色、角色关系、角色对话，以及有关角色和环境的辅助信息。

角色：女主角、男主角、男配角

大家猜一下，谁是男主角，谁是男配角。可能很多人说男主角当然是女主角的老公了。这么说不太准确，其实男主角应该是老板猫叔，因为更多的对话发生在女主角和老板之间。

女主角：这车要是刮了，好几个月白干了。

女主角说这话的前提是

男主角：慢点开！

剧情类视频角色的对话都是相互关联、层层递进的，没有多余的字眼，每条对话都是为了推进剧情向前发展，或者加深角色人设。

女主角：好什么好，总是责任自己扛。

女主角说这话，是因为

男主角：你老公真好。

所以女主角听到老板的话，一时激动起来。这里有个细节，女主角边说边用力拍打方向盘。后面老板和女主角的老公身子怔了一下。剧情类视频，剪辑很重要，对细节的把控也很重要。

表面上看，女主角是在抱怨老公。其实她是在心疼老公，只是以这种抱怨的方式，表达对老公的爱。这种“抱怨”的行为制造了冲突，吸引了用户关注，推进了剧情发展，也加深了角色之间的情感。

女主角：他在外面那么累，只想他能早点回来，哎呀，不说了。

她觉得没必要再抱怨，抱怨太多也没有用。通过“哎呀，不说了”转折，让剧情向前推进。

视频号的剧情类视频时间不到 1 分钟，所以不能说太多的话，但也不能不说。

女主角的老公坐在后面，老板转头看他。从这个细节可以看出，此时女主角的老公明显受到触动。老公受到触动，为后面他主动摘下口罩提供了动力。同时也为女主角最后看到取下口罩的老公后，那种强烈的情感碰撞做铺垫。

女主角：老板，我们去哪儿？

女主角转回正题，问老板去哪里。老板直接回应

男主角：去他家。

女主角很疑惑：他的家在哪儿？

这时轮到男配角，也就是女主角的老公现身。

男配角：你在哪儿，我的家就在哪儿。

这句话是剧情的点睛之笔，也将剧情推向了高潮。有些人总觉得有大房子才是家，事实上，有自己心爱的人及孩子的地方才是家。

女主角看到老公的那一瞬间，她没有哭，没有叫，只是用手捂着嘴，我们可以感受到她内心的激动和喜悦。在这条视频中女主角的人设是很坚强的，哭和尖叫不是她的人设风格。这个小细节反而更传神地把她的人设体现出来。

同时温馨的应景音乐响起，一下子触动了我们内心深处的那根神经。

一条优秀的剧情类视频，一定是多种因素——出彩的创意、角色到位的表现力、传神的对话、紧凑的剪辑，以及各种细腻的细节——综合作用的结果。

这条视频很值得正在学习创作剧情类视频的读者细细钻研，看十遍也不算多。

3．标题党类视频

比如一条视频的上镜人是滤镜下的一个美女（关注作者个人公众号，回复关键词“素材”，打开“第 5 章”文件夹，找到视频文件“热门视频文案深度解读”，在 9 分 14 秒处开始播放，即可看到该视频），光看视频确实看不出什么，只有一个称不上出众的美女。在滤镜和美颜下，任何女生都能达到这样的效果，可为什么火的人是她？这里有三个原因。

第一，该女生在镜头前面给人一种邻家女孩的感觉，对着视频做鬼脸、笑，看起来很阳光、很舒服。

第二，文案非常出彩。想上热门，核心在于文案。这种视频形式为“摆拍加标题党”。

第三，运气。运气所占的成分不是太多，但确实有这个因素。该女生账号的视频

点赞数都很不错，即使是很普通的视频，也有不错的数据表现。

大家不要泄气，稳定输出高质量的视频，可以提升上热门的概率，把运气变成一种常态。

我们把这条视频的标题一字不落地贴出来：

视频号刚开通不久，你却刷到了我，这就是缘分，不嫌弃咱们做个朋友。我是潮汕人在广州，你呢？#潮汕#

“刚开通不久”，我们的视频号也是刚开通不久，虽然刚刷到这条视频，但看到这几个字，一下子就感觉亲近了。“却”制造了一种戏剧冲突，更加说明我们有“缘分”。

在现实生活中，女生不可能随便对陌生人说“咱们做个朋友”，但在网络上她故意说“不嫌弃咱们做个朋友”。她真会和你做朋友吗？不一定。但她这么写，让粉丝有种感觉，“虽然知道你不会理我，但毕竟是在网上，要不试着给她发个信息”。这么几个字就调动起用户参与互动的热情。

我是潮汕人在广州。

这句话非常出彩。如果她只是说“我是潮汕人”，那么只有潮汕人看到这个标题有感觉，潮汕之外的大多数用户看了无感。

而现在这样写就完全不一样了，“我是潮汕人，看了有感觉，我是广州人，也会有所触动，甚至我是在深圳的湖北人，看了也有感觉”。为什么？因为和她一样，都是在外漂泊的异乡人，有种同病相怜的感觉。

“你呢？”

最后两个字反问，她都主动问你了，你还好意思不回答吗？

第 6 章 拍出高质量的视频素材

6.1 拍摄与录音设备的选择

高质量的视频素材，包括视频和音频两部分。手机和单反相机是拍摄视频常用的设备，麦克风是常见的收音设备，一般要配合拍摄设备使用。在一些运动场景中，还需要使用三脚架或稳定器。

6.1.1 如何选择合适的拍摄设备

1. 如何选择合适的手机

这里列出了比较有代表性的，也是卢大叔用过的三款手机，如图 6-1 所示。

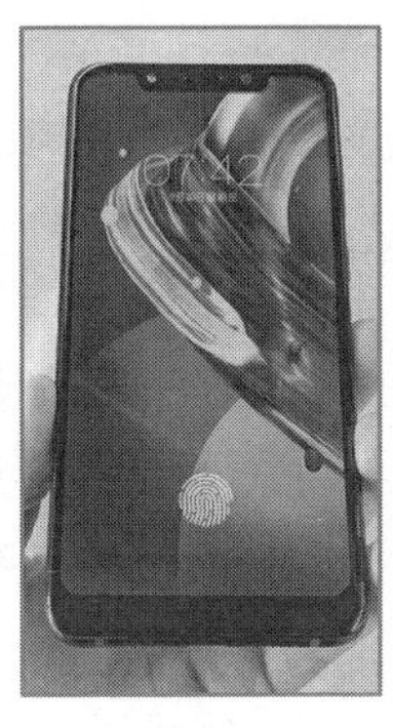

图 6-1

（1）iPhone 6S 或以上机型

苹果手机最大的特点是它使用独家的 iOS 系统，操作流畅、不卡顿，界面简洁、易上手。只要习惯了苹果的操作系统，再难换回安卓。iPhone 的拍摄效果真实地还原了现实世界的色彩。

对于爱美的女生，选择 iPhone 摄像头拍摄，需要很大的勇气。卢大叔作为一个男生，也没这个勇气。好在目前有很多具有美颜功能的拍摄类 App，可以完美地解决这个小尴尬。

另外，iPhone 7 或以上机型不支持 3.5mm 耳机插孔，其采用了 Lightning 接口，在选择外接麦克风时要注意。

（2）华为 P20 或以上机型

使用华为手机拍摄的画面，已经对色彩做了优化处理，给人的第一感觉就是很美、很惊艳。

另外，需要指出的是，为了配合超薄机身设计，华为 P20 的耳机没有采用传统的 3.5mm 圆形接口，而是 Type-C 接口。因此在购买外接麦克风时，需要一个 3.5mm 圆形接口和 Type-C 的转换头。

（3）美图 T9 或以上机型

2018 年，那时还没有美颜类 App（也可能是我们当时没有发现），因此有美颜功能的手机就成了首选。

现在手机性能越来越好，没必要为了某项功能特意买某款手机。如果你之前用过苹果操作系统，也习惯使用苹果产品，则建议继续选择苹果手机；如果你是拍摄发烧友，对画质有特别的要求，则可以考虑选择华为手机。

如果手机本身拍摄效果一般，则可以借用第三方美颜类 App。

2. 如何选择单反相机

一般情况下，没有单反相机也没关系，使用手机就足够了。但如果需要拍美妆、穿搭、美食、旅行等这些对画质要求很高的类目时，则建议还是使用单反相机。其实使用微单相机就行，傻瓜式操作，也方便携带。

卢大叔使用的是佳能 G7X 3 代（如图 6-2 所示），2019 年年底买的，不到 5000 元。这款微单相机被称为 Vlog 拍摄神器，也不是没有道理的。

图 6-2

使用这款微单相机，卢大叔拍摄了十多个小时，数百条视频。先说一下它的优点。

- 重量轻，整机加起来不到一斤，重量不到普通单反相机的三分之一。机身较为小巧，一只手可以稳稳地拿住，放在包里也没大问题，出门携带很方便。
- 操作简单。使用时基本不用看说明书，只需要知道电源开关在哪里、哪种模式是拍照片、哪种模式是拍视频、哪里是快门就行。一些细节的问题，在百度上搜索都能找到答案。
- 2~3 秒实现自动对焦。可以凸显主体，模糊背景，制造层次感。在晚上光线不足的情况下，使用手机拍摄画面几乎是黑的，而这款微单相机则能自动补光，拍出细腻柔和的效果。
- 微单相机的液晶屏可以上下伸展，这个功能很实用。我们可以一边拍摄，一边通过液晶屏观看拍摄的效果。但不建议你一直盯着液晶屏，这样拍出来的视频，你的眼睛会有一些斜视，不太好看。你可以看着镜头，这样拍出来的视频，你的眼睛是直视观众的。

不过，它也存在一些不足，比如电池电量消耗得比较快，充满电后一直拍，差不多一小时就会用掉四分之三电量。如果是户外拍摄的话，则最好准备一块备用电池。

另外，最好能配上麦克风，它支持常规的 3.5mm 圆形接口。选择博雅有线麦克风时，需要用到电池。如果连接手机收音的话，则不需要电池。当不用麦克风时，记得取下麦克风的电池，或者把挡位调到手机挡位。卢大叔好几次忘了操作，一个多月后发现麦克风电池没电了。

6.1.2 单反相机和手机的优劣对比

到底是选择使用手机还是单反相机拍摄，有些人很纠结。其实使用手机和单反相机都可以拍出高清甚至 4K 超高清视频，但在视频画质的细腻程度上它们还是有较明显的差别的。

如果有足够的资金储备，并且对单反相机操作较熟练，那么应该首选单反相机。

如果决定使用单反相机，而你又不是专业摄影师，则可以考虑使用微单相机。微单相机操作简单，轻巧易携带，使用它拍出的视频画质细腻。

对于穿搭、美妆等对画质有较高要求的类目，使用单反相机拍摄的视频画质可以有更好的用户观看体验，对产品成交也有明显的帮助（但要注意，当大家都采用单反相机拍摄某个类目时，你使用单反相机就不具有明显的优势了，你需要在创意、文案、剪辑等方面下功夫）。

还有一个思路是，在那些采用单反相机拍摄不多的类目上，你要优先使用单反相机拍摄。这就是卢大叔常说的创作风口（每个类目、主题都存在创作风口，你要领先于对手采用更先进的技术、形式、方法，这种领先就意味着对有限流量的大头瓜分）。

最后要指出的是，除了拍出好的视频素材，还要配合饱满的声音、充足柔和的光线，建议咨询专业人士，请他们在拍摄现场设置好设备参数，并告知其具体含义。在拍摄环境变化不大的情况下，使用单反相机可以迅速拍摄出令人满意的效果。

6.1.3 收音设备的选择

推荐大家使用博雅麦克风，如图 6-3 所示。

图 6-3

卢大叔用了 3 年多，依然很好用，使用它录制出来的声音非常饱满。博雅麦克风分两种，即有线的和无线的。卢大叔使用的是有线的麦克风，线有 5 米长，在大多数场合下都够用。大家在淘宝、京东等正规电商平台上购买都是没问题的。

麦克风一头插在手机或单反相机上，采用的是 3.5mm 圆形接口；另一头是别在胸前的耳麦，用来接收声音。耳麦有单头的和双头的，如果拍摄时不止一个声源，则可以考虑使用双头耳麦。

如果在拍摄场景中有明显的跑动，或者大幅度的运动，则可以考虑使用无线麦克风，如图 6-4 所示。

图 6-4

使用无线麦克风，25 米以内的距离，收音都是没问题的。无线麦克风一头固定在身上，一头插在手机或单反相机上。需要注意的是，如果手机或单反相机设备不是常规的 3.5mm 圆形接口，则要用到转换头。

6.1.4　三脚架和稳定器的选择

卢大叔常用的是小米手机支架和八爪鱼三脚架。

小米手机支架完全展开，高度有 80 厘米左右，可以立在任意水平的地方，支持手机横放和竖放，也可以拿在手上。

八爪鱼三脚架的三根支撑杆是柔性的，可以随意变形。在户外拍摄时，可以将它绑在树上、栏杆上，放在不平整的地方也行。其不足是直立时，高度只有 50 多厘米。

你也可以选择稍大型的手机支架，直立时高度能达到 1~1.8 米，基本可以满足你坐着、站着的拍摄要求。这种手机支架适合手机和微单相机使用。如果使用单反相机拍摄，则需要考虑使用单反相机支架。这种支架稳固、结实，但有一定的重量，长途跋涉的话，携带是个问题。

在拍摄运动场景时，比如边走边拍，或者拍摄一些体育运动项目，则需要用到稳定器。稳定器并非神器，它只是一个辅助拍摄的工具，最大程度地还原人的真实视角：平稳、顺滑、略微起伏但不颠簸。

6.2 三种拍摄镜头及实际运用

如果拍摄视频选择真人上镜，那么你就得学习一些基本的摄影技术，其中景别是很重要的一个知识点。

景别是指由于镜头与被摄体的距离不同，而造成被摄体在视频画面中所呈现出的范围大小的区别。景别一般可分为 4 种，由近至远分别为特写（人物肩部以上）、近景（人物胸部以上）、中景（人物膝盖以上）、全景（人物的全部和周围部分环境）。

在电影中，导演和摄影师利用复杂多变的场面调度和镜头调度，交替地使用各种不同的景别，使影片剧情的叙述、人物思想感情的表达、人物关系的处理更具有表现力，从而增强影片的艺术感染力。

虽然我们不需要懂得高深的电影拍摄技巧，但是知道一些基本的拍摄技巧，对于拍出好的视频还是大有裨益的。

6.2.1 全景

全景用来表现场景的全貌、人物的全身动作，以及人物和场景、环境的关系。在影视剧中，全景镜头不可缺少，大多数节目的开端、结尾部分都用全景（或远景）。

全景（或远景）也能暗示事件的进展，或者时间的推移。

影视剧中经常有这样的场景：天上一群大雁飞过，下一个场景就是几个月或几年后；晚上城市街道车水马龙，下一个场景可能就是第二天白天。

如图 6-5 中的 C 图所示，这是一张全景照，可以看到整个场景的环境，地点是领导办公室，表现出角色与角色之间的关系，下属在向领导汇报工作。

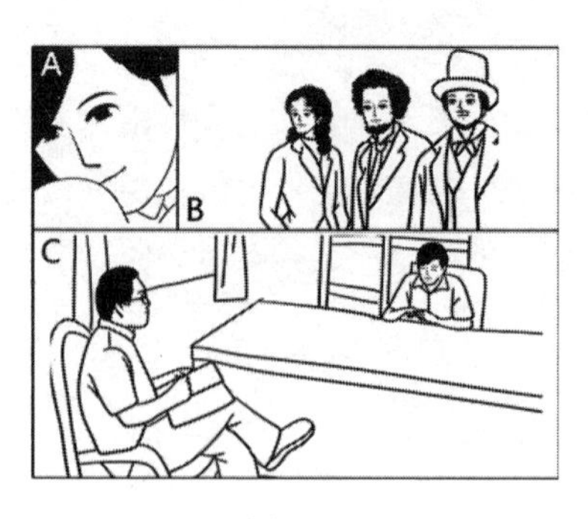

图 6-5

6.2.2 中景

中景主要是指在画面中包含人物膝盖以上部位，同时头部留有一定的空间。

如图 6-5 中的 B 图所示，这是一张中景照。需要注意的是，尽量不要刚好卡在膝盖或关节等明显连接部位，比如脖子、腰关节、腿关节、脚关节等，这是摄像构图中所忌讳的。但也没有死框框，可根据内容、创意灵活掌握。

中景和全景相比，其包含景物的范围有所缩小，环境处于次要地位，重点在于表现人物的上身动作。中景可以表现人物之间、人物与周围环境之间的关系。在多人出境的情况下，中景可以清晰地表现人物之间的相互关系。

6.2.3 近景与特写

近景是指拍到人物胸部以上，或者物体的局部。

近景着重表现人物的面部表情，传达人物的内心世界，是人物之间进行感情交流，刻画人物性格最有力的景别。由于近景中人物面部看得十分清楚，因此对角色的面部表情管理有一定的要求。同时人物面部的缺陷也会被放大。

在近景中，通过使用一些道具做前景或背景，可以增加画面的深度、层次感，以突出主体。

相对于电影画面来讲，电视画面小，很多在电影画面中表现出来的气势宏大的场面，在电视画面中不能够得到充分展现。所以在电视节目中近景使用得较多，这样有利于做到通过较小的电视屏幕与观众进行更好的交流。

而视频号中的视频只能在手机上观看，手机屏幕比电视屏幕还小，因此在拍摄中也要善于运用近景。

特写是指画面的下边框在人物的肩部以上，同时头部留有一定的空间。在特写镜头中，被摄体充满整个画面。

如图 6-5 中的 A 图所示，特写比近景更接近观众。我们可以通过特写镜头提示信息、营造悬念，细微地表现人物面部表情，刻画人物，表现复杂的人物关系。特写给人以在生活中不常见的特殊的视觉感受。

在影视作品中，对道具的特写往往蕴含着重要的戏剧因素。

全景、中景、近景、特写之间并没有明显的界限。在一条几十秒的短视频中，根据创作者的创意需要，在不同的景别之间可以快速切换，以达到最佳的视觉呈现效果。

6.2.4 景别在 Vlog 中的实际运用

我们通过一个具体的例子，介绍不同的景别在短视频中的实际运用（关注作者个人公众号，并回复关键词“素材”，根据对应章节找到素材，将视频画面拖动到 2 分 37 秒处）。

这是一条旅游 Vlog，卢大叔把视频的旁白整理出来了。我们先看完视频，再看以下文字。

人生一共 900 个月，有生之年一定要冒一次险。我怕高，怕被拒绝，那就去办美签，飞跃科罗拉多大峡谷。

要起飞了！从拉斯维加斯出发，飞往峡谷中心，45 分钟的时间，从离地的恐惧到起飞的兴奋，一路经过胡佛大坝，又穿越科罗拉多河。在高空中俯瞰山崖，沟壑交融，极具震撼力。

终于抵达峡谷中央，站在悬崖边上那一刻的幸福无以言表。今天绝对是我这辈子最酷的一天！我知道你一定也很辛苦，觉得连做梦都是奢侈品。人生确实不易，但我依然选择相信。

一共 203 个字，拍成视频 34 秒。有些人拍视频，恨不能拍出 61 秒的视频，总觉得时间不够用，其实是文字太冗余了。也有些人听说视频不能太长，恨不能 3~5 秒了事，结果让人家一脸困惑。

视频号视频的最佳时长是多少，本身就是伪命题。多少秒最佳取决于你想表达什么、表达到什么程度，以及表达的形式。

所以，不管是脱口秀的文案、Vlog 的旁白，还是剧情类视频的脚本，我们都要养成写文案的习惯，形成文字性的可执行方案。而且，在拍摄前就优化好文案，这样既能节约拍摄成本，又能拍出更好的视频素材，还便于后期剪辑时，制作出最佳效果的视频成品。

我们首先确定一个选题，找好切入点，然后写成一篇短文，字数在 300 字左右。通过润色优化，最终定型的文字为 200~250 字。如果仅从文字上看，就能给人极好的感觉，那么拍成视频后也大概率能上热门。

为什么这么说呢？我们来详细分析上面的文案。

“900 个月”，为什么不说 90 年，以“年”为单位能给人时间更长的感觉。“年”也是形容人生的常规的时间单位，而选用“月”，更能凸显时间短暂，人生无常。

“一定要冒一次险”，没有谁能否认这个观点。冒险是一次活动，更是对未知和新奇事物的一次挑战。

“离地”“起飞”“经过”“穿越”“抵达”，就像水墨画一样，轻松、写意地描绘了整个惊险刺激的旅程。

从怕高、怕拒绝，到决定一次冒险尝试；从离地的恐惧到起飞的兴奋，再到站在悬崖边上无以言表的幸福，情绪就像坐过山车一样，但最终主角完成了人生的蜕变。

我们把不同的景别融合到文字里，就是一条拍摄脚本。

人生一共 900 个月，有生之年一定要冒一次险。（远景：拉斯维加斯街景）

我怕高，怕被拒绝，那就去办美签，飞跃科罗拉多大峡谷。（中景：女主角上镜，办理签证，接着坐上直升机。近景：显示直升机内舱环境）

“要起飞了！”（特写：女主角对着镜头说）

从拉斯维加斯出发，飞往峡谷中心，45 分钟的时间，从离地的恐惧到起飞的兴奋。（远景：坐在直升机上往下看。近景：女主角对着镜头，从紧张到放松、兴奋）

一路经过胡佛大坝，又穿越科罗拉多河。在高空中俯瞰山崖，沟壑交融，极具震撼力。（远景：配合旁白，出现对应的景点）

终于抵达峡谷中央，站在悬崖边上那一刻的幸福无以言表。（全景：女主角登上悬崖，女主角和周围环境）

“今天绝对是我这辈子最酷的一天！”（全景：女主角对着镜头说）

我知道你一定也很辛苦，觉得连做梦都是奢侈品。（全景：女主角在街道上）

人生确实不易，但我依然选择相信。（近景与特写：女主角拿着酒杯，暗示成功与收获）

短视频能上热门，从创作的角度来讲，是各种细节恰到好处的融合。这条视频之所以能上热门，我们总结出以下几点。

- 出彩的文案，没有冗余，即便读文字也很有感觉。
- 温暖的旁白，听着耳朵很温暖。
- 精致的画面，高格调。
- 紧凑的剪辑，不同的景别快速切换。
- 应景的音乐，让情绪升华。
- 出众的立意，乐观、勇敢且向善。

我们平时看电视节目时，要多用心观察——画面采用的是什么景别，以及不同景别之间的切换。我们也需要拿起手机，在日常工作、生活中多练习拍摄。我们经常看到别人的视频拍得真好，但就是说不出来好在哪里，其实人家就是善于观察，熟练掌握了基本的拍摄技巧。

6.3 打造高质量的私有资源库

本书中经常提到“创作者”，那么什么样的人才能称为创作者呢？如果你只是对视频号有兴趣，没事的时候拍几条视频发布上去，那么当然不能称你为“创作者”。所谓的创作者，一定是把视频号当成一份长期坚持的事业来做的。

这就意味着每周至少得发布三五条视频，这对于大多数人来说，其实是不小的挑战，所花费的精力不一定比上班时少。

卢大叔遇到一些创作者，虽然他们平时工作很忙，但每周依然能稳定输出三五条优质的视频；也有些人一周拍一条视频都感觉很吃力。为什么会有这么大的差别呢？难道这些创作者有三头六臂吗？当然不是，这是因为他们有私人独家的素材模板资源库。

下面我们来了解如何获取各种优质的高清视频、图片、音乐、音效等素材。

6.3.1 免费获取高清且无版权的视频素材

高清无版权视频素材在视频号中有非常广泛的应用，比如在脱口秀中插入视频片段，可以让一镜到底的画面更丰富；在 Vlog 中插入视频素材，可以弥补真实拍摄场景的不足；在混剪类视频中对视频素材的需求就更大了。

付费后允许商用的高清视频素材的平台有很多，但大多数人还是希望能免费获取素材。国内有一些免费的平台，但素材数量太少了，质量也不太高，这里推荐大家使用 Pixabay 网站。

这个平台上的视频种类多、质量高。Pixabay 网站拥有超过 180 万张优质图片、插画和视频素材，让你轻松应对各种场景。另外，Pexels 网站也是不错的选择。

6.3.2 下载任意音乐及音效

对于你想要的音乐、音效等，如何加入自己的素材库中，或者插入视频素材中呢？谨记：部分有版权的音乐，仅限于学习之用。

对于任何听着熟悉，但叫不出名字的曲子（特别是没歌词的曲子，就更难猜出名字了），我们可以使用音乐类 App 的听歌识曲功能。

以“酷狗”为例，打开首页，如图 6-6 所示。点击右上角的按钮（三横线，即“更多”按钮），弹出侧边栏，如图 6-7 所示。点击“听歌识曲”，然后点击“点我开始识别”按钮，如图 6-8 所示。

图 6-6

图 6-7

图 6-8

听歌识曲不是识别音乐里的歌词，而是对旋律进行分析，从数据库中找出最接近的旋律。大家熟悉的旋律一般在数据库中都有记录，两三秒即可识别出来。

你能听到的所有熟悉的旋律，都可以通过此方法来识别。但是能识别旋律，不表示就能下载，你还需要进行如下操作。

以苹果手机为例（安卓手机的操作类似）：

① 播放音乐（或者需要下载的声音）。

② 点击“录屏”按钮，开始录屏。

③ 从相册中找到此视频。

④ 打开“剪映”，导入视频素材后，点击底部的“音频”按钮，如图 6-9 所示。然后点击“提取音乐”按钮，如图 6-10 所示，选中录屏视频。最后点击“仅导入视频的声音”按钮，这段视频便会以声音的形式插入视频素材中，如图 6-11 和图 6-12 所示。

图 6-9

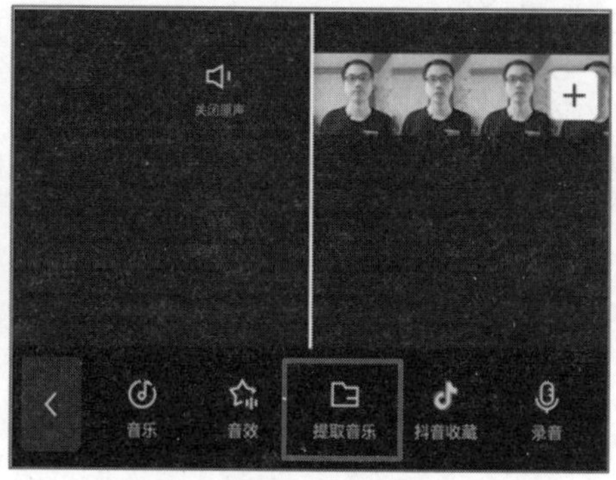

图 6-10

图 6-11

图 6-12

6.3.3 获取高品质的图片素材

相对于视频素材而言，图片素材种类繁多，风格各异，可以满足每个人的需求和审美要求。图片素材获取渠道众多，下载也很方便，这里不做过多讲解。

需要说明的是，如果我们找到的图片的像素不够或者有水印，那么可以使用现有的图片，通过以图搜图的方式来搜索原始的或类似的图片。百度和搜狗都有类似的服务功能。

我们以百度为例，打开百度首页，点击相机小图标，如图 6-13 所示。在输入框中输入图片的网址，也可以选择上传本地图片文件，如图 6-14 所示。这时将显示此图片的相关来源，同时列出多张相同的或相似的图片，如图 6-15 所示。对于那些你很满意，但有水印或分辨率低的图片，通过此方法可以快速找到高清的原始图片。

图 6-13

图 6-14

图 6-15

6.3.4 打造自己的私有资源库

前面介绍了获得视频、图片、音乐及音效素材的方法，本节介绍如何整合这些素材，把它们变成自己的私有资源库，为自己所用。

1. 高清视频素材库

视频素材推荐 1080P，多半以横屏尺寸为主。在后期剪辑时，可以根据实际需要放大或裁剪素材，变成竖屏尺寸，也可以直接横着放中间，上下黑边加字幕。

高清视频素材有两种来源：一是从高清视频素材平台免费获取；二是自己用手机或单反相机拍摄。

比如账号定位是 Vlog，不可能每次拍 Vlog 时都需要根据文案拍出指定的素材，这样太费时间了，大多数 Vlog 用到的场景和片段都是相似的或相近的。你可以利用碎片化时间，使用手机或单反相机拍摄一些素材，然后加入自己的私有资源库中。这些素材可以被多次调用。

如果你不知道拍什么，那么多看看人家 Vlog 拍的是什么场景，直接模仿即可。但你需要考虑 Vlog 解说和视频画面的对应，比如解说提到忙碌时，不一定非得是工作忙碌，也可以是如下画面：

马路上拥挤的人群
坐在椅子上敲打键盘
马路上车水马龙
站着给同事做分享
起身与合作伙伴微笑握手

为 Vlog 解说配视频画面，只需要让用户有那种感觉即可。如果完全按照文案描述的场景来配视频画面，则确实太难了，也没那个必要。对于那些确实需要一定意境的画面，比如展示公司未来会迎来腾飞，则可以配上雄鹰展翅或者旭日东升的画面。这样的画面不好拍，但好在高清视频素材平台上有优质的素材供选择使用。

素材采用横屏还是竖屏拍摄，取决于最终发布到视频号上是什么尺寸。如果考虑拍出来的 Vlog 要多平台分发，那么最好的拍摄方式是采用横屏。

2. 高清图片素材库

相对于视频素材来说，图片素材更容易获得。我们不需要特意整理出一大堆图片，毕竟相同的图片被多次使用插入一条视频里作为素材的可能性不大。

但也有特例，比如动态 GIF 图片，特别是有些娱乐类视频，经常会插入一些动态图，用来活跃气氛、加深情绪、带动节奏。有些表示情绪的动态图，可以被重复调用。重复可以让用户有熟悉感，同时也能降低视频理解成本。比如一提到“吃惊”“无奈”“开心”“幸福”“痛苦”等，大家脑海里就浮现出对应的动态图画面。

3. 热门音乐素材库

给视频配上热门音乐，对视频上热门有明显的帮助，但前提是所配的音乐和视频在风格上要保持一致。

热门的视频多如牛毛，热门的音乐屈指可数，这说明类似的或相同的情绪表达，都配了同一段音乐。想象一下，看到励志、恶搞、惊悚的视频，你的脑海里是不是都有对应的音乐响起。这就是重复的力量，只需听一两秒就能明确视频的基调，降低了视频理解成本。

热门音乐素材库可以从两个维度来增加素材：一是主要的基调，比如惊悚、悬疑、严谨、欢快、恶搞、兴奋等，不同基调的音乐按文件夹做好记录；二是风格的细分领域，比如配乐使用同一首励志歌曲，有男声、女声、童声等不同版本，要体现孩子励志，可以用童声励志歌曲。

此外，“剪映”本身有大量的音乐可供选择，而且已经按风格、热度做好了详细的分类。如果对音乐没有太大的要求，并且使用不频繁的话，则可以把“剪映”里的音乐直接作为自己的素材库。不过对于常用的音乐，可以收藏，便于下次使用。具体操作如下：

打开“剪映”，导入视频素材后，点击底部的“音频”按钮，如图 6-16 所示。然后点击“音乐”按钮，如图 6-17 所示，进入“添加音乐”界面，如图 6-18 所示。在界面上方可以按分类找到合适的音乐，在界面下方可以点击小星星图标收藏音乐，下次使用时在“抖音收藏”中可以方便找到。

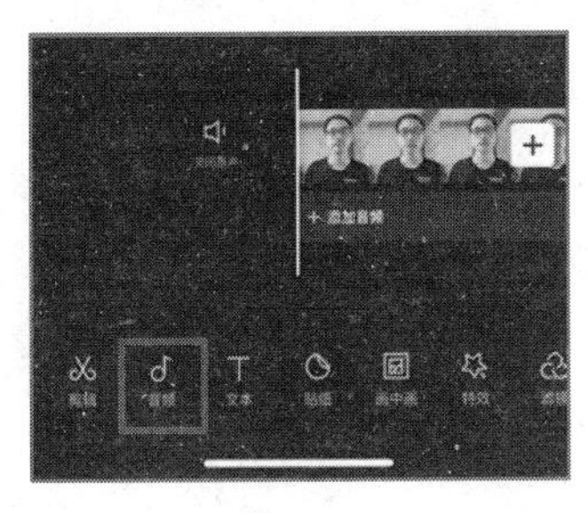

图 6-16

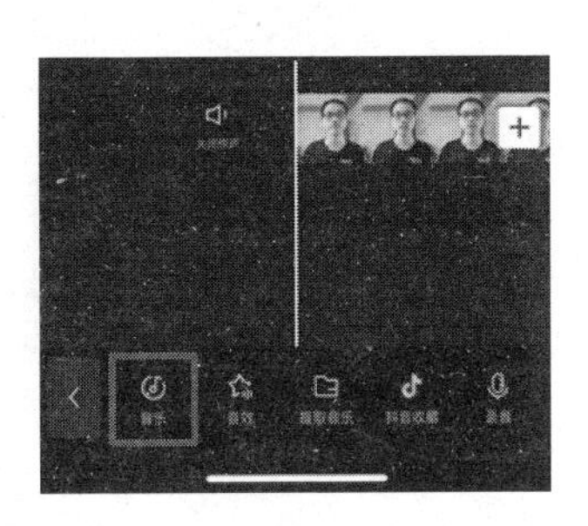

图 6-17

图 6-18

4. 热门创意模板库

拍出一条有创意、能上热门的视频确实不容易，但是有些账号却能做到每周两三条的更新频率，而且整体质量看起来也很稳定。这不是因为他们高薪聘请了创意文案，而是好创意的短视频可以批量生产。

这里需要用到一个工具，即“热门创意模板库”。我们会根据不同的维度，对一些不错的热门视频进行拆解，记录在一个 Excel 表格中（关注作者个人公众号，回复关键词“素材”，按相应章节，即可领取此表格）。当积累的素材足够多时，输入某个关键词，就可以匹配到相关的热门视频信息。

制作表格没有标准，使用的维度越多，以及对每个维度的描述越详细，就能获得越多的灵感和素材。

例如，我们想创作一个宝妈创业逆袭的故事，但是不知道给她安排什么样的情节。这时只要搜索“宝妈”，就可以找到与宝妈相关的信息。

但是还不够，宝妈和孩子肯定有故事，我们可以搜索“亲子”“孩子”“儿子”等关键词，找到相关的信息。另外，宝妈创业有喜有悲，我们又可以用“开心”“兴奋”“甜蜜”“难过”“孤独”“挫折”“痛苦”“绝望”等关键词进行搜索，找到相关的信息片段。

宝妈还有哪些社会关系？宝妈在创业中还有哪些感受和体会？你能想到的答案

都可以作为关键词来搜索。

搜索结果可能五花八门，角色、场景和宝妈也许完全没法匹配。但没关系，创意就是这样的。在搜索结果中，哪怕只有一个词能给你启发，对创作也是帮助极大的。它只是一个工具，不可能输入一个关键词，立马给你可以直接拍摄的完整创意。其最大的作用是给你一些有效的创作启发和灵感。

5. 主题文案模板库

要实现剧情类视频的稳定创作，最好是有“热门创意模板库”这个强大的工具来辅助。对于文案的创作，更多的是考验创作者的文字功底。

一个优秀的文案创作者可以在给定一些关键词的情况下，较为熟练地写出 300 字左右的文章，这时就不需要通过主题文案模板库来找灵感了。

我们可以把视频创作分解成两部分，即文案创作和视频制作。让会写文案的人专门来写文案。针对同一个文案可以制作成不同形式的视频，比如脱口秀类视频、混剪类视频、动画类视频等，并配上不同风格的声音。针对相同的文案，还可以使用不同的上镜人来拍摄。这些都是玩视频号矩阵的常见做法。

6.4 常见的短视频剪辑手法

对于优质的短视频，在剪辑方面有哪些技巧呢？本节需要对照视频来阅读（关注作者个人公众号，回复关键词“素材”，打开第 6 章第 4 节文件夹，找到视频文件“短视频常见剪辑手法”）。

6.4.1 多镜头快速切换

我们来看口红达人颜九的一条视频（从 0 分 21 秒开始）。这条视频并没有严格意义上的不同景别的切换，它只是进行了简单的小近景与中近景的切换。一个镜头一句话，配合紧凑的背景音乐，吸引你一直往下看，不觉得枯燥。

在拍摄一个人的脱口秀类视频时，多半是一个镜头说到底，没有任何变化。其实我们可以借鉴这条视频，在后期剪辑时，尝试着用一两句话或几句话表达一个完整的意思，切换镜头。

这里说的切换镜头，不是采用多机位，而是在同一机位拍下的视频，通过放大画面和常规画面的交替切换，达到不同的视频景别切换的效果。

6.4.2 一镜到底

我们再来看一条视频（从 1 分 26 秒开始），素人起家的千万粉丝网红“忠哥”，采用了一镜到底的方式。上面我们还在说一镜到底有点枯燥，那为啥忠哥的一镜到底的视频就能这么火？

这种一镜到底，不是采用一个固定的机位、一个人的表演，而是以一个人的视角去看另一个人。忠哥是主角，镜头背后的人物是他的老婆，她也是视频里的角色之一，是配角。若没有配角，则没法推进情节的发展。

这种拍摄形式由抖音发扬光大，其最大的好处就是手机屏幕前的粉丝，能够以“老婆”的视角，和忠哥对戏，有种“忠哥是我老公”的既视感。

一镜到底的拍摄手法，真实还原了事发现场。如果对视频做了剪辑处理，那么这种真实的和现场的感觉就没有了。

6.4.3 主角与配角的相互作用

本节我们来看一条多角色剧情类视频（从 5 分 21 秒开始）。卢大叔团队早期做了一个办公室题材的账号，当有多个角色入镜时，主角是谁，配角是谁，要想清楚。主角一般离镜头更近，在画面中占的比例也更大。

“好奇学院”旗下有多位网红，每位网红一个独立账号，每个账号的视频都有多人上镜。在你的账号里，你是主角，我是配角；在我的账号里，我是主角，你是配角。这种玩法，在视频号中同样适用。

在禹彤（“好奇学院”旗下达人之一）的账号里，禹彤是主角。在所有的视频中，她都离镜头最近。配角离镜头远，在画面中占的比例小。但配角的作用不容小觑，他们能很好地衬托出主角的光环和特性，推进情节的发展，甚至把情节推向高潮。

比如禹彤讲个笑话，如果自己先笑了，那么这种效果就会大打折扣。若边上的钟婷（“好奇学院”旗下达人之一，在抖音上有千万粉丝）边喝饮料，边听笑话，听到一半，笑得把饮料都喷了出来，这才是对笑话最佳的回应，将笑料推向高潮。喝饮料喝到一半喷出来，就成了百试不爽的“热门梗”。

6.4.4 晃动在短视频中的运用

前面讲过，在拍摄运动类场景时，为了保证画面的稳定性，需要使用三脚架和稳定器。但并不是所有的场景都需要稳定的画面。

比如恶搞类视频（从7分23秒开始），我们就要刻意追求摇晃的紧张感。人为的刻意晃动，在这种情况下就可以很好地营造出现场的紧张感，更好地迎合剧情的发展需要。

在真实的拍摄过程中，不要教科书式的教条主义，而是要了解真实的创意需求，基于要表现的效果，灵活选择具体的拍摄方式。

6.5 如何练出自然、自信的镜头感

要想拍好短视频，最好有人设。人设凸显的视频，不管是带货还是直播，都有很好的变现效果。有条件的话一定要真人上镜。但真人上镜涉及一个问题，就是在面对镜头时，如何练出自然、自信的镜头感，做到不紧张。

视频号比抖音更看重真实感，如果在面对镜头时可以做到自然、自信，那么拍出来的视频就能得到视频号更高的推荐权重。

卢大叔结合这两年多的短视频实操经验，总结出了一些规律和方法。

1. 坚持练习

老实说，拍视频确实没什么捷径，首先你得放下身段。哪怕你刚开始时很傻、很憨，但也没关系，第一条视频越糟糕，以后你成长的空间就越大。

很多时候，你在视频中的样子，比自己的感觉要好得多。

卢大叔也是后来才开始尝试真人上镜的，之前一直都是在微信群给学员语音授课，或者对着电脑PPT录屏，拍一些视频教程。但不管是语音，还是对着电脑录屏，这些都是静止的。如果长时间看静止的画面，还是非常枯燥的。

毫无疑问，视频号是一个趋势，当人们习惯于刷短视频后，就可能再也不愿意安静地看公众号长文了。视频号是一个人人可以创作的平台，所以卢大叔鼓起勇气，决定亲自上镜。

看到视频号中的第一条视频，确实很一般，拿不出手。但没办法，你必须得走出第一步。只有走出了第一步，你才有机会慢慢调整，并不断改善。

坚持三五天，你就能看到明显的进步。坚持一个月，把之前的视频和现在的做对比，你会问自己当时咋那么尴尬。

我们经常刷到一些优秀的视频，觉得人家拍得真好。可我们不知道的是，他们背

后付出了多大的努力。为了拍好一条视频，他们可能重复了五十次，有四十九条都废弃在草稿箱里。

接纳现在的不足，才能收获未来的优秀。坚持是你最好的朋友。如果你觉得一个人不好坚持，那么就加入卢大叔实操训练营吧，一起加油，相互打气。

2．自然放松

很奇怪，和朋友聊天时，你可以很放松，说起话来头头是道，经常还能吐出一些金句。但是面对镜头，就会不自主地紧张，且尴尬。

卢大叔也一样，如果三五天没上镜拍视频，就会觉得陌生，前面两三句一定会出错。这时不要急着拍，要深吸一口气，让自己平静下来，不紧张了再接着拍。当你找到感觉后，后面的拍摄就会很顺畅。

3．以镜头为友

把手机的镜头当成好朋友。我们在和人聊天时，基本上也会看着对方的眼睛或附近区域。当对方因为你的话有正反馈时，你说的话会更多，说起来更有激情。

4．看手机上方

一般手机的摄像头在上方，我们拍摄时，眼睛要盯着摄像头或附近区域。有些手机的摄像头在其他位置，那么就看着对应的地方。摄像头在哪儿，你就看哪儿，养成这个好习惯。

刚开始时，卢大叔喜欢看手机中间，中间刚好是自己在画面中的位置，有种和自己聊天的感觉。拍了几天后，卢大叔很快找到和好友聊天的感觉。但这样拍出来的视频，人的眼神有点飘。

当你看着手机摄像头或附近区域时，视频中你的眼神是看着粉丝的。粉丝观看你的视频，感觉就像你在和他交流。这是我们拍摄视频时要达到的效果。

5．不要怕出错

谁也不可能天生就会拍视频，自然、自信的镜头感一定是大量练习的结果。在练习过程中，肯定会出错，怎么办？还是深吸一口气，停顿两秒，接着拍。

停顿两秒有两个好处。一是可以调整好思路；二是可以为剪掉出错的地方预留一些空间。如果着急拍，和之前出错的地方挨得太近，则不好剪辑。

6．熟悉与正反馈

根据卢大叔的亲身体会，对着镜头拍视频，一周左右就会有明显的进步。但拍视频是一个长期练习的过程，正所谓“台上三分钟，台下十年功”。练好了镜头感这项基本功，面对任何拍摄，都能轻松胜任。

第一次拍可能状况百出，甚至让人抓狂。这很正常，卢大叔的大多数学员都有类似的经历。你应该感到高兴，早点这样是好事，说明你已经上路了。

第一次拍出来的视频即使再“惨不忍睹”，也请你接纳，毕竟这是你自己的作品。其最大的价值在于，用来见证你几个月之后的“惊天巨变”。

当练习到第三天时，你会从尴尬、不自然进入熟悉、自信的状态，这种状态就是一种正反馈。它会不断地激励你，给你自信，只要不放弃，你就会越来越好。

有人直接记住文案，然后在镜头前背出来。这个过程其实很不友好，这样拍出来的视频让人感觉很不自然。你可以这么想象，每次自己上镜都当成和女（男）朋友的一次约会，上镜前你有很多话想对她（他）说。根本不用记文案，这种有感而发的情绪是自然发生的，在这种情绪下说的话最自然、真切，也是高水平的。

这种感觉真的很棒，上镜前根本不知道要说什么，脑子一片空白。但卢大叔不紧张，因为面对镜头的那一刻，卢大叔的话就像泄了闸的水，喷涌而出，情真意切。

第 7 章 手机 App 也能剪出大片范儿

7.1 “剪映”初体验

本节我们来认识功能非常强大的手机剪辑软件“剪映”。卢大叔用过很多手机剪辑软件，发现“剪映”是目前功能最强大的，很多付费的剪辑软件都没它好用、功能没它强。90%以上的短视频效果，使用“剪映”都可以轻松实现。

由于图文的局限性，建议你关注作者个人公众号，回复关键词“素材”，打开“第 7 章”文件夹，即可找到本章的所有视频。

本章实操部分，皆配有视频讲解，请配合视频素材同步阅读本章。

7.1.1 设置

打开“剪映”，点击首页上方的“+ 开始创作”，选择一段或多段视频（或图片），点击右下角的“添加”按钮，即可进入素材编辑窗口。

点击右上角的“设置”图标，进入“设置”界面。

有时候你拍摄的原始视频是 720P，但设置的是 1080P，那么导出来的视频就会被拉伸而变得模糊。但如果保持默认设置 720P，那么不管原始视频是 720P 还是 1080P，导出来的视频都不会被拉伸。

“自动添加片尾”要取消设置，否则导出来的视频后面会加一个包含剪映和抖音 Logo 的尾巴，很容易被系统判定为水印而违规。

7.1.2 功能介绍

在素材编辑窗口中，上方是视频效果监视器，中间是时间轴，同时能看到视频的预览效果，底部是编辑视频常用的功能菜单，如“剪辑”“音频”“文本”等。

- 剪辑：对视频进行分割、变速、音量调节、设置动画等操作。
- 音频：插入音乐、添加音效、提取视频中的声音或音乐、录音等。
- 文本：新建字幕、自动识别字幕、识别歌词等。

7.2 视频剪辑的三种方式

打开“剪映”，点击首页上方的“+ 开始创作”，提示导入手机相册中的视频或图片。选中需要导入的视频或图片，可以选择一条视频或一张图片，也可以多选，按选中的先后顺序展示在时间轴中。

7.2.1 视频分割

本节主要介绍视频剪辑的基本操作。我们首先选中一条视频，然后点击底部的“添加到项目”按钮，进入视频编辑主界面。在主界面上方可以预览视频效果，中间是时间轴，底部是功能菜单。

拖动时间轴中的视频素材，可以实现快速预览。对单条视频的剪辑，主要有三种操作。

1. 去掉开头的多余部分

若视频开头的片段出错，那么只需要把出错部分裁掉即可。

向左拖动时间轴，预览视频效果，到达出错部分的结尾位置，暂停，选中视频，点击底部的“分割”，在时间轴指针（一条垂直于时间轴的白色直线）处出现一个小矩形，表示指针两边的视频已经分成两段。

选中指针左边的视频，使其处于选中状态（四周出现白色边框），点击底部的“删除”，即可删除视频开头出错的片段。

2. 去掉中间的多余部分

若视频中间有片段出错，则需要将其裁掉。拖动时间轴中的视频素材，预览视频效果，到达出错部分的开头，暂停；接着向左拖动时间轴，预览视频效果，到达出错部分的结尾，暂停；然后选中视频，点击底部的“分割”。

选中中间的出错部分视频，点击底部的“删除”，该视频片段就被删除了。

3. 去掉结尾的多余部分

若视频结尾的片段出错，那么只需要把出错部分裁掉即可。

向左拖动时间轴，预览视频效果，到达出错部分的开头，暂停。选中视频，点击底部的“分割”。选中视频结尾出错的片段，点击底部的“删除”，那么出错部分就被删除了。

若点击了“分割”，发现剪辑的位置不对，或者点击了“删除”，发现误删了，则可以点击时间轴右上角左边的“撤销”图标，撤销分割，或者撤销删除（“撤销”图标的右边是“恢复”图标，可以恢复上一步操作）。

7.2.2 精细拖动

有时点击了“分割”，发现分割得不够精细，这时可以选中需要调整的视频，轻轻按住视频左侧或右侧的矩形，对照着上方的视频预览窗口，左右来回小幅度拖动调整，以达到理想的分割效果。

7.2.3 视频调序

当时间轴中有多条视频时，想改变视频的顺序，可以先用两根手指在时间轴区域往里滑动（两根手指相互靠近，类似缩小图片的动作），把时间轴的时间刻度降到最小，以便看清多条视频之间的位置关系。长按需要移动的视频 2 秒左右，视频片段处于激活状态，将其拖动到合适的位置，即可完成视频的移动。

视频剪辑并没有想象中那么难，重要的是多练习，只有熟练掌握了基本的操作方法，才能剪辑出专业的视频效果。

7.3 为视频批量添加字幕

为视频添加字幕，是一项非常烦琐且耗时间的工作。现在有了“剪映”，利用其强大的语音识别技术，三五秒即可生成字幕，准确率达到 90%以上。

在视频的任意位置添加字幕（以“新建文本”的方式添加字幕），字幕的样式和位置不受影响。

拖动时间轴到达需要添加字幕的位置，点击底部的“文本”，然后点击“新建文本”，在视频画面中出现文本框。

点击文本框左上角的"×"，可以删除字幕。按住文本框右下角的图标，斜着 45°来回拖动，可以对文本放大和缩小。按住文本框移动，可以改变文本的位置。

在视频画面下方的输入框中，输入新的文字。我们可以对输入的文字设置样式和动画，以及更炫酷的"花字"效果。

点击"样式"，可以设置文字的字体、描边、标签（背景色）、阴影、字间距、对齐方式等，还可以调整文字、背景色的透明度。

字体下方是系统搭配好的几种文字样式，可以直接调用。默认有几十种汉字和英文字体，基本能满足我们的创作需求。我们在短视频平台看到的绝大多数字体，这里都有。

"剪映"的文字样式的设置参数非常多，我们需要多花时间来练习和熟悉，也许仅需几步，就可以制作出既"高大上"又专业的封面标题。

7.3.1 自动识别字幕

自动识别字幕，这个功能是减少我们的工作量的神器。

首先要保证手机处于联网状态，然后导入一段有语音的视频（不然没法识别），将视频剪辑好之后，就可以开始批量添加字幕了。

在视频编辑主界面中，点击底部的"文本"，然后点击"识别字幕"，在弹出的提示框中选中"同时清空已有字幕"（有时候上一次识别出错，这一次需要把之前的字幕信息清除掉），最后点击"开始识别"按钮。

在主界面的左上角会显示"字幕识别中..."信息，5~10 秒后，根据说话的时间点，字幕就出现在相应的位置上了。

7.3.2 字幕样式的调整和优化

点击时间轴中的任意字幕条，然后点击底部的"样式"，可以将字幕设置成自己喜欢的样式，也可以直接点击字体下方系统搭配好的样式。

按住视频画面中字幕文本框右下角的图标，斜着 45° 拖动，可以调整字幕的大小；按住字幕文本框移动，可以调整字幕显示的位置。

卢大叔的视频只发布到视频号中，视频画布采用的是 3∶4 的宽高比，视频画面上下会被裁掉很小一部分。字幕一般位于离视频画面底部两个文字的高度处，大家可以根据自己的实际情况进行调整。原则上，字幕不能被裁掉，但也不能出现在太显眼的位置，否则会影响用户的观看体验。

在时间轴中拖动视频，快速预览一遍，看看字幕有没有错别字，有没有超出左右边界的字幕条。若字幕中有错别字，则可以在预览视频画面中直接双击字幕，系统会自动弹出编辑框，让你对错别字进行改正。

若字幕条过长超出了边界，则可以适当缩小字幕，也可以把一条长字幕分成两行，还可以把一条长字幕分成两条短字幕，先后显示。具体操作是，选中字幕，拖动时间轴指针（一条垂直于时间轴的白色直线）到字幕条的合适位置（一条长字幕被分成两条短字幕的中间部分），点击底部的“分割”，然后分别对两条字幕进行文字编辑。

另外，字幕中不宜出现中文状态下的逗号、句号等标点符号，表示感悟、语气的感叹号、问号、省略号等除外。字幕中也不宜出现太过口语化的“嗯”“啊”等，应尽可能让字幕偏向书面化。

添加字幕，最重要的目的是为了弥补视频中的语音听不清、听不准的问题。除非特别需要，否则尽可能不要让字幕太花哨、有太多的动态变换。

有时候字幕样式有特点，也是账号的一个标识，让用户记住你。所有视频的字幕应采用一样的字体、颜色、位置等，字幕的统一，也是账号风格统一的重要组成部分。通常字幕用白色等淡色系，一些重要关键词，可以采用黄色、粉色、红色等亮色系。

7.3.3 自动识别歌词

自动识别歌词，这个功能平时用得不多，但是给自己的视频寻找合适的音乐是一个很重要的也高频的需求。想找到自己喜欢的又应景的音乐并非易事，即使找到了，可能也没法直接下载，该怎么做呢？请参照 6.3 节。

下载了音乐后，我们为其添加歌词。

① 选择一段几十秒的高清视频，将其导入“剪映”中。

② 点击底部的“音频”。

③ 点击“提取音乐”。

④ 选中录屏视频。

⑤ 点击“仅导入视频的声音”按钮。

⑥ 对时间轴中的音频文件进行剪辑，方法同视频剪辑一样。

⑦ 连续点击两次底部左侧的“<<”按钮，返回到主菜单。

⑧ 点击“文本”，然后点击 “识别歌词”，选中“同时清空已有歌词”，最后点击“开始识别”按钮。

⑨ 经过 5~10 秒，识别歌词成功。

⑩ 可以像编辑字幕一样，对歌词的样式、位置、大小等进行设置与调整。

至此，就完成了歌词的添加。和添加字幕不同的是，歌词可以有卡拉 OK 的效果（当然，也可以为普通字幕添加卡拉 OK 的效果，但是会让人觉得很奇怪）。

实现歌词卡拉 OK 效果的方法如下：

① 选中歌词（没法把效果应用到所有歌词上，只能一句一句设置）。

② 点击底部的“样式”。

③ 点击文本输入框下方的“动画”。

④ 选择入场动画中的“卡拉 OK”效果。左右滑动滑块可以改变显示的速度，通过下方的颜色条，可以设置文字替换后的颜色。

做出“卡拉 OK”效果本身对视频上热门没有太大的帮助，但是如果将这种视频效果和创意结合在一起，那么给人的感觉就完全不一样了。

如果你喜欢唱歌，有不错的嗓音，甚至还会一些方言的腔调，那么用热门歌曲的调子，或者熟知的京剧曲调，把日常生活中的所思所想、自嘲、老妈或上司的点评编成歌词，唱出来、演出来，感觉一定非常棒，会引起不小的共鸣。这时做上卡拉 OK 的效果，绝对是锦上添花。

7.4 为视频添加图片、画中画与转场

在视频中可以添加图片，也可以添加“画中画”视频和转场效果。转场是指两个镜头间切换的效果。

1. 在视频中添加图片

- 裁剪图片，设置图片的显示位置、显示时长等。
- 图片的运用场景。
- 图片其他效果设置等。

2. 在视频中添加“画中画”视频及操作

- 裁剪视频，设置视频的显示位置、显示时长等。
- 视频的变速。
- 视频的片段剪辑。

3. 添加转场效果

- 设置转场效果。
- 转场的运用场景。

7.5 为视频添加音乐、音效与配音

1. 添加音乐

- 按分类查找音乐。
- 音乐的收藏。
- 移动、裁剪音乐。
- 设置音乐的淡入淡出效果。

2. 添加音效与配音

- 选择音效。
- 裁剪、移动音效。
- 从视频源提取音乐。
- 录制原声（配音）。

7.6 视频比例与背景设置

常规的短视频竖屏尺寸宽高比是9∶16,但视频号视频的竖屏尺寸宽高比是6∶7。目前市面上没有手机App支持这个尺寸，或者支持自定义尺寸。电脑端软件基本都可以自定义视频分辨率和尺寸，比如常见的Adobe Premiere、Camtasia等。

如果你只会简单的办公软件操作，那么建议使用Camtasia。Camtasia是一个帮助零剪辑基础用户制作网课的软件，其功能虽然没有Adobe Premiere强大，但是常见的视频剪辑效果它都能做出来。卢大叔发布到抖音上的视频，效果基本都是用Camtasia做出来的。卢大叔使用Camtasia的最大感受是，它操作简单、易上手。

7.6.1 选择合适的视频尺寸

视频号支持视频尺寸的宽高比由 6：7 到 16：9。

6：7 尺寸的视频，高度最大，适合一两个角色上镜，以及不太复杂的环境，突出角色。脱口秀类视频比较适合采用这种尺寸。

16：9 是标准的横屏尺寸，一般情况下视频可以全屏播放，用户观看体验非常好。但视频号视频没法全屏播放。采用 16：9 尺寸的视频，虽然可以展现更大的场景，但每个元素都被缩小和弱化了，有距离感。如果没有特殊要求，不太建议采用这种尺寸。

宽高比介于 6：7 和 16：9 之间的视频，比如 1：1 的视频，就不会被裁剪，我们可以根据实际情况自由选择。但有一点要注意，选定一种尺寸后，就不要再改来改去，否则当视频多起来后，视频列表特别乱。

若只将视频发布到视频号中，并且视频中的元素不太多，则建议采用 3：4 的尺寸。第三方拍摄软件支持 3：4 的视频尺寸，“剪映”也支持 3：4 的剪辑尺寸。

若需要将视频同时发布到多个短视频平台，则建议采用 9：16 的标准竖屏尺寸，上下有黑边，中间是 16：9 宽高比的横着放置的视频画面。视频上方显示大标题，下方显示字幕，如图 7-1 所示。

图 7-1

即使视频画面上下有部分被裁剪掉也没关系，很多博主直接把抖音的 Vlog 作品发布到视频号中，毫无违和感。

手机剪辑软件，特别是用户使用量最大的“剪映”，没法自定义视频宽高比。不过有些辅助的方法，列举如下。

方法一：导入 6∶7 尺寸的高清或超清素材，并把“剪映”设置为保持原始比例（关注作者个人公众号，回复关键词“素材”，按相应章节免费领取此素材）。

方法二：将画布尺寸设置为 3∶4，虽然不完全是 6∶7 的宽高比，但已经是最接近这个比例的了。大家要多进行实际操作，视频画面上下预留一些空间，已免发布到视频号中后有画面元素被裁剪掉。

方法三：如果你使用的不是“剪映”，那么可能不支持设置保持原始比例。这时你可以制作一张标准竖屏尺寸的图片，使用线条标出发布到视频号中会被裁剪掉的部分，在制作视频时，避免画面元素超出这个区域即可（关注作者个人公众号，回复关键词“素材”，按相应章节免费领取此素材）。

7.6.2 背景的选择

背景不要过于花哨，喧宾夺主，以黑色、白色或深色为主色调，其作用是衬托视频画面元素。此外，统一的背景风格也便于用户形成记忆。

7.7 视频导出前的注意要点

前面讲了视频剪辑的实操方法，基本囊括了大多数操作。但要剪辑出专业的视频效果，光会操作是远远不够的，还需要进行更多的练习。

对“剪映”的每个功能、功能的每个参数，以及能达到的效果，一定要了如指掌。同时需要多观看优秀的短视频，学习人家在剪辑方面是如何操作的。特别是一些细节上的润色，更要留心观察。

剪辑只是手段，创意和表达才是短视频的根本。在拍摄前最好规划好视频要点和细节，以免在拍摄中出现不必要的差错，拍出不符合预期的残次品。

剪辑很强大，但也不是万能的。在拍摄中能解决的问题，不要留到剪辑时来处理。

7.7.1 检查视频

如果自己心里没底，检查再长时间也没意义。下面列出视频最终效果检查清单，便于大家养成习惯，提高效率。

- 视频时长有没有超。
- 声音、配乐和画面，在节奏上有没有对应好。
- 字幕样式是否统一，有没有错别字，出现敏感词要用谐音或字母代替。
- 视频尺寸是否统一。
- 有无其他 App 水印、广告信息、侵权素材等。

7.7.2 视频素材的备份

进入“剪映”主界面，点击右下角的“设置”，导出分辨率选择 720P，去掉“片尾水印”。一切无误后，导出视频。

对视频素材一定要做好备份，因为可能会存在以下情况。

- 视频发布几天后，系统提示视频违规，要进行修改。
- 把视频同步发布到其他短视频平台。
- 之前的视频素材，要用于其他作品中。

备份的方法有很多，卢大叔的做法是，对所有拍摄的视频素材统一编号，保存在移动硬盘和百度网盘上，双保险把风险降到最低。

使用手机或单反相机拍出来的原始视频，需要做一些初剪，把残次的部分及明显用不上的部分删除，保留最终日后能用得上的部分。

随着时间的推移，累积的视频素材会越来越多。我们可以对每条视频都做好与主题相关的命名，对保存视频的文件夹也可以根据时间、主题等维度做好命名和分类，方便日后容易搜索到。

使用手机或单反相机拍出来的视频比特率（码率）非常大，要进行简单压缩，但不能影响视频的分辨率和画质。

使用手机拍出来的视频比特率为 20Mbps，使用单反相机拍出来的视频比特率为 30Mbps，分辨率是 1080P，超清。我们可以用电脑版软件格式工厂、魔影工厂等对视频进行批量压缩，分辨率不变，比特率设置为 5Mbps。下面以电脑版软件魔影工厂为例来进行演示。

① 下载并安装好魔影工厂后，打开软件，点击“添加文件”按钮，如图 7-2 所示。

② 添加文件后，选择“MP4 高清”，点击“确定”按钮，如图 7-3 所示。

图 7-2

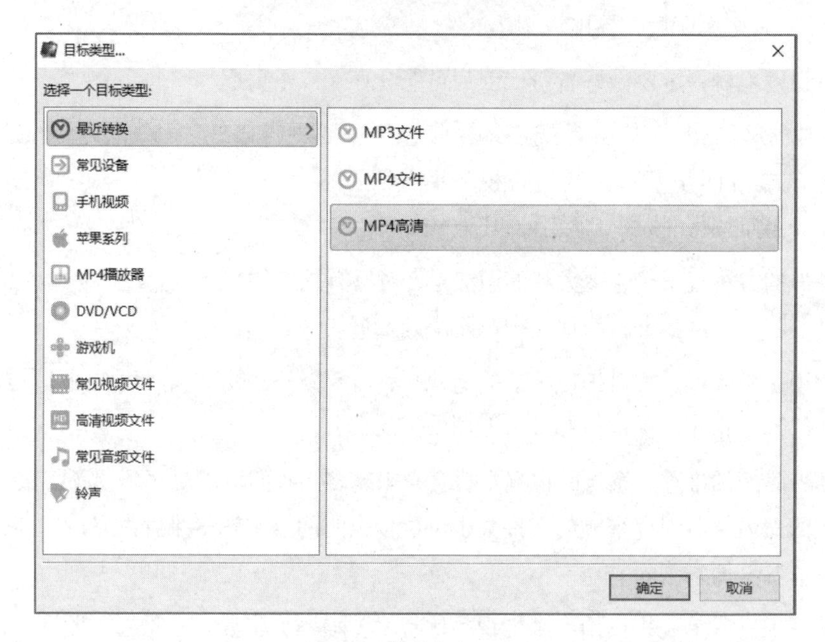

图 7-3

③ 选择合适的输出路径。

④ 点击“转换模式”右侧的“高级...”按钮，如图 7-4 所示。

⑤ 打开“自定义-高级选项”对话框，在“视频设置”中，设置视频编码器为“H.264/AVC”，比特率模式为“自定义比特率”，比特率为 5000Kbps（约等于 5Mbps），点击“确定”按钮，如图 7-5 所示。

⑥ 等待一段时间后，即可完成压缩转换。

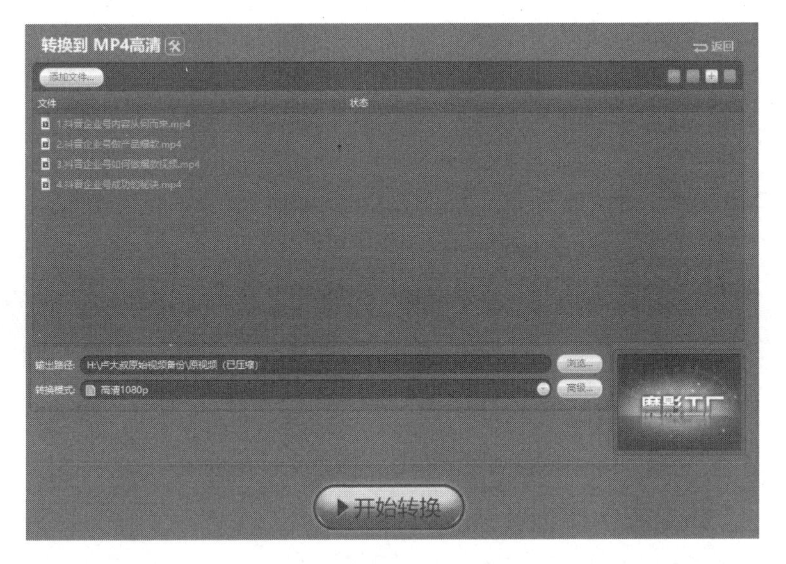
转换到 MP4高清
返回
添加文件...
文件
状态
输出路径:
浏览...
转换模式:
高清1080p
高级...
开始转换

图 7-4

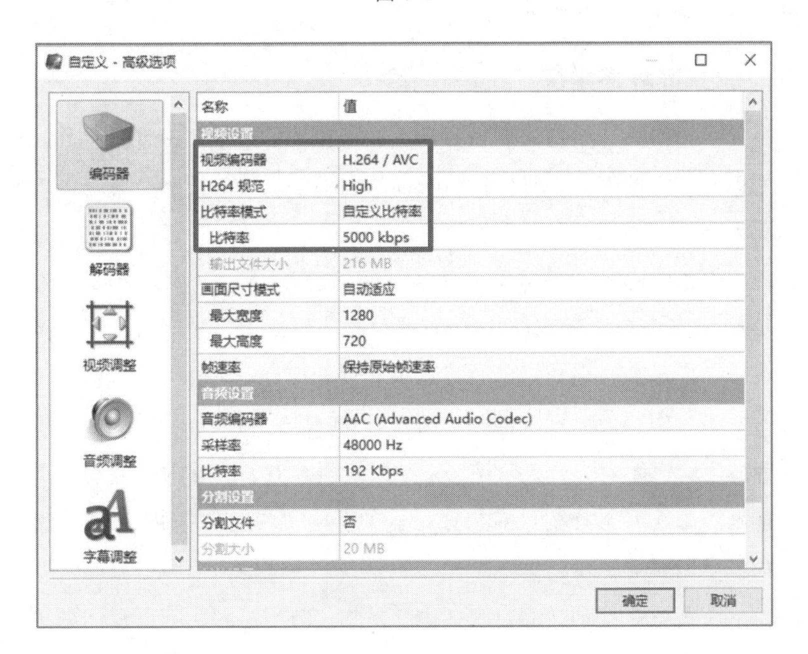
自定义 - 高级选项
编码器
解码器
视频调整
音频调整
字幕调整
名称
值
视频设置
视频编码器
H.264 / AVC
H264 规范
High
比特率模式
自定义比特率
比特率
5000 kbps
输出文件大小
216 MB
画面尺寸模式
自动适应
最大宽度
1280
最大高度
720
帧速率
保持原始帧速率
音频设置
音频编码器
AAC (Advanced Audio Codec)
采样率
48000 Hz
比特率
192 Kbps
分割设置
分割文件
否
分割大小
20 MB
确定
取消

图 7-5

第 8 章 常见的视频形式：从策划到热门

8.1 视频号整体创作流程

视频号整体创作流程介绍如下。

8.1.1 找准清晰定位

定位是一切工作的开始，只有做好清晰的定位，你才能更专注地创作出好作品，平台也才能更理解你的内容，并推荐给对你的内容感兴趣的用户。通过这种方式吸引的都是高质量的精准粉丝。

如果你决定拍 Vlog，那么最好整个账号统一成 Vlog 的形式。很多人说自己的定位是拍 Vlog，这其实是一种误解，Vlog 是风格或形式，不是定位。定位在很大程度上是告诉粉丝：你是谁，你和别人有什么不一样的地方，为什么要关注你的账号。

在第 3 章中我们对定位有过详细探讨。只有做感兴趣的事情，你才能做长久；只有创作专业的内容，你才能让人家信服。如果做内容 IP，那么内容的切入点可以尽可能垂直；如果做个人 IP，让粉丝觉得你是一个有趣的人，能给他们带来快乐和价值，那么在主题选择上就不用太过垂直。

高晓松是卢大叔非常喜欢的自媒体人。他在 2012 年创办了自媒体视频节目《晓松奇谈》，内容涉及历史、政治、文化、艺术、旅行等，包罗万象。看似非常杂，其实极其聚焦。在一次节目里他自曝："大家似乎觉得我什么都懂，其实我只说了我知道的那部分"。

表面上看，他在输出知识和经验，没有聚焦于某个领域。但输出的内容和他有深度的交集，讲的知识是他擅长的，聊的经验也是他经历、体会过的。

高晓松自媒体的成功给我们的启示是，只有做自己喜欢的事情，才能坚持下来，最好这件事情自己也擅长。只有做自己擅长的事情，才能做得更专业，让别人信服。刚开始时切入点一定要小，然后基于这个很小的切入点，慢慢向外扩展。

在短视频发展的早期，很多创作者想尽快抢占内容风口，但又没有成型的变现思路。于是，他们选择了先做内容，觉得有了粉丝之后，一定能变现。其实找准定位要跟最终的变现结合起来。在想好了如何变现，甚至有了成熟的变现项目后，再考虑怎么做好定位。

我们都在说短视频是一个风口。其实确切地说，风口有两个：内容风口和变现风口。

比如短视频平台大力推荐健身视频，如果你在一两个月内没有抓住这个内容风口，那么等到大量健身视频充斥平台时，你再切入进来，不是说没机会，而是难度会大很多，你需要在文案质量及内容形式上做出更大的创新。

短视频平台的变现，也要找准时机、看准方向。一方面，你要等待平台变现相关功能的推出，以及用户习惯的养成；另一方面，你也要自己尝试摸索，跟自身业务结合，多留意那些做得好的同行是如何实现变现的。

比如抖音，橱窗带货、直播、广告植入是创作者主要的变现模式。与抖音、快手相比，视频号更加开放，它的带货商城可以是任意商城，个人、企业、小程序、网页版都没问题。直播也一样，可以选择微信官方的腾讯直播，也可以选择第三方小程序直播。微信生态里的直播流量黏性更大。

视频号已经可以申请微信小商店（类似于抖音的橱窗）和直播，但还没有其他两大短视频平台成熟。如果视频号以橱窗带货为主，那么在定位上就要做相应的调整。一般来说，通过传统自卖自夸的方式拍摄的视频收效甚微，这时可以用“左右定律”这一强大的思维武器。

比如有一款祛斑美白产品，如果直接按传统的淘宝思维告诉人家，这款产品祛斑美白效果如何强，把它拍成视频发布到短视频平台，那么基本是没用的。这样的内容太硬了。

如果换个思路就完全不一样了，把产品做成内容。

我们先来分析产品的卖点。这里要区分亮点和卖点，两者是不一样的。亮点，更多的是站在产品生产者的角度总结出来的，是工程师思维；卖点，则是站在使用者的角度提炼出来的，是用户思维。决定用户能否购买产品的因素是卖点，而不是亮点。当然，有时亮点和卖点会重合，但我们要了解对待产品的思维方式。

这款产品的卖点是祛斑美白，用户因为这个功效而决定买它。想象一下，如果没有用上这款产品，最极致的表现是什么？

一位 30 岁不到的宝妈，放弃了心爱的工作，毅然决定回家带孩子。脱离了正常的社交，变得焦虑不安，脸色变差，还长出了斑纹。丈夫的事业稳中有升，最好的闺蜜脸色红润。

宝妈“与人攀比”的心理被激发出来。

宝妈开始改变。宝妈心情变好了，开始学习，坚持跑步，同时也用上了这款产品。没过多久，宝妈容光焕发，又一次找回了年轻时的自信。

一款产品有很多亮点，但卖点只有一两个。我们要把卖点融入短视频剧情中，成为剧情的导火索。在剧情中，这款产品就是一个道具。

需要注意的是，不要在一条短视频里提到太多的点。如果点太多用户会记不住，而且点和点之间的关系不但没有增强，反而被削弱了。

剧情是否很“狗血”，这不重要。在一分钟内拍出优秀的视频，同时又能稳定产出，这对大多数人来说都是一种挑战。当然，又不是为了获得奥斯卡奖，我们的最终目标是为了把产品卖出去。

想在短视频平台引爆一款产品，除了要提炼出合适的卖点，还得想好用什么样的视频形式（口播、小剧情、Vlog），谁（使用者、商家）来说出卖点。这些都是定位的一部分。

8.1.2 策划与构思

卢大叔的定位是专注于视频号的创作和变现。卢大叔会关注一些与视频号相关的优秀信息源：

- 3~5 个优秀视频号。
- 3~5 个优秀的公众号。
- 3~5 个话题（知乎）。
- 一周搜索相关关键词 3~5 次（百度）。
- 搜索相关关键词（新浪微博）。

相应地，你可以关注与自己的行业或兴趣点相关的信息源，方法同上。

在关注的这些信息源中有视频，也有图文。有时候某条视频或某篇文章中提到一个关键词，你也可以在相关平台搜索，了解更多、更全面的信息。

大家可以根据自己的行业和主题，关注一些相关的重要平台。虽然创作的是短视频，但创作的来源不应仅限于视频，信息源越广泛，越有利于创作。

卢大叔经常会因为一句话或者某几个关键词而灵感大发，写出一篇两三百字的小短文。这对新手来说，可能还有些难度。大家在阅读信息的过程中，可以把信息的要点记下来。多看几遍，在看的过程中去理解，而不是死记硬背。把别人的信息纳入自己的知识体系里，只有这样你才能把人家的东西变成自己的东西。

另外，我们也需要留意一些平台的热门榜单（一些大平台都有自己的榜单），以及数据分析工具。这是了解互联网热门趋势最好的方法。

1. 抖音热点榜

抖音是目前国内最大的短视频平台，其用户体量最大，优秀的创作者也最多。参考抖音热点榜，可以了解短视频用户最关心的事情。

如果想了解更详细的短视频数据，则可下载飞瓜数据、抖大大、卡思数据等第三方短视频数据分析平台。我们可以直观地看到平台上的热门视频、热门话题、热门评论，也可以筛选出不同类目下的热门视频，还可以基于关键词搜索，按点赞数、粉丝数对视频进行排序。

这对于创作是大有裨益的。不过，以上平台的免费基础版功能有限，需要购买付费版。

2. 百度搜索风云榜

百度曾是 PC 时代的王者，随着移动互联网的发展，人们对搜索的需求逐渐减弱。在以 App 为主导的移动互联网时代，信息被割裂成一个个孤岛。但在移动搜索端，百度仍占有绝对的优势。

百度搜索风云榜有非常详细的分类榜单，具体到明星、民生、热点事件、品牌等。当然，不排除很多百度热门关键词是由短视频平台发酵而来的。

3. 微信指数

微信指数是微信官方推出的，基于微信大数据的移动端指数。很多人有误解，以为微信指数就是用户在微信上搜索关键词的搜索量。其实它和搜索量完全没有关系。

举例来说，我们在微信指数中搜索抖音、快手，把时间维度设置为 90 天。从波动曲线可以直观地看到，绝大多数时候，与“抖音”相关的内容，在微信上的讨论和曝光要明显高于“快手”。但最近一周（2020 年 6 月 3 日至 2020 年 6 月 9 日），快手超过了抖音，如图 8-1 所示。这里所说的讨论和曝光，可以理解成微信用户在微信内搜索、浏览、讨论等行为在数据上的整体表现。

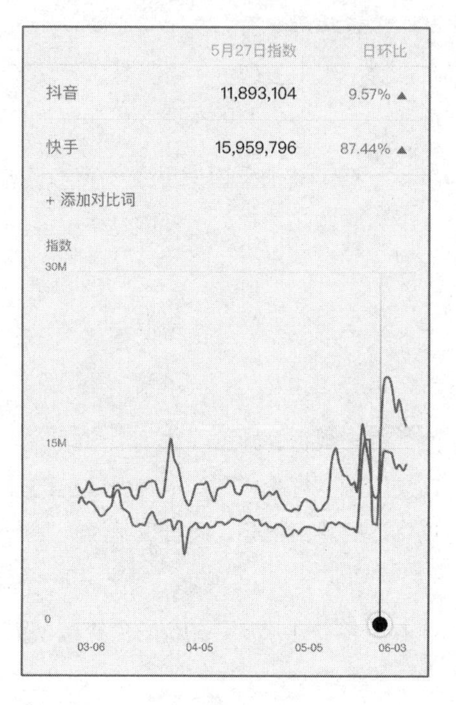

图 8-1

比如在两部候选的热门电影之间你拿不定主意，不知选哪部电影，这时你就可以通过微信指数查一查哪部电影的指数更高。当你的视频号在做选题时，可以优先选择指数更高的那部电影，这样也能获得更多的曝光机会。

4．百度指数

百度指数是指关键词平均每天在百度上的搜索量。比如“微信视频号”的百度指数是 3800，我们可以认为，平均每天有 3800 人在百度上搜索这个关键词。搜索的人越多，说明这个关键词的热度越高。

还有一个比较实用的工具，是“百度相关关键词推荐”。比如输入“视频号”，可以列出几十个包含“视频号”三个字的相关关键词的搜索量。这个工具对于优化网站、从百度上获取流量非常实用。虽然我们不指望从百度上获取流量，但使用该工具却可以非常好地收集和探索网民的兴趣点。

8.1.3 形成文案

不管拍什么形式的视频，都要形成文案。前面讲过，文案不是简单的你要说的话或者剧情的台词，而是任何可以用文字描述的信息。

很多时候，我们很难一下子就把文案写好，那么可以先写一个初稿，然后进行删减、润色、调整，使其变成非常完美的脱口秀文案。

形成文案后，对着镜头把文案说出来。记住：是说出来，不是念出来或读出来。因为它们给人的感觉是完全不一样的。写脱口秀文案需要一定的文字功底，并且需要大量的阅读，以及长时间的写作练习。

剧情类视频也需要形成文案，好处是写出来，想象着剧情和对话的情景，发现哪里不妥，可以随时改进和优化，直到最终完全没问题了，再开拍。

8.1.4 配音

混剪类视频和 Vlog 需要配音。

在配音前先确保文案是最终版本，没有多余的话，不存在任何问题，前面三五秒就能吸引用户。文案尽可能口语化，不要太生硬。

配音尽可能贴近生活，自然流畅，给人一种聊天的感觉。配音不要太生硬，像念稿子一样。声音再好听一点，听起来更专业一些，这些都是加分项。

有条件的话，可以花钱请专业的人员来配音。配音一定要和视频风格统一，否则再专业的声音也不合适。

声音也不是越标准越好，有时候俏皮的甚至混杂着方言的声音，也许能收到不一样的效果。

8.1.5 整理素材

混剪类视频和 Vlog 需要用到大量的素材，这些素材主要以高清的视频和图片为主。有些素材需要自己拍，有些素材可以从一些平台上免费下载。我们需要建立自己的素材库。

一条 Vlog 至少需要 10 条视频素材，不可能每条视频素材都要新拍；否则，即便是团队运作也应付不过来。

比如卢大叔的 20%的视频素材是新拍的，80%的视频素材是从素材库中调用的。

在卢大叔的素材库中，平均每条视频时长为 10~20 秒。一条视频素材会被多条 Vlog 调用，不过没关系，因为每条 Vlog 调用的时间点不同。

8.1.6 后期剪辑

视频号中的视频几乎都可以使用“剪映”进行剪辑。不要刻意追求一些剪辑特效，它们并不实用。我们看到的绝大多数热门视频，几乎都没有用到特效。

其实会剪辑和剪辑出流畅的视频是两回事。剪辑是一门技能，更是艺术，需要不断地尝试与练习，我们要多看一些优秀作品在细节上是如何处理的。

8.2 脱口秀类视频创作实操

本节内容是卢大叔在视频创作实操中的经验之谈。大部分是实操视频中没有提到的要点，请大家务必配合视频教程一同观看，会有更大的收获（关注作者个人公众号，回复关键词“素材”，找到“第 8 章”文件夹）。

脱口秀是目前视频号中最常见的一种视频形式。一般上镜人都是坐着说话，眼睛看镜头。其实只要主体是人物在说话，没有明显的剧情，我们都可以把它称为“脱口秀”。

上镜人除了坐着说话，还可以：

- 站着说话，眼睛看镜头。（平等、倾听）
- 边走边说。（陪伴、跟随）
- 拍摄者提问，上镜人回答。（期待回答）
- 两人同时上镜，一人问，另一人回答。（旁观者）
- 简单小剧情，引出回答者。（更易接受回答）

除了改变上镜人的形式，还可以改变拍摄的场景。

- 在家里。（自在、放松）
- 在公司。（专业、严谨）
- 在车上。（忙里偷闲）
- 在路上。（着急赶路）
- 在户外。（乐观、期待、勇气）
- 在度假。（悠闲、放松）

不同的场景，上镜人的心理状态不同，给用户的感受也不同。此外，还可以在剪辑上做些改变。

- 在上镜人说话过程中，配上一些相关的图片或视频片段。
- 结合主题，配上应景的音乐，以纯音乐为主，不宜盖过说话声。
- 给镜头赋予灵性，将其当成与上镜人对话的同伴。

当别人拍的都是常规的脱口秀，而你在形式上有创新时，那么你拍的视频就更容易胜出。当然，核心还是文案本身，你需要在文案上花更多的心思打磨。

一条脱口秀的文案通常有 200~300 字，时间为 30~60 秒。原始视频的时长多半会超出最终视频要求的时长。这是因为在开始录制时点击“开始“按钮、中间某些过程出错、说完后点击“结束”按钮，它们都占用时间，这些多余的片段需要被裁剪掉。

一条脱口秀尽量不要分段拍，因为这完全没必要。毕竟一条完整的脱口秀的时长也不过 1 分钟，加上多余的片段，也不过二三分钟。如果每条脱口秀都有三四段素材，那么拍完十条脱口秀，就有几十条视频素材，这将为后续剪辑工作增加极大的麻烦。

另外，最好一次能拍摄三五条脱口秀，刚好是一周的发布量。这也是一种比较节省时间和精力的好方法。一般来说，在每次拍摄前，都需要一些时间进入状态。如果每次只拍一条，结果好不容易进入状态，二三分钟就拍完了，太浪费时间和精力了。

在拍脱口秀类视频时，若在视频画面中全程都是一个人，则略显单调。如果精力允许，则可以准备一些与主题相关的图片或视频片段，插到相应的视频中。

当拍好了视频素材后，接下来进行视频剪辑。

1. 导入视频素材

打开“剪映”，导入视频素材。

2. 初步剪辑

一般来说，视频开头几秒、视频中间部分、视频结尾几秒，通常需要被裁剪掉（如果视频拍摄流畅，没有任何瑕疵，则不用处理）。

对于脱口秀，不建议做任何转场特效。不像剧情类视频，转场效果有一定的隐喻，脱口秀出现转场特效，反而会干扰用户的观看体验。

初步剪辑完毕后，在常速下完整地预览视频。注意不要快速预览，以免错过一些细节。如果准备了一些辅助的图片或视频片段，这时可以插入。

3．配乐

通常脱口秀不用配乐，但有时候配上一些合适的音乐也是不错的选择。在选择音乐时，需要注意如下几点。

- 选择纯音乐、弹奏类音乐或没有歌词的音乐，这样不会干扰说话。
- 音乐的风格最好和脱口秀主题有一定的契合度。
- 音乐的音量不超过 20%，具体按实际情况来调整，以能明显听到说话声为主。
- 有些音乐的时长远大于视频片段的时长，不要从头开始插入音乐，要结合脱口秀的时长，剪辑音乐的合适部分，插入视频中。
- 可以选择全程配乐，也可以选择极短的一两秒音效，与视频定制在一起，形成一种标识，让粉丝一听到声音，就想到你。
- 配乐开始时加入淡入效果，结束时加入淡出效果，这样不会太突兀，给人自然流畅的感觉。

4．添加字幕

脱口秀加字幕是标配。可能有些人不理解，“我不加字幕也没问题，你看我说普通话多标准”。其实我们要考虑到刷短视频的真实场景。

一是用户很多、很杂，每个人的听力和理解不同，听声音不一定能完全理解，文字作为辅助，可以加深、加快理解。

二是刷短视频的场景异常复杂，有人在家里，有人在公司中，有人在地铁上，有人在聚会中。但不管哪种场景，有字幕提示，用户都能很好地理解脱口秀的意思。

选择自动识别字幕，确实极大地减少了手工添加字幕的工作量。不过对默认生成的字幕，需要注意如下几点。

- 默认字幕样式，字号加大，字体加粗。
- 若没有特殊要求，字幕颜色以淡色为主，不宜喧宾夺主。
- 一条字幕的宽度不宜超过画面宽度的 80%。
- 如果一条字幕太宽，则可以选择两行显示，或者两段前后显示。
- 字幕中不宜出现口语化的无意义词，字幕要书面化、简短一些。
- 字幕距离画面下边缘要有两个文字的高度。如果字幕太靠下，传到视频号中后有被裁剪掉的风险。

- 如果没有特殊要求，字幕不宜过于花哨（视频中辅助性字幕除外）。

5．添加封面图和封面标题

封面图和封面标题是非常重要的，好的封面图和封面标题可以给用户留下良好的第一印象，也可以吸引精准受众。特别是在话题列表、地区列表、搜索列表中，除了点赞数，最吸引用户点击的就是封面图和封面标题了。

在添加封面图和封面标题时，需要注意如下几点。

- 可以直接使用视频前一两秒的视频帧作为封面图，也可以特意制作一张更精致的封面图。
- 封面标题力求简洁明了，字号尽量大，字体加粗。
- 所有视频的封面风格要统一。
- 封面图和封面标题显示 1~1.5 秒，时间不宜太长或太短。

6．整体检查及导出视频

脱口秀类视频的剪辑工作基本结束后，在常速下再完整地预览一遍视频效果，同时按照如下清单逐一进行检查。

- 视频有没有超时。
- 声音、配乐和画面有没有对应上。
- 字幕样式是否统一，有没有错别字，若有敏感词要用谐音字或字母代替。
- 视频尺寸是否统一。
- 有无其他 App 水印、广告信息、侵权素材等。

最终确认无误后，导出视频，准备发布到视频号中。

8.3 Vlog 创作实操

8.3.1 什么是 Vlog

Vlog 其实是 Video Blog 的缩写，翻译成中文就是“视频博客”或者“视频日记”。从字面上理解，Vlog 有两大核心：一是视频；二是日记。

- 视频，意味着它不是纯文字表达，视频有视频的语言和逻辑，它可以很好地利用文字、声音、画面三者的优势，创造出 1+1 远远大于 2 的效果。
- 日记，意味着它是非正式的，它更自由、无拘无束，不受主题、风格的限定。而这正是 Vlog 的魅力所在。

你可以用 Vlog 记录自己的生活、工作、情感和事业。它和日记不一样，日记更多的是记录给自己看，想怎么写都行，而 Vlog 是有目的性的，是拍给别人看的，并对别人产生影响。

每个人的时间和精力都是有限的，人家为什么愿意花时间看你的生活和工作？在开始创作 Vlog 之前，要想清楚这个问题。

8.3.2 Vlog 有哪些优势

1. 创作更自由

这里说的创作更自由，并不是说想拍什么就拍什么，而是说不管什么主题、什么行业都可以通过 Vlog 的形式来呈现，但最好还是定位一个主题，或者以一个主题为主（可以穿插其他主题）。

Vlog 可以做个人 IP，也可以做内容 IP（见本书 2.1.5 节）。如果是做个人 IP，核心还是人，你会什么、喜欢什么，就拍什么，没有明确的主题或行业限制。

如果是做内容 IP，则可以围绕行业、经验或技能本身，也可以基于这个点向外扩展。

2. 粉丝黏性更大

Vlog 给人一种日记的感觉，天然拉近了与粉丝的距离，真实而真诚。Vlog 的粉丝质量比其他类型视频的粉丝质量高。

黏性更大的粉丝会积极参与账号的互动，比如你推出某款产品，他们会有更强的消费意愿。

8.3.3 Vlog 的构成

一条优秀的 Vlog 最核心的还是文案，但画面、配乐、旁白也不可或缺。

1. 文案

我们来看一下“月薪 10 万和 1 万的差距”这条 Vlog 的文案。

以北京为例，如果房租 3000 元，吃饭 3000 元，娱乐、健身、交通、服装又是 3000 元，那么月薪 1 万元的人，每个月只能存下 1000 元。而月薪 10 万元的人，就算生活水平提高 3 倍，也不过 27000 元，还能剩下 73000 元。这时候两者是 70 倍的差距，可现实往往更加残酷。月薪 10 万元的人可以很快买房，省下租房成本，同时房产也在增值。假设条件不变，10 年后他的资产已达千万元，而月薪 1 万元的人可能还是一无所有。

财富累积只会让强者越来越强，如果你不能全力以赴，从这个循环中跳出来，那么人生的差距只会越来越大。

我是大婷，做一个经济独立、灵魂挺拔的人。

我们在学习热门 Vlog 时，要多多留意文案，Vlog 能否上热门文案占的比重达 60%~70%。

卢大叔不太喜欢这条视频的价值观，因为它在贩卖焦虑。但这并不影响它成为一条热门视频，焦虑的人就喜欢看这样的视频。卢大叔作为一个研究者，要把自己清零，当成一个完全的小白去理解和感受。

我们先看标题，“月薪 10 万和 1 万的差距”，就能吸引那些有攀比心的用户。大多数人的月薪都没超过 10 万元，所以对于这个标题，大多数人都能产生关联。

开头“以北京为例”，可能这条视频的作者就生活在北京，以北京这个消费高的大城市为例，更能制造焦虑感。这里没有任何歧视的意思，只是告诉大家在写文案时，注意细节上的“措辞”来强化结论。

月薪 1 万元的人不可能有 9000 元的支出；而月薪 10 万元的人买房，也不会在乎省下来的那点房租。“假设条件不变”，这个假设本身就不可能成立。

最后作者也没有给出任何实质性的建议。唯一的结果是，你变得更加焦虑了。而她是一个经济独立的人，你得联系她，她可以帮你“跳出循环”。

抛开其他的不说，这是一条非常优秀的 Vlog，有很强的营销转化效果。看了这条 Vlog 下面的评论，有 1/3 是负面评论。但没关系，那些不喜欢她的人，也许看一半就走掉了，给出负面评论的人只占了极少数，大多数人还是喜欢她的。

我们在运营视频号的过程中，最容易犯的错误就是忽视喜欢自己的大多数人，而总是在意那些不喜欢自己的极少数人。最后的结果是，极少数人消耗了你的精力，大多数人因为你的疏远而离开你。

2．画面

对于 Vlog 来说，画面与文案的配合程度直接影响视频的完播率。想象一下，一成不变的画面很难吸引用户看下去。具体到这条视频上，画面与文案的契合度很高。

在视频画面中主要有如下元素。

- 女主角工作、外出路上、生活与休息、出席活动、与人交流等场景。
- 房子、车子、富有（从直升机上下来）、穷（地铁的画面）。

不需要画面与文案强相关，但一定要正相关。

画面中女主角给人的感觉是：

- 工作努力，勤奋好学。
- 有钱的成功人士。
- 明明可以靠颜值，却偏偏要靠实力（自己努力）。

以上这些感觉，通过文字很难表达出来。因此，在画面与文案正相关的前提下，也达到了塑造人设的目的。

对于 Vlog，烦琐的地方就在于视频素材的拍摄。在 Vlog 中使用的 80%的素材，都是需要平时拍摄收集的。如果追求更好的画质，则可以使用单反相机（或者微单相机）拍摄，其画质更细腻，能明显提升整体视频的格调。

3. 配乐

对于 Vlog 来说，配乐谈不上雪中送炭，但可以锦上添花。由于 Vlog 中有解说声，因此尽可能不要选择有歌词的音乐。如果非得用有歌词的音乐，则可以在没有解说声的部分加上，或者把音乐的音量尽量调小。

在配乐方面，尽可能在风格与 Vlog 主题一致的前提下，选择最近三个月内的热门音乐。这就需要我们养成收集并整理热门音乐的好习惯。

通常一条 Vlog 配一段音乐，但如果一条 Vlog 中出现两种截然不同的情绪，这时就可以根据情绪的需要，配上两段不同基调的音乐。需要注意的是，两段音乐之间的衔接要自然，一般操作是前面一段音乐在结束前 2 秒音量慢慢减弱淡出，后面一段音乐在开始时的 2 秒内音量慢慢提高淡入。

4. 旁白

旁白就是指上镜人说的话，可以是自己的声音，也可以请人代录制声音。旁白最重要的不是声音标准、好听，而是要与上镜人的人设相一致，同时避免给人读台词的感觉。刚开始时，大多数人的旁白都会给人读台词的感觉，但不用担心，多听听人家说话的方式，勤加练习就好了。

在录制旁白时，尽可能让自己放松、自然、自信，充满激情。

旁白的风格对视频整体的基调也有明显的影响。有条件的话，请专业人士录制旁白也是不错的选择。

8.4 图文类视频创作实操

在做好视频号定位之后，接下来就是确定视频号的视频形式。我们把常见的视频形式分为两大类：非真人上镜类视频和真人上镜类视频。非真人上镜类视频有图文类和混剪类；真人上镜类视频有脱口秀类、摆拍类、Vlog 和剧情类。

图文类视频和混剪类视频不需要真人上镜，这种视频形式比较适合那些颜值不高、镜头感不强，但有一定文字功底的创作者。不要觉得自己颜值普通就没机会了，随着智能设备性能的提升，手机应用里的滤镜和美颜功能越来越强大，可以用来弥补颜值上的不足。

再说，颜值高低不是决定能否做好视频的唯一因素。很多网红就是觉得自己不可能走颜值路线，反而另辟蹊径，把自己的特长发挥出来，获得了巨大的成功。

镜头感大多是后天培养的。你想获得成功，不需要非得有主持人那样专业的谈吐、优雅的气质。你对脱口秀内容的专业度和自信程度，比具有谈吐和气质更重要。当然，也不是说不需要具有谈吐和气质，如果有那就更好了，锦上添花。

很多人觉得，脱口秀类视频一定比图文类视频更容易上热门。其实并非如此，视频能否上热门与具体形式没有必然的联系。

视频能否上热门只与视频给用户的整体感受有关。比如一条图文类视频虽然没有真人上镜，但文案出彩、图片高清、选择得当、剪辑紧凑、配乐应景，用户看了非常有感觉；而一条脱口秀类视频使用一样的文案，但上镜人没有很好地把内容和情境表现出来，用户看了提不起精神，觉得乏味。很显然，在这种情况下，没有真人上镜的图文类视频比真人上镜的脱口秀类视频更容易上热门。

为了便于大家深入理解图文类视频，下面我们对这种视频形式进行详细分析。由于视频号推出的时间较短，有些视频形式在视频号中还没有成形，因此这里以抖音视频为例进行讲解。

虽然视频号和抖音是两个完全不同的平台，但它们的视频形式是相通的，在抖音上火过的视频，在视频号中也会火。

1．黑底白字

黑底白色形式的视频，是最原始、最简单的。使用手机打上文字，截图变成图片，再把图片直接上传到抖音上，自动生成图片轮换的视频。

这种视频能上热门，完全靠文字。一般情况下，文字不是作者的原创，其主题主要与为人处事、个人成长、情感、励志等相关。

新浪微博、知乎、网易云音乐是这类主题的主要信息源。有些信息可以直接拿来用，有些需要进行处理，变成简短精悍的文案。

这种形式的视频，在视频号中是否能火，核心还是在于是否有出彩的文案。在掌握了一定视频编辑功能的情况下，尽可能把视频做得丰富一点，还是有上热门的概率的。

2．图片轮换

上面介绍的视频形式操作太简单了，一时间有大量的人来模仿，人一多竞争就大，上热门自然就难了。

于是，一种更好的视频形式出现了——要么做成图文并茂的图片，再把图片上传到抖音上，生成图片轮换的视频；要么直接用 Microsoft PowerPoint、Adobe Premiere 等软件做成图文类视频。

早期的穿搭类账号就是用的图片轮换的视频形式。从新浪微博等平台下载与穿搭相关的精致图片，几乎不用做什么修改，直接发到抖音上，自动生成视频。另外，早期的书单账号也是用的图片轮换的视频形式。2018 年年底卢大叔做了一个书单账号，那时抖音还没有放开 15 秒限制，一条视频展示 6~9 本书，每本书一张图片，一张图片显示两三秒。

图片的信息是图书的海报、书名、作者、出版社及推荐理由等。书单视频能火，就是迎合了现代人对自我提升的焦虑感。用户刷到一条视频，了解到只需要看 5 本书，就可以轻松掌握某种技能，于是赶紧双击点赞、收藏。至于他会不会买，那就另当别论了，但至少双击这个动作，让他在心理上获得了对知识焦虑的释放。

3．为图片配音

上面介绍的视频形式都相对简单，视频制作起来也很快。其实还有一种更高级的视频形式，那就是为图片配音，比较典型的是各种历史和冷知识题材的短视频。

比如历史分享类视频号“陵西散人”，它的视频形式就是图片加配音（关注作者个人公众号，回复关键词“素材”，打开“第 8 章第 4 节”文件夹来获取视频）。光是黑底白字不足以讲好历史故事，还要很好地借用视频直观的优势；只用图片轮换的形式，没法传递更多的文字信息，而且直接现场拍摄操作难度又太大了。

最实际的做法是，采用图片加配音的视频形式。一条视频只需要 1~3 张图片，写一段两三百字的历史主题的短文，录制成声音。有了图片和声音，再简单地进行剪辑处理，就生成了一条完整的视频。

图片最好是高清的、大尺寸的，毕竟要做成视频，不能让图片在视频中静止不动。一般来说，将图片做成视频要做一些处理，让它动态化。常见的处理有两种：图片位置的改变，以及图片的放大和缩小。

在这条视频中，只进行了图片位置的移动。有时候在讲图片的某部分细节时，会把图片放大，如果图片本身不高清，一放大就变得模糊，那么用户的观看体验就变差了。

配音也很关键，如果条件允许，最好请专业人士配音。配音风格最好与视频主题一致。历史主题视频的配音风格就是成熟、温暖、厚重，给人一种回味无穷的沧桑感。

如果是自己配音，或者找朋友来配音，则要对着文稿多练习，不要有读书、念稿子的感觉，自然、自信是最好的效果。在录制声音时，要保证声音的饱满和具有穿透力，最好使用专门的麦克风。

再比如视频号“趣科普”，视频中的图片只是静止显示，没有任何位置和大小的改变（关注作者个人公众号，回复关键词“素材”，打开“第 8 章第 4 节”文件夹来获取视频）。这种情况是不是和前面说的相矛盾呢？其实不矛盾！

上一个例子的视频中每张图片显示的时间比较长，如果只是静止显示，则会让人感觉很沉闷，所以需要做一些位置或大小上的变化，给用户动态的感觉。

而在这条讲解冷知识的视频中用到了大量图片素材，每张图片的显示时间最多不超过 3 秒。在这种情况下，如果每张图片都动态化，反而会让人眼花缭乱，效果适得其反。

有时候根据视频主题的特点，除了配音，配乐也可以让视频添色不少。比如“陵西散人”视频号中有一条视频是张献忠沉江宝藏的主题，选择了悲凉沧桑的配乐风格。

对于创作者来说，图片加配音的形式有两个优势：一是创作简单，制作效率高；二是任何行业和主题都可以使用这种形式。

记住：视频能否上热门和具体形式没有必然的联系，创意和内容是核心。

8.5 混剪类视频创作实操

假如有一些新奇特的数码产品，从 30 款产品中选出 5 款最具潜力的，每款产品都拍几十条视频素材，随机混剪这些视频素材，同时配上不同的热门音乐。为什么这样做呢？因为视频上热门本质上是概率事件，一条视频即使拍得再好，也有上不了热门的时候。在融合了一些热门因素的前提下，尽量拍好每条视频，通过增加数量来提高视频上热门的概率。

在每条热门视频的背后，也许之前多次发布相同的视频，也许有很多账号一起竞争，结果这条视频胜出了。

这就是卢大叔经常讲的“冰山一角”！不要觉得视频上热门很简单，因为你所看到的只是冰山一角。也不要觉得视频上热门比登天还难，只要控制好影响视频上热门的主要因素，增加视频发布的数量，基本上可以达到 90%以上的热门概率。

从这个角度来讲，视频上热门又是必然事件。

混剪类视频比较适合没有高颜值、没有好的镜头感的创作者。这种视频有很多优点，列举如下。

第一，成本低。不需要真人上镜，不用摄影师，不需要专门的策划人员和文案。请这些人的花费是制作短视频最大的成本。

第二，制作效率高。在确定了混剪类视频的主题和形式后，一天可以整理出大量的视频素材。在有了明确的视频素材的情况下，再花一天时间，又可以混剪出几十条甚至上百条视频，这些视频足够几个月的发布量。

当然，这里只考虑了理论的可行性。混剪类视频也是一种创作，创作就需要花时间和精力。在实际操作中，对视频素材的筛选需要花一些时间，有时候找到一条一两小时的高清无水印视频，可以混剪出几十条高质量的短视频；有时候为了达到某种效果，可能几天都找不到合适的素材。

这时候建立自己的视频素材库，就显得尤为重要。我们平时可以收集一些好的视频素材，分门别类做好备份。有些视频素材现在可能不知道能用来做什么，但也许某天突然就派上用场了。

就像你听到一首热门歌曲，觉得很棒，但是忘了收藏。后来你拍了一条视频，觉得配上这首歌曲很合适，但是就是找不到。

第三，主题不限。由于视频源并非自己原创，也不需要自己创作文案，想吸引对某类主题感兴趣的粉丝，只要找到与该主题相关的高质量视频源就可以了。当然，一定要注意，不要搬运有版权的视频源。

根据视频素材来源的不同，混剪类视频有多种呈现方式。

1．影视剧混剪类视频

影视剧混剪类视频，其视频素材来源于影视剧或综艺节目片段。历史主题的视频号可以使用这种视频形式，讲解某位历史人物或某些事件。

影视剧中有大量视频片段都是非常好的素材，比如演员精湛的演技、丰富的表情、千军万马的气势、宏大的场景，以及特定历史背景下的场景感等。需要注意的是，视频片段尽可能高清，不要太模糊，也不要包含水印。

为人处事、管理、沟通等主题的视频号，可以引用现代都市生活剧的视频片段。比如一家人聊天、看电视、吃饭等片段；睡前夫妻坐在床头聊天等片段；在公司同事间相处、上下级沟通、在会议室开会、讨论或争论问题、领导询问项目进展等片段。

影视剧的视频素材有三个优势：一是视频源都很高清；二是演员的演技和表情都非常到位；三是大的场景和氛围营造得非常好。

大家都说，影视剧混剪类账号很难变现，整体来看确实如此。这与影视剧混剪类账号的定位有一定的关系，这类账号很多没有清晰的定位，什么电影火就剪辑什么电影片段，吸引的粉丝没有黏性，他们就是奔着某个电影情节来的。然而，影视剧混剪类账号投入小、流量巨大，只需要简单做一些调整，对于个人来说还是非常不错的选择的。

第一，做好主题定位。

不要什么火就去剪辑什么片段，否则吸引来的粉丝不精准、价值低。而是要选择好一个主题，然后基于这个主题去剪辑合适的影视剧片段。

比如你对心理学感兴趣，那么你需要找到与心理学有关的影视剧片段，或者把心理学知识融入影视剧素材中。每条视频都基于心理学知识展开，喜欢心理学知识的粉丝就会关注你，粉丝精准、质量高。

第二，凸显个人价值。

做好了清晰定位，吸引来质量高的精准粉丝，这只是第一步，你还需要在账号中塑造人设。这里说的人设不一定要真人上镜，也不一定要配音，比如统一提到一个昵称，也是人设打造的一种方式。

总之，给粉丝的感觉是，这个账号是有灵魂的，不是做机械搬运的。

第三，提供价值主张。

提供价值主张，就是为用户提供有价值的东西，用户愿意为其买单。你没有忽悠用户，也没有强迫用户，是真心实意地打动用户，是用户主动买单的。比如曾经在抖音上大卖的手机屏幕放大器就是一个不错的例子（其提供的价值是让你的三寸手机，能有九寸的观看体验，而粉丝只需支付 30 元不到的价格）。

2．平台素材混剪类视频

有些影视剧的视频素材有版权风险，你可以尝试从高清视频平台来获取素材。

卢大叔做了一个商业知识类视频号“商业充电宝”，其第一条视频是这样产生的——当时卢大叔看到一篇公众号文章写得很有意思，于是就把这篇 2000 字的文章浓缩成 200 字的短文。

对于这个文案，卢大叔没有找到相对应的影视剧素材，于是就从高清视频平台获取了很多内容较为相关的高清视频素材，然后自己配音，做成了一条视频。

一般来说，平台的视频素材时长多半为 10~30 秒，画面元素没有明显的变化。比如一条沙滩主题的视频素材，整个 15 秒都是沙滩，没有场景切换。将这样的视频素材直接拼接成视频，肯定是不行的。视频中没有场景和元素的切换，看起来比较沉闷。

假如一条视频时长是 24 秒，平均 3 秒切换一个镜头，共需要 8 个场景。我们只需要 4 条素材，每条素材截取两个不同部位的片段，一共有 8 个片段，可以组合成一条 24 秒的完整视频。当然，实际情况比这个复杂，最终的成品视频有的镜头可能只有 1.5 秒，有的镜头可能有 4～5 秒。

这种平台素材混剪类视频，事先已经有音频文件，我们是根据声音来配上相应的视频的。所以我们要有想象力，想象某种声音适合出现什么样的场景或元素。

比如表示忙碌的声音，不一定非得配上一个工作人员手忙脚乱的场景，当然有这样的素材更好。但在多数情况下，我们很难找到跟声音完全对应的场景。结合声音传达的意境，找到接近的或类似的视频画面就够了。要体现出繁忙，有无数种可能的场景，如拥挤的街道、匆忙的路人、专注着打字、聚在一起开会等，这些是很多视频素材中都有的场景，并不难找。

可能是文案相对比较出彩，再加上视频素材质量较高，这条视频获得了 5000 多个赞。

3．批量产品摆拍混剪类视频

摆拍混剪类视频，从字面上很好理解，就是根据要求拍摄大量的视频素材，然后混剪成一分钟内的短视频。摆拍混剪分两种，其中一种是靠画面取胜，标题占的比重较小。

比如杭州有一个四季青服装批发市场，那里有很多颜值、身材俱佳的美女模特，有不少团队在做摆拍混剪类视频。

如果你刷抖音的话，可能会刷到这样的视频：一个身材高挑的女生，挽着身高比她矮一个头的男朋友，穿着时尚，她扭头对着镜头冲你笑。这样的视频很可能就是这些团队拍出来的。

这种形式的视频有很多，账号也不少。你以为他们很厉害，做一个火一个，其实他们背后做了大量的摆拍混剪，你能看到 10 个热门账号，也许他们做了 30 个。

另一种是靠标题取胜，也就是卢大叔经常提到的“视频摆拍加标题党”。

为什么会出现各种不同形式的混剪类账号呢？有两个原因。一是混剪是高效的视频产出方式，可以在保证视频整体质量的情况下，生产出更多的视频。账号多了，上热门的概率自然就大了。二是热门账号多，粉丝的覆盖面更广，因此就能获得更多的流量和粉丝。比如 1 个账号可以获得 50 万个粉丝，那么 10 个账号就能获得 500 万个粉丝。

在实际运营中，混剪类视频会存在如下问题。

（1）相同的视频能发布到多个账号吗

最好不要将相同的视频发布到多个账号，因为不管是抖音还是视频号，都有视频原创度和相似度监控系统。网上有不少文章教你如何通过修改 md5 参数，躲过系统对视频原创度和相似度的监控。其实这种方法在现阶段明显是没有效果的。

既然是混剪类视频，视频的数量肯定很大，根本不需要考虑将一条视频发布到多个账号。不过，在抖音上将相同的视频发布到同一个账号多次是没有太大问题的。比如你拍了一条视频，大家觉得这条视频非常不错，但发布之后数据表现一般，那么你可以第2天再发一次，若数据表现还不好的话，第3天再发一次。

卢大叔身边有很多学员都尝试过这种方法，收到了不错的效果，但前提是这条视频大家觉得不错。一条很平庸的视频发太多次，对账号肯定会有不好的影响，所以此方法也要谨慎使用。

（2）一个人能上多个账号吗

一个人肯定可以上多个账号，不过要注意一些细节。这几个账号的风格最好统一，且账号与账号之间的风格要有明显的区别。

如果两个账号做的都是脱口秀类视频，都是同一个主播上镜，那么可以选择不同的主题。如果两个账号的主题一样，那么可以在背景、字幕样式、主播穿衣风格等方面做出调整。

摆拍主要是针对那些适合用视频直观展示的产品。比如新奇特的数码产品、功能性的美妆产品、释放学习焦虑类的图书，产品单价一般不超过50元。在抖音上，这种形式被称为“好物推荐”，或者“种草”。这种类型的账号种类众多，团队作战，矩阵玩法。不过，它在视频号上还不成体系。

为什么要批量拍摄“好物推荐”或“种草”类视频呢？主要有两个原因。一是这类视频的拍摄、制作简单，一天可以拍出几十条；二是需要更多的账号和视频，提升视频上热门的概率，获得更多、更稳定的流量。

“好物推荐”或“种草”本质上是一种电商形式，更准确地说是短视频电商。电商要获得更多的利润，就要满足如下公式：

$$电商利润 = 精准流量 \times 转化率 \times 单品利润$$

精准流量、转化率和单品利润这三个指标是相互影响和相互制约的。流量越大、越稳定，订单就越多。在降低商品实际成交价的前提下，订单多，可有效提高转化率，单品利润也会有所提升。流量的增加会带动转化率和单品利润的提升，电商利润就会得到显著增长。

这种形式的视频要怎么拍，在具体操作中需要注意哪些点，下面分别从视频画面选择、配乐选择、配音文案创作三个方面来介绍。

第一，视频画面选择。

视频画面主要选择拍摄产品的卖点。这里要注意，一个产品可能有很多特点和亮点，但它们不一定是卖点，卖点是决定用户是否购买产品的重要因素。

产品的卖点要提炼、浓缩，一两个最佳。如果卖点太多，用户会产生选择迷茫，反而冲淡了卖点效果。

卖点的呈现一定要具体化、形象化、生动化、情绪化。

短视频带货运营者在选品时，会优先选择那些比较好通过视频来呈现的品类。比如便捷的口袋封装器，它可以适合不同的袋子，使用在不同的地方，有不同的使用者和使用场景。

不同的袋子：零食袋、调味品袋，以及需要密封的袋子。

不同的地点：厨房、客厅、茶几等。

不同的使用场景：家里、公司、路上、旅行等。

不同的使用者：小朋友、学生、白领、宝妈、中老年人等。

将以上元素拼接起来，可以产生很多画面。比如，宝妈在厨房用封装器封好调味品的袋子，小朋友在卧室用封装器装好之前考试用的笔记，在旅行过程中爸爸用封装器把孩子的零食袋封好，等等。这就给批量制作“好物推荐”类视频提供了机会。

为了凸显产品卖点的强大，有时候会拍一些不是真实使用场景的视频。还是以口袋封装器为例，拿一个很薄的袋子装上水，封装器像剪刀一样剪去一个小角，小角脱落，变成了密封的小块水袋。

“很薄的袋子”“装满水”等画面展示出封装器有着极其细腻的操作手感。在现实生活中很少有这样的使用场景，但是却很好地暗示用户连这个都能做到，还有什么不能密封的呢？

第二，配乐选择。

配乐有两种。一种是用于辅助配音。如果配音是调皮性的，那么配乐也应该是类似的风格。配乐可以选择钢琴曲或无歌词类音乐，不能明显干扰到配音。

另一种是辅助视频画面。“种草”类视频为了展示产品，很难有明显的节奏感，这时需要配乐辅助，可以选择有歌词或节奏感丰富的音乐。

在配乐的选择上，也需要考虑用户的熟悉程度，越熟悉，越容易热门，同时和产品展示风格相一致。

第三，配音文案创作。

之所以把配音和文案放在一起讲，是因为配音是根据写好的文案来做的，并不是自己随意乱说的。

常见的配音有如下几种形式。

一是产品卖点或场景介绍。产品的卖点是什么？在什么样的情况下可以使用？能达到什么样的效果？这种形式的配音，文案示例如下：

这个口袋封装器太神奇了吧，居然可以把装水的袋子封起来，而且滴水不漏。装上电池就可以用了，吃不完的薯片可以先封起来保持脆脆的口感。一次吃太多零食怕变胖，也可以先封起来。简直就是吃货们的神器啊。

二是边用产品边闲聊。因为使用产品而获得身心上的改善，如变瘦了、变美了、变自信了、变愉悦了。在使用产品的过程中，把这些感受聊出来。主题没有限制，在聊的过程中体现出个性化、自由、个人色彩，这时候说出的话通常会触动人心、引发共鸣。

配音带动视频热门，从而提升曝光量，促进产品销售。

比如如下文案，在配音时声音一定要自信、自然，带着情绪和优越感。

女人啊，过了 40，除了自己，没人会真的爱护你。孩子大了，老公也事业有成。别再天天围着老公、孩子转了，我们得有自己的生活和圈子。最好有份工作，副业也行。有一定的经济独立能力，想穿啥就买啥，做保养直接刷卡，不用屈膝向别人乞求。

三是套用热门配音。套用热门视频的配音，是一种常见的使用手法。它可以降低视频制作成本，也能有效提升视频上热门的概率。例如：

就这个，我同学过生日，就给他买了这个。（得意）我想要，喔哦。（大声喊）我能不送给他吗？我想要。（后悔、惋惜）

这个配音口语化，非常有情绪渲染力。短短 31 个字，却包含了丰富的信息。

“过生日”告知了产品的使用场景（确切地说，是把产品当礼物赠送的场景），“买了这个”，大家听她说话的语气，就能感受到女主角很得意和开心，暗示朋友很喜欢，自己很有面子。“我想要”，女主角大声喊出来，说明她觉得产品太棒了，可能是没货了。不然，这东西也不贵，30 元不到，随便就能买一个，从侧面也可以看出这东西很紧俏。

最后一句“我能不送给他吗？”，女主角带着害羞和请求，让我们感受到无尽的后悔和惋惜。好在刷视频的用户比她幸运多了，直接下单就好了。

剧情很“狗血”，但数据表现和转化都非常好。

玩短视频的目的，其实就是在底线之上赚合理、合法的利润。只要是有利于数据表现和转化的形式，我们都可以尝试。

4．批量人物摆拍类视频

批量人物摆拍类视频多见于穿搭类账号。将衣服穿在身上，不断换衣服就有不同的风格。不同的角色搭配，选择不同的场景出现，就会产生很多情节，给人不同的感觉。这类视频对配音、配乐没有严格要求，但是在视频画面的美感上，也就是对上镜模特的要求非常高。

拍摄这类视频，要注意如下几点。

- 采用单反相机拍摄，画面更精致、更有层次感，对于服装类产品的销售有非常大的帮助。
- 上镜模特的颜值、身材和表现力都要很出众。
- 有时候为了体现主角的光环，会安排一些配角。比如为了体现女生的身材高挑和高颜值，可以安排一个个子矮、长相普通的男朋友，一方面凸显女生的优点，暗示产品的优势；另一方面形成对比和反差，制造一些争议，吸引粉丝的眼球，引发粉丝互动，从而有效提高视频上热门的概率。

5．批量脱口秀

批量脱口秀，是 2019 年年初流行起来的一种视频形式。找一批传媒专业的学生或者具有类似气质的主播，找写手写一批与为人处事、职场管理、女性情感相关的文案，在各方面准备齐全的情况下，一天可以拍三五十条视频。按每位主播一天 1000 元的费用计算，平均每条视频的成本不过几十元钱。

这类视频的变现也很简单、粗暴，直接上橱窗带图书。卢大叔有一个书单带货团队，200 个赞就有一个成交，成交一单的佣金为 20~50 元不等。

这个数据会有波动，它受很多因素影响。某个书单产品刚推出时转化率较好，中后期转化率就慢慢下降了。这是因为前期有大量账号在推产品，大家觉得新鲜，购买的人也多，后来就慢慢变得理性了。

一个账号前期转化效果较好，中后期转化效果变差。除了上面的原因，还因为同一个账号的粉些，有消费意愿的人已经买单了，剩下的是那些永远都不会付费的人。

虽然短视频平台有些账号的粉丝很多，但想获得更大的收益，还是得从平台获得更多的新流量。这里要关注以下几个要点。

- 整个视频给人一种非常专业的感觉。
- 采用单反相机拍摄，画质高清、细腻，画面专业。
- 采用麦克风收音，保证音质饱满、有穿透力。
- 传媒主播上镜，形象、气质俱佳，谈吐专业。
- 文案请专业写手撰写，并进行优化、润色。

背景采用演播室场景，或者电视新闻直播间常见的动态三维世界地图素材。在制作这类视频时，背景一般采用蓝色的或绿色的幕布。蓝色或绿色一般是视频画面中比较少见的颜色，在后期抠图时可以有效抠掉背景部分，插入新的背景元素。

如果上镜人穿蓝色衣服，则只能选择绿色幕布，要避免幕布的颜色和拍摄画面中的颜色冲突。视频的动态背景是后期通过软件合成的，手机 App“剪映”没法做出这样的效果，通常需要使用电脑版软件 Adobe Premiere，只需一个抠图插件就可以实现。

在细节上要注意光线的运用，不要过亮或过暗，以免后期合成时和背景光线出现明显的差异。同时避免头发边缘出现头发丝，最好把头发扎起来，或者剪短发。不然，在后期抠图时，头发边缘会带上绿色的或蓝色的阴影，很难看。

脱口秀类视频的核心是文案，只要文案优秀，这条视频就有七八成的概率上热门。接下来是找到一个气质、表现力俱佳的上镜人，能够把文案要表达的效果表现出来。精质的画面、饱满的声音、相对专业的剪辑，再加上封面图和封面标题，这样的脱口秀类视频基本上超越了 90%以上的同行。

从这个角度来讲，脱口秀是最简单、最容易流水化生产的一种视频形式。在做批量脱口秀账号前需要先确定主题，如沟通技巧、职场、情商等，这些主题都有大量的受众群体，也可以创造出非常多的话题，引起大众共鸣。

这类账号能获得巨大的流量。同时做三五个账号，基本上可以保证一个账号热门。只要有一个账号中的一条视频上热门了，那么后续视频质量不会太差的话，就可以上热门。

其他几个账号热门，只是时间问题。如果你只有一个账号，每天拍视频、剪辑视频非常辛苦，则可能坚持不到一个月，你就放弃了。这并不是因为你的内容有多糟糕，而是你没有等来热门的那一天。

卢大叔有一个学员，从事出版行业十多年，向卢大叔请教短视频如何带图书（账号做起来了，但图书卖不动）。卢大叔建议他与其卖书，做自己不擅长的事情，不如做好图书的供应链。2019 年暑假的一天，他告诉卢大叔其每个月流水接近 1000 万元。

这个学员还告诉卢大叔，他在抖音上推广的图书，一本 200 来页，纸张薄、尺寸小，大多数是请人编写的，并以极低的价格一次性买断版权。

10 本书（一般 5~10 本为一套，在抖音上大多以套装出售）的成本不过 20 元左右，快递费用 3~5 元，甚至更低，书商有一半以上的利润空间。他们本身没有账号，需要大量账号帮忙推广。他们会让出很大的佣金比例，每套书哪怕只挣 5~10 元，但销量极大，最终的利润也极其可观。

6. 自有版权类视频

将自己拥有知识产权的视频，剪辑成符合短视频平台传播调性的短视频。这种形式的视频做得最成功的就是“樊登读书”，其在抖音、视频号上都有不错的数据表现。

“樊登读书”通过这种形式，在抖音上收获了超过 1 亿的粉丝。这是非常不错的成绩，但其投入的成本却极低。“樊登读书”之所以在多个平台上都有非常亮眼的表现，主要有如下几个原因。

（1）自有版权的视频源质量较高。樊登本人曾经是央视主持人，早在大学期间就获得过大学生辩论大赛冠军，有极好的台风和出色的表达能力。这可以确保樊登拍出来的视频一定是精品。

（2）“樊登读书”是樊登本人创办的学习成长类社群。每周解读一本优秀图书，拍成 1 小时的长视频。想完整观看长视频需要付费，成为社群的 VIP。这确保了樊登会投入大量精力拍出高质量的视频。

从 2015 年开始，卢大叔就是“樊登读书”的忠实粉丝。虽然每条视频长达 1 小时，但几分钟一个小点能激起你的兴趣往下看，每次看完（有视频版，也有音频版，更多用户习惯听音频）都会有很大的收获和触动。

这样的长视频，剪辑成短视频肯定更受欢迎，因为短视频内容是浓缩的精华，更有感染力。

（3）“樊登读书”在全国有 300 多家分公司，每家公司都有独立的营业执照，每个执照可以注册一个抖音企业账号，每个账号都有专门负责剪辑、发布和运营的人员。

对于同一条长视频，由于每个人的理解不一样，因此剪辑出来的片段也不同。这就确保了视频的多样性，不会被平台算法认为是高度相似的视频（对于高度相似的视频，平台会做不推荐处理，也就是说，基本没有播放量）。

此外，每个账号剪辑出来的最终视频，风格也不一样，主要体现在视频的布局，标题，字幕的颜色、大小、位置以及配乐等方面。

（4）一般来说，一个账号一年发布一百条视频算是高产的。而“樊登读书”的矩阵账号，平均每个账号都能发布三五百条作品。前面多次强调，在确保视频整体质量的前提下，单个账号多发布视频，以及做账号矩阵，一方面可以提高视频上热门的概率；另一方面可以增加粉丝的覆盖面。

（5）每个账号都有一个专门的运营人员（这一点很重要，但经常被忽略）。你以为把视频剪辑好，发布上去就不用管了吗？当然不行，这里还有很多运营方面的工作。

用户看到视频觉得不错，发了一条评论，你要及时跟进回评。如果评论是一个问题，那么你就更需要花时间用心回答了。

当一个账号发布的视频比较多时，你需要分析哪些主题有更好的受众，可以看视频的点赞率和评论率（只需算出大概的百分比即可。当然，也需要留意点赞数和评论数较高的视频），找出排名比较靠前的视频。同时留意视频下方的评论，看哪些视频对应的主题有更好的粉丝互动，优先考虑这些主题作为新视频的创作素材。

不管是什么账号，都要在内容上尽量做到精准定位。只有定位清晰，获得的粉丝质量才会更高。在抖音上，因为定位清晰而获得成功（或者定位乱而失败）的例子非常多。

比如抖音官方账号“一刻 Talks”，共发布了 5000 多条短视频。大家看到账号粉丝有 700 多万个，觉得非常不错。但和账号整体优质的内容，以及极大数量的视频相比，粉丝数实在太少了。问题就出在账号本身没有做好清晰的定位上。

假设“一刻 Talks”有 5 个主题，分别是人文、历史、科学、艺术和教育，那么它完全可以单独做 5 个账号，账号名称分别为“一刻 Talks 人文”“一刻 Talks 历史”等。它也可以根据其他形式，如演讲、人物访谈等，每种形式定位一个账号。

为什么要这样操作？有两个原因：一是越清晰、越精准的定位，获得的粉丝质量越高；二是拆分成多个账号，可以避免形成超大型账号，因为账号越大，受平台算法的监控越严格，涨粉越难。

8.6 视频号矩阵的策划与实操

“矩阵”并非新鲜事物，早在二十多年前就有了，只是那时叫“站群”——几个、几十个或者上百个网站，抢占或布局行业内所有核心关键词。今天的短视频矩阵和当时的站群思路是一样的。

账号矩阵的作用如下：

一是获得更大范围的曝光和流量。账号越多，获得的曝光和流量自然就越多。但并不是所有账号都能获得可观的流量，这取决于内容的质量，以及你的坚持程度。如果想做10个账号的矩阵，也许得准备20个账号。从理论上讲，做10个账号，不断提升内容质量，只要坚持做，就能获得热门。

二是形成更大的合力。账号间可以联动。账号间的粉丝可以互通，账号间可以形成合力。当多个账号中出现同一个人物或同一个事件时，用户会觉得这个人物或这个事件值得投入更多的精力关注。同时也会触发推荐算法，给予更多的曝光。

账号矩阵的模式如下：

（1）多个账号相似

多个账号相似，这是最常见的一种矩阵模式。比如每个账号的视频形式都是脱口秀，主题是职场，只是上镜人不同。当一个账号热门了，或者有一定的粉丝基数后，在视频标题里@其他还没热门的账号，可以带动新账号更快热门。但前提是新账号的内容质量好，如果内容一般，则很难带动。

由于主题是一样的或相似的，因此吸引的粉丝相对精准而聚焦。不宜一开始就多主题切入，否则主题不聚焦，精力分散，难以形成合力。

（2）一主多副账号

一主多副账号，比如公司、团队或者师傅带徒弟大多采用这种模式。

一个公司主账号，串联多个副账号。副账号可以是管理人员账号、员工账号、客户账号，客户账号多半是公司内部人员伪做的，目的是展示账号的多样性，同时站在客户的角度有更大的创作空间，更能吸引潜在客户的关注与信任。

一个师傅账号，串联多个徒弟账号。卢大叔之前认识一位三四线演员，他有很好的编剧基本功，镜头感强，还有一些演员资源，完全可以操作一主多副账号。于是卢大叔建议他重新做定位，徒弟是各种风格的美女，每个美女都无偿在他的账号视频中上镜，与他搭戏。作为报酬，他会在每条视频下方@对方账号。

采用这种一主多副账号的模式，主账号流量涨起来了，变强大了，又可以赋能多个副账号。

（3）一人设多账号

同一个人设，出现在多个账号中。做得比较好的有“樊登读书”“小小如”等。

当同一个人物出现在多个账号视频中时，用户会觉得应该给这个人物多一些关注，推荐算法也会基于概率与相关性给予此人物出现的账号更大的权重。还是那句话，内容质量要好。这里所说的内容质量，不单纯指文案是否有文采，还指视频给人的整体感觉。“樊登读书”的内容好，是因为讲得好，用户听了有收获；“小小如”的视频好，是因为小小如长得可爱，标题写得好，展现了正能量，能引起共鸣。

如果你有突出的内容输出能力（不管是写作，还是视频表现），则可以尝试“樊登读书”的模式。如果你经常去不同的地方，见不同的人，则可以尝试“小小如”的模式。这两种模式的优势是，有了清晰的定位和方向后，可以批量创作内容。

任何矩阵玩法，都是由上面三种模式变化、组合而来的。卢大叔的一个做减脂产品的学员，采用的就是同一主题（运动减脂）、多账号多视频形式的模式。教练账号有 3~5 个，传授瘦身技巧与方法；学员账号有 3~5 个，记录练习过程与心得。教练与教练的账号以同事的身份联动，教练与学员的账号以师徒的身份联动，将现实生活中的关系移植到短视频中就行了。

第9章 破解视频号变现的商业密码

视频号一经完全放开，可能就有数亿用户量，这是因为视频号继承了微信的用户体系。微信是使用人数最多的 App，其用户的互动沟通黏性最大，并且他们有稳定的支付习惯，同时微信也形成了良好的去中心化的电商环境。这些都为视频号的变现提供了得天独厚的条件。

正所谓万事俱备，只欠“放开”的东风。这里说的“放开”包括两方面：一是视频号观看和发布权限的全面放开；二是视频号与微信其他内容平台的完全打通。

打通内容平台，其实就两种形式：公众号文章链接和小程序。除公众号外的其他内容平台，都将通过小程序来链接。小程序不是一个具体的应用，而是一套底层技术。一切形态的内容、服务、应用，都可以通过小程序嫁接在微信体系里。

橱窗带货、直播、微信圈子、小游戏、小应用……各种生活服务类应用，都可以无缝对接视频号。只有你想不到的，没有视频号链接不了的。

9.1 链接到公众号

下面我们列举了 5 种链接到公众号的变现方式，每种方式都可以成为一种成熟、稳定的盈利模式。你可以根据自己的实际情况，决定采取哪一种或哪几种变现方式。

1. 公众号商家广告

这里说的商家主要分两大类，即公众号运营商和电商类商家。目前来看，在微信体系内，流量成本越来越高，而视频号明显是流量获取的洼地。

与商家合作主要有两种付费方式：

一是按点击付费（CPC），即按点击的次数支付费用。由于公众号链接是客户提供的，因此链接的点击量就是公众号文章的阅读数。

二是按效果付费（CPS），即按商家成交金额的比例支付费用。目前链接到公众号文章页，再跳转到小程序商城或电商平台成交，存在较大比例的流失。这种实现电商的方式只是折中方案，后面一定会链接到小程序商城。

商家希望按效果付费，风险最小；视频号运营者希望按点击付费，收益最稳定。

2．导粉并运营公众号

前面提到，视频号是最佳的引流工具，公众号是更好的内容沉淀与用户运营的平台。与其接公众号运营者的广告，不如直接把流量导入自己的公众号，运营好公众号。

接商家的广告，导粉给他们，只能收一次钱；导粉给自己的公众号，粉丝可以创造更大的价值。当然，前提是你要有精力，也有公众号运营经验。

另外，还要考虑不同平台的特性，将具有相关特性的用户引导到相应的平台。例如，对于喜欢短而快的视频类内容消费的用户，就让他们留在视频号；对于喜欢深度阅读的用户，就将其引导到公众号。

3．公众号付费阅读

目前公众号付费阅读已经在微信内部小范围测试，据说效果还不错。视频号资深玩家刘兴亮公开的数据显示，从视频号引流到公众号，所产生的付费阅读收益已达数万元。

通过视频号的 1 分钟视频，勾起用户的欲望，链接到公众号。在公众号里写的文章非常详细，先给用户看一部分，如果想看更完整的内容，就得付费。

关于公众号付费阅读，有一些细节需要留意。

- 价格不宜过高，一般不高于 10 元。
- 内容看起来要丰富，勾起用户的收藏欲望。
- 设置隐藏的位置，要花点时间打磨文案。通过前面的可见部分建立信任，拉近距离，勾起用户的收藏欲望。
- 隐藏部分是全篇的高潮和结尾，满足用户的求知欲，让其有物超所值的感觉。
- 尽可能使用序号或数字，既显得知识点多，又有条理。
- 梳理出清晰的知识框架，或者把某个知识点讲清楚、讲透，或者分享独家心得、经验。

4．公众号电商带货

视频号链接到公众号文章页，文章页再链接到小程序商城或网页商城。这种方式可以实现公众号电商带货。但这只能算是一种折中方案，因为路径有点长，后续会实现链接到小程序电商应用，类似于抖音橱窗。

5．导流到个人微信

前面提到，个人微信好友的价值最高。对于需要深入咨询才能成交的业务，导流到个人微信是最佳选择。比如线下培训、情感咨询等高客单价产品（或服务），或者复购率高的产品（或服务）等。

导流到个人微信有人数限制，卢大叔的两个视频号都有大量粉丝留言，添加卢大叔为好友时提示“账号异常，添加失败”。原因是短时间内，有大量用户在添加卢大叔的个人微信。

解决办法是使用“活码”。很多第三方平台都有提供“活码”的服务，简单来说，“活码”就是一个动态二维码。当用户扫码时，自动判断个人微信能否正常添加，若不能添加，则自动切换到下一个微信二维码。扫码的用户需要两次长按识别二维码，虽然有点小麻烦，但相对于添加失败而流失潜在好友的情况，还是不错的。

9.2 链接到小程序

目前视频号还没法链接到小程序，但以后肯定会放开，只是时间问题。链接到小程序会有更佳的用户体验，可以更好地变现。

1．小程序知识付费

微信体系内的知识付费主要有录播、直播、付费社群等形式。

录播的课程一般有若干章节，一次性支付几十元，没有时间和观看次数的限制。对于课程的作者来说，录播最省精力，而且卖得越多挣得就越多；不足之处是，学员和老师（课程的作者）之间没有交互。

直播通常需要提前一周支付费用，预约成功后，在约定的时间和老师实时互动进行学习。其优势是有现场感，可深入交互；不足之处是限定了时间。

付费社群通常是按某个时间周期付费，成为会员后，可享受更深入的咨询或资源对接服务。

2．小程序电商带货

小程序电商带货一定是视频号电商的主要接入方式。小程序电商带货有两种形式，其中一种是微信官方推出的类似于抖音橱窗的功能，现在已经完全放开了，叫作“微信小商店”，个人和企业都可申请。比外，视频号也支持第三方开发的小程序电商应用。

另一种是直接用微信官方的商品橱窗小程序，其优点是可以免费使用。不过，微信会从中抽成。使用第三方电商小程序，优点是可选择性更强、产品的迭代速度更快。

3．运营小程序项目

运营是一个很繁杂的过程，简单来说，就是做好用户体验，给用户提供价值，让用户留在你的小程序项目中。如果用户价值提升了，那么你运营的小程序项目的变现能力就会得到提升。

这里说的小程序项目可以是垂直产品商城、小游戏、查询应用等。小程序项目中的游戏或查询应用本身免费，但看结果前需要强制用户先看完视频广告。这是目前普遍采用的变现模式。

视频号为小程序项目带来新用户，新用户使用体验好，则会分享给好友。对于小程序项目的运营者来说，需要做好两点：一是小程序本身的使用体验；二是引导用户分享。这是一个长期的过程，也是一个累积的过程，累积用户量，也是累积变现规模。

4．小程序直播带货、打赏、引流

多年前视频直播就已经存在，但那时更多的是娱乐主播，收益几乎全靠娱乐打赏。视频直播的普及还得依靠短视频平台，而且现在直播变现模式更多样化、更成熟。尤其是2020年受到新冠肺炎疫情影响，直播的普及规模进一步扩大。

（1）直播带货

相较于短视频，同样的流量水平，直播有更好的成交转化率。这也是快手达人更多地靠直播变现的原因。而抖音短视频一旦上热门，就立刻开通直播。

想做好直播带货，有两点很重要。一是精准流量足够多。流量多而杂难转化，能提供大量精准流量的只有视频号，创作出好作品是获得流量的前提。

二是有优秀的带货主播。主播有高颜值，那只是锦上添花，不是雪中送炭。有时候高颜值是一把双刃剑，把握不好吸引的都是“色粉”，很难实现成交转化。只有那些喜欢、信任主播，能拿出真金白银来消费的粉丝才是最有价值的。主播对产品要有十足的了解，同时懂得用户心理，善于引导用户。比如线下卖场销售做得好的服务员，就具备很强的带货主播的潜质。

（2）直播打赏

早期直播主播靠颜值和身材，会跳舞、会唱歌就能赢得打赏，而现在这种情况已经不存在了。现在打赏的场景也发生了变化，直播用户的打赏心态更趋于成熟。

比如提供专业见解、抚慰心灵的主播更能得到用户的打赏，头部主播靠打赏就可以过得很滋润。但这个比例实在太低了，不具有参考性。

在视频号直播中，打赏很难成为一种独立的盈利模式，更多地需要配合其他变现模式一起玩。

（3）直播引流

在所有的直播中，可以说小程序直播引流的效果最佳且宽松。微信运营团队的考虑是，直播解决用户实时问题，引流到个人微信或公众号，解决长久问题。同时也是弥补在用户运营方面，单纯直播的不足。

在直播引流过程中，需要注意：

- 整场直播分成几个阶段，在每个阶段的开始、中间过程、结束都需要主动引导用户添加微信。
- 引导用户添加微信需要诱饵，可以是福利、资源、名额、权限、特殊服务等。站在解决用户问题的立场，吸引精准用户。
- 引流到微信只是用户运营的开始，要充分利用好朋友圈和公众号，做好内容营销与用户运营。

9.3 商家广告植入

1. 商业软植入

商业信息植入从几十年前的报纸、电视时代就开始了，所以它不是新事物，只是换了形式和花样。商业软植入可以是产品植入、场景植入、品牌植入、人物植入等。

卢大叔曾受湖南省商务厅邀请，为当地大学生及务工青年做了一场关于“三农”如何借势短视频的公益培训。其间参观了一位学员的农场，卢大叔发现那里有优质的有机蔬菜，以及极具特色的农家乐、民宿及乡间娱乐项目。

但由于缺乏营销经验，当地人更多的是靠周边客户的口碑相传。城市里忙碌的人，渴望有一个放松、亲子互动、增进感情的好去处，当地人则渴望有更多的客源。两者之间就差一个传播媒介，短视频自然是最好的宣传平台。

具体到这家农场，农产品、民宿、游玩项目都是产品。借助"左右定律"，这些产品都是非常好的植入元素，比如有机蔬菜的种植过程和采摘、农家乐试吃等。如果整个过程全部由游客来完成，并拍成视频，绝对能吸引大量用户的眼球。

这样的产品植入不生硬、有趣有料，十足地把广告做成了优质内容。游客在种植、采摘的过程中，也无形地将场景和品牌植入其中。

相对于游客，农场的老板、员工经验丰富，他们是游玩体验活动中的专家、伙伴，值得信赖。这便完成了人物的植入。老板、员工甚至可能被打造成行业网红，而这个过程是自然而然发生的。

2．包时广告

从大的时间点来看，视频号的个人主页头图会有数百万次甚至上千万次的曝光量，它是天然的优质广告位。因此，可以对客户开放包时广告，如包月、包季、包年。

比如某电商客户为了造势"6·18"大型直播活动，可以提前20天租用多个视频号的个人主页头图，多个账号联动。除了头图，还需要在视频中植入活动信息，全方位策划和布局，才能达到事件炒作的轰动效果。

包季、包年广告更适合长期需要品牌营销的客户，如可口可乐、王老吉等。

3．冠名广告

冠名广告主要有两类：品牌冠名和交叉冠名。品牌冠名有多种形式，比如软植入视频内容、设置头图广告位、包时广告等。

交叉冠名是指两个受众类似的视频号进行联动，比如"我的视频号你上镜，你的视频号我入境"。

4．创业者专访

专访、纪录片、讲座等，这些都是传统视频呈现形式，我们可以把这种形式移植到视频号中，转换成迷你专访、迷你纪录片、迷你讲座等。

前面讲过"左右定律"——只告诉你这是什么、它有多好、需要多少钱，这是左思维，用户看了无感甚至反感；如果能把创业故事讲出来，或心酸不易，或励志感人，同时把自己经历的坑扒出来，让你少走弯路，这就是右思维。

如果卢大叔是你的潜在用户，大概率会被你感动。在两个品牌之间进行选择时，你的品牌是优先选择的对象。

5．产品试用

像化妆品、新车等体验感较强的产品，都可以采用产品试用的形式，即把广告变成内容。很多人有使用化妆品的需求，但他们不可能每款都买，因此对于没用过的化妆品，不知好不好用，会不会出啥问题。如果有一个人把所有主流的化妆品全买过来，并一一试用，给出较为公允的评价，那么潜在消费者就会觉得，这个人和自己是站在一起的，值得信赖。

这种逻辑和李佳琦带货是一样的，只不过李佳琦做的是直播版的产品试用。对于新车等产品试用，其操作思维是完全一样的。

这种模式对于商家、消费者、创作者三方来说是互利多赢的。创作者在感受和评价方面，要尽可能公允。用户（消费者）对你的信誉的累积，是在一次次的试用评价中完成的。任何一次失误，都会极大消耗你的信誉，而成交的前提就是建立信誉。

6．小店探访或试吃

小店探访或试吃，与产品试用本质是一样的，只是探访或试吃更具地方特色。这种变现模式通常可以被定位成一种账号类型，账号里都是各种试吃或探店的视频，只是有些是内容，有些是商家投放的广告。

小店探访或试吃，本身就是一种体验。而短视频是体验最佳的呈现载体，突出小吃、景点、酒店等服务在用户体验上的惊喜和满足感，是此类账号能否成功的关键。

9.4 视频号第三方服务

1．视频号数据代做

不管你如何看待刷数据这种行为，它总是存在的，而且会一直伴随着视频号。未来很长一段时间，大量以刷数据为生的团队或公司不会消失。

刷数据行为大致有三类：一是用云手机或分身视频号，完全通过程序控制，模拟人的互动行为；二是用真实的手机注册专门用于刷数据的账号，通过程序控制操作行为；三是真实的人，通过真实的手机参与指定账号的互动。

2．视频号代运营

运营短视频不像运营公众号或微博，会写文章和段子就可以交差，它涉及更全面的技术和整合能力。所以一定会出现视频号代运营公司，从定位、策划到拍摄、制作、运营全方位代运营服务。

其实早在抖音兴起时，很多短视频代运营公司就推出了此业务。其按照粉丝数收费，通常达到 10 万个粉丝收费 15~20 万元。后来发现多数客户很难做上去，成本倒是花了不少，于是给客户的承诺是，粉丝数只做保底的三五万个，同时加上 100 万次播放量、20 条视频。

遇到不差钱的大客户，做这个业务很滋润；遇到产品一般、预算有限的小客户，噩梦从签订合同那天就开始了（由于篇幅有限，感兴趣的读者，可以联系卢大叔深入交流）。

3．第三方素材服务公司

张小龙（“微信之父”，视频号的核心推动者）说，视频号是人人皆可创作的平台。对于有颜值、有身材、有好的表现力的人来说，这自然是好事。当然，不具备这些优势也没关系，也可以玩好视频号，只是需要借助素材，建立自己的高品质视频素材库。

拍不好就用高清视频素材，说不好就请专业人员配音，不知道拍什么就请文案创意写手。如果你在某方面很有天赋，则可以尝试深耕于此，做一个第三方素材服务提供商。

传统的高清视频素材（用于企业宣传片）要求太高，客户需求量也有限。但短视频行业对视频素材有极大的需求，这种需求表现在数量大、品类多、质量要求不高（相对于企业宣传片的规格）上。找几个有镜头感的演员，使用单反相机，即可拍出大量优质的视频素材。

随着短视频的普及，想要通过短视频获得流量，一定要走精品路线（短视频平台的推荐机制，决定了只有整体优质的作品，才能脱颖而出），专业又适宜的配音可让视频更显专业。

4．视频号培训公司

培训是一门打着伞捡钱的生意，轻资产、现金流好，几乎没有风险。但正像下雨天，不是天天都是。

培训赚的其实是信息差和欲望差。你得保证懂得比人家多，这是信息差；你还得激起人家的欲望，这是欲望差。很多短视频培训被指“割韭菜”，就是因为他们只激起欲望，不给落地方案。

那些奔着赚钱的功利心态学习的人，往往学不好，还会陷入歧途。企业老板或高管想最快切入短视频行业，最好的办法不是接受这类培训，而是直接找到真正懂短视频、有丰富实操经验的操盘手（比如卢大叔，技术出身，有实操案例和经验），请他们做顾问、加入他们的社群都是不错的选择。

但没有什么是可以速成的，一步步来，慢慢了解和消化，把人家十多年的经验变成自己的技能。

培训这种形式永远不会消失。随着短视频的普及，希望培训行业更加成熟，接受培训的人更加理性，培训机构更加专业。

5. 视频号个性化定制服务

对于企业老板或高管来说，打造个人 IP 是绝对的刚需，其中个人形象是很重要的一部分。这里所说的形象，和公众形象还不完全一样，其更多地偏向于媒体形象。这种形象有两个特点：一是容易让用户记住你；二是给用户的感觉和你的业务有一定的相关性。

如果想拍出高格调影音级的视频效果，那么对录音棚、演讲台等会有较大的需求。这方面可以参考国外的 TED 演讲，以及国内的“一刻 Talks”“一席”等。

除了人需要形象包装，视频号也需要包装。头像、昵称、简介、主页头图、视频封面、视频剪辑风格等，都需要统一设计和包装。

6. 专属视频号剪辑软件

随着视频号用户规模的扩大，一定会出现专门针对视频号的视频剪辑软件。卡片式的视频播放效果、非标准化的视频尺寸等，注定了创作者在视频剪辑方面的很多痛点是现有剪辑类 App 无法解决的，这就是机会。

如果是小团队开发此类软件，则不建议大而全，搞出另一个“剪映”，因为即使劳民伤财，也无法和“剪映”对抗。实际可行的做法是，寻找急迫又刚需的用户痛点。比如看着屏幕拍视频，能看到台词等。因为每次拍视频，都要记台词，这是一件极其痛苦的事儿。

第10章 成为视频号“大V”的运营锦囊

10.1 调出热门视频的5剂佐料

前面我们学习了如何给账号做定位、如何策划热门文案，以及标题写作技巧等，同时也了解了视频上热门背后的逻辑。但这还不够，就像做一顿美餐，除了要有新鲜蔬菜、肉类，还需要调节味道的辅助材料。这就是本节要讲的内容，调出热门视频的5剂佐料。

10.1.1 3秒定生死

卢大叔讲课时经常讲一句话，“滑动只在瞬间，3秒定生死”。真的有这么夸张吗？的确如此。简单地罗列数据，你不会有直观的感受，最好的方式就是自己做直播来体会。以抖音直播为例，如果你是看别人直播，则会看到提示谁进入了直播间，但对方何时退出不会提示。如果想亲身感受什么是“3秒定生死”，则可以尝试在抖音做一场直播，以主播的视角，可以看到谁进入了直播间及其何时退出等信息。

卢大叔在抖音做过几十场直播，最大的感受是直播间人来人往，非常热闹。目测一下，直播1小时有三五千人进入直播间，但绝大多数用户来了就走了。

单看一场直播有五六千人观看，数据表现还是非常不错的，但如果有80%的用户只停留了5秒，那么直播效果是要大打折扣的。

当时经常看到用户进来不到3秒，就直接离开了，而且这样的用户所占的比例并不低。在短视频平台，用户看直播和刷短视频，他们的心理状态是一样的，总觉得下一场直播更精彩，下一条视频不容错过。如果不能在3秒内吸引住用户，他们就滑走了，这从侧面直观地展现了“黄金3秒”是真实存在的。

卢大叔是一个非常理性的人。在舒适的环境中，卢大叔手里捧着一本书，十几万字都能一口气读完。即便阅读公众号文章，哪怕是一万字的长文也有耐心读完。可是在刷短视频时，卢大叔发现自己很没耐心，看了几秒就下意识地想看下一条视频，甚至遇到对自己确实有帮助的视频，也不想看完，总想着先点赞、收藏，日后再看。相信不少人都会有这种状况。

为什么同一个人在不同的场景下会有截然不同的反应呢？这就是人有“追求舒适”的本能。当你手上拿着书、别无选择时，在当时的场景下读书最能让你舒适；当你打开公众号看到一篇文章时，把文章读完最能让你舒适。

你可能会说“我也可以退出去看别的”，当然没错，但退出需要时间和精力。如果退出公众号文章就像滑走一条短视频那么容易，那么对于万字长文，读下去是需要很大耐心的。当然，我们还需要考虑到，用户在看公众号文章时，其已经进入了深度阅读模式，一时半会儿没办法切换到其他模式。这也降低了用户退出长文阅读的风险。

同一个用户在不同的平台会有不同的心理状态，消费信息的方式也不一样。短视频平台的内容更加“短小”，信息的流动更快，这样的信息呈现方式加深了用户的焦虑感。

如同在大型超市里，有大量的顾客在抢购东西，还有不少人在排队付款，这时你拿起一袋零食看了看，觉得没胃口就放下了，接着又跑到下一个位置，在慌乱中买了两盒牙刷，回到家才发现，上次采购的 10 盒牙刷还躺在卫生间的柜子里。

在超市里抢购的顾客，和在短视频平台刷视频的用户，他们内心的状态何其相似。

相较于抖音用户，视频号用户的焦虑感没那么强烈（抖音全屏沉浸式的视频体验，以及一滑动就进入下一条视频的便捷操作，都加重了用户的焦虑感）。但毕竟都是短视频平台，用户的焦虑感还是明显强于图文类平台用户的。如果抖音是“3 秒定生死”，那么视频号至少是“5 秒定生死”。

我们没法缓解用户的焦虑感，能做的就是顺应这个原则，并加以利用。我们应该把视频最重要、最吸引眼球的内容放在最开始部分，而不能有传统视频思维，在开头设置过多自嗨、铺垫类信息。

10.1.2 开场即高潮

开场即高潮，老实说这有点夸张。但大家也能明白，就是要高潮前置。传统的视频拍摄，首先要交代背景，然后描述事情发生、发展的过程，接着高潮迭起，最后来个收尾（如图 10-1 所示）。对于电影来说，这个高潮部分也许在一小时之后了。很显然，这样的设置，在短视频中完全是不可行的。

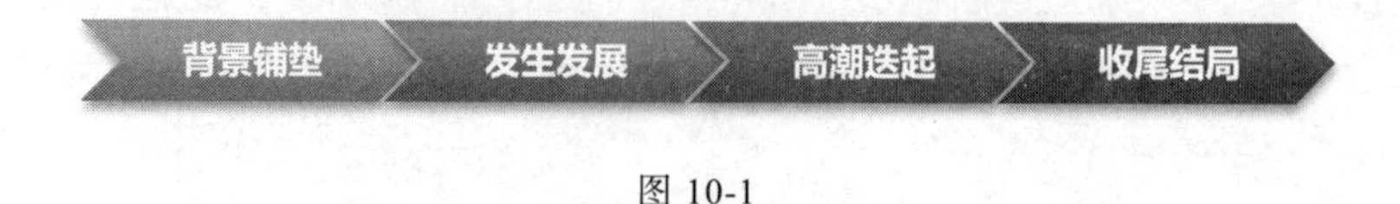

图 10-1

电影之所以这么设置，是由其用户消费场景决定的。用户花几十元钱，坐在宽阔、黑暗的电影院里，前方只有凸显的电影银幕，其所有的心思都聚集于此，聚精会神、心无杂念。

在传统的影视剧创作中，导演不用担心用户会随时跑掉，他们可以把更多的精力花在如何拍摄一部有内涵的电影上，从而获得艺术上的成就。当然，大多数导演有商业压力，要追求更高的票房。即便这样，他们也不会把用户的注意力放在首位。对于用户来说，离开电影院成本有些高，他们默认会看完整部电影。

而对于短视频创作者来说，他们首先需要考虑的是留住用户，连用户都留不住的话，再出彩的作品也没法上热门。

短视频创作过程如图 10-2 所示。

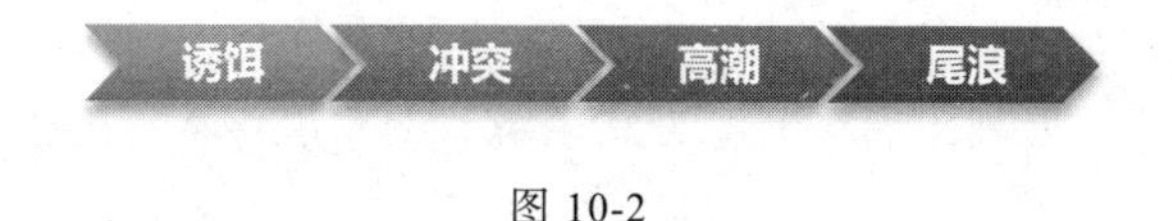

图 10-2

1．诱饵

3~5 秒吸引到用户，就好比钓鱼，没有诱饵可不行。对于脱口秀类视频来说，这个诱饵就是一句有争议的问话、容易引起共鸣的话，也可以是引发好奇心的话。当然，形象、气质俱佳的上镜人本身就是诱饵。

对于剧情类视频，3~5 秒出现一次冲突，这就是很好的诱饵。比如在“破产姐弟”中，姐弟俩正在玩游戏，突然镜头一转，两个穿着奇怪的人跑到店里。姐弟俩神情凝重。这个镜头就是非常好的诱饵，一下子吊起了陌生用户的好奇心，期待着接下来有好戏发生。

对于脱口秀类视频，让用户驻足，就成功了一半。接下来将文案完整地展现出来，但文案不要太冗长，同时在文案中也可以安排一些“小钩”，吊着用户一直看到最后。另外，上镜人也要有出彩的表现。

2. 冲突

诱饵就像麻药，有一定的时效性，没法全程吸引住用户，这时就需要冲突。当然，冲突不一定要表现为大悲剧、大不幸，节奏上的波动、角色关系的起伏、内心的挣扎都是可以的，目的是让用户停留更长的时间。

冲突通常有三种：自我冲突、社会冲突和环境冲突。要想使剧情有张力，角色人设显得立体，就要处理好冲突。短视频创作者对冲突进行简单、粗暴的处理后，在数据上会有极大的提升。

虽然剧情很狗血，但这样的视频会有更好的曝光和用户互动表现。

3. 高潮

前面的冲突只是在积蓄能量，当能量达到一定程度、瞬间爆发时，才是真正的高潮。

比如在“破产姐弟”中，刚开始时姐弟俩玩一个游戏，结果气泡喷出来弄得很尴尬。这就是诱饵，吸引用户关注，期待后面如何收场。眼镜女对女生的瞧不起、弟弟对眼镜女的愤怒、姐姐对眼镜女的隐忍、男生对眼镜女的无奈，这些都是冲突，但光有冲突还不足以撩起用户的兴奋点。即便后面姐姐和弟弟分别怼眼镜女，也只能算是高潮的铺垫。

当姐姐介绍完产品，男生毫不犹豫地决定购买时，女生婉拒了，这时男生走开了。这是最大的冲突，也是高潮前最后的铺垫和能量的积蓄。用户看到这里疑惑不解，不是要大团圆吗？为什么会是这样的结果？于是所有人都会满怀期待地看下去，看如何结尾。因为没有人喜欢看一个不完整或者没有结局的故事。

当男生回来，让店员把店里适合女生的所有化妆品全部打包时，高潮来临。女生激动，姐弟俩兴奋，围观的粉丝也跟着欢呼。如果到这里就结束了，也不失为一条优秀的短视频，就像看完了一部迷你电影。但后面还有期待和惊喜，这就是短视频的魅力所在。

4. 尾浪

高潮就像冲向岸边礁石的巨浪，如果只是激起白色的浪花便戛然而止，总觉得缺点什么。我们总希望能够看到尾随其后的浪，这样才能算完整的观赏体验，充满了满足感。

当眼镜女看到结局圆满、略显尴尬时，她老公的出现，让更大的尴尬留在了后面。

开头眼镜女给自己埋下了冲突，这里积蓄了足够的能量，在适合的场景迸发了。

原来所谓的劳斯莱斯仅仅是个“电驴”，当看到好人结局圆满，而恶人终有恶报时，这一正一邪，让粉丝收获了感动，出了一口恶气。

在短视频创作过程中，我们要有“钩子”思维，通过“钩子”把情节、角色与用户串联起来。比如：

- 角色经常性的眼神、口头禅、动作。
- 画面中经常出现的道具，最好是道具与剧情、内容有关联。
- 引用热门视频的元素，如口头禅，使用背景声配乐或配音。
- 在时间上倒叙处理剧情。
- 角色关系的对立或对比。
- 角色和环境的冲突与对立。
- 使用动态变化的背景。
- 使用热门配乐，且配乐风格和视频主题相一致。

10.1.3 娱乐至死

互联网的高速发展让信息传播和人际交流变得高效、快捷，而娱乐化正是互联网应用快速普及的重要推手。

娱乐能否更好地促进学习和成长，那些理性严肃的信息能否大众化、娱乐化，这也是卢大叔一直都在思考的问题，这些问题也许没有标准答案。之所以想到“娱乐至死”，是因为大学时卢大叔读过《娱乐至死》这本书。当时囫囵吞枣般读完，也没有太大的印象，直到现在专注于短视频行业，再次拜读，才意识到美国人 30 年前的反思至今仍然掷地有声。

《娱乐至死》是美国媒体文化研究者、批判家尼尔·波兹曼于 1985 年出版的关于电视声像逐渐取代书写语言过程的著作，同时也是他的媒介批评三部曲之一。“娱乐至死”并不是说娱乐是堕落罪恶的，而是说现在的媒体越来越娱乐化，而接受媒体信息的我们变得越来越浮躁。

这里提到这本书并不是完全推崇作者的观点，恰恰相反，我们要以批判性思维看待这本书。本书过多地阐述了电视这种技术本身对信息传播带来的问题，而忽略了这种技术背后内容生产策划团队对内容传播的影响。作为一本学术专著，能够带给我们某些思考和反思，它就是成功的。

短视频技术是中立的，用它来娱乐还是学习，取决于使用平台的用户，而不是平台本身。即便平台提供了再娱乐化的内容，也还是有大量的学习资源的，用户真有学习的需求，他们也会主动搜索。当平台算法了解了用户的学习需求后，后续给其推荐的都是与学习相关的内容。

不要误解，短视频平台从来不是最佳的学习工具，但它是很好的信息检索与推荐工具。

通过《娱乐至死》引出两个问题。

第一，娱乐化的互联网能融入严肃类学习吗？

比如在一场小学同学聚会上，有两位同学在谈论诗歌。很显然，这种高深话题在饭桌上很难引起共同讨论。大家只能吃着饭，喝着酒，聊着往事，畅想未来的美好生活。谈笑间度过了一个愉快的夜晚。

第二天，两位喜欢诗歌的同学，其中一位在某短视频平台又关注了几个历史文学类账号，另一位在当当网又买了一本诗歌鉴赏图书。

举这个例子是想告诉你，互联网技术是一把双刃剑，它让一切变得娱乐化、肤浅化的同时，也在改造现实社会。那些有共同兴趣爱好的人，通过网络聚在一起，更深入地交流和探讨，同时也让传统学习方式变得更加高效。

第二，对于严肃、晦涩类信息，如何做好短视频？

提出这个问题的人，下意识会想到短视频就是娱乐化的代名词，严肃、晦涩类信息天然和短视频绝缘，怎么能做好短视频呢？

其实不是这样的！上面提到，短视频平台是信息检索与推荐工具，它不是也不可能成为最好的学习平台。所以对于严肃、晦涩类信息，可以从其他的角度来呈现。举个例子，你想宣传京剧，如果在短视频中直接教人家京剧常识，则会让人觉得索然无味。要传播京剧的知识，也是可以的，但一定要融入大家熟知的元素。比如歌曲《盖世英雄》，它就是在流行歌曲中融入了京剧元素。

卢大叔对京剧没有太多的感觉，也不太了解，但是喜欢听这首歌曲，能直观地感受到京剧的魅力。简单地说，就是你想推广一个陌生的东西，可以借用大众熟知或喜爱的元素，将其作为桥梁来连接。

当然，你也可以通过一个侧面来展示京剧的魅力，也就是运用“道具思维”。京剧作为一门表演艺术，这种形式本身就是一种道具。

比如把现代元素里的领导和下属，对应到古代的等级排位里，化上京剧的妆容，用现代人能够理解的台词，演绎出现代人的精神世界，唱出京剧的韵味。

这是一种完全创新的形式，一定会让观众耳目一新。也许你会说这是在亵渎京剧，但谁又能否认，这确实是宣传京剧最好的方式。

我们希望在短视频创作中，能融入更多人文关怀和社会责任，而从事严肃知识普及的工作者，能有更开明的娱乐精神，利用好短视频平台这个强大的营销工具，筛选出热爱学习的人，并激励他们继续学习深造。

10.1.4 感性至上

前面讲到，一个人在不同的场景和状态下，会出现截然不同的思维，这种思维会影响他的决策和行为。我们要了解和理解人的这种思维，并把它运用到短视频创作中。

1. 非理性

前面提到，卢大叔在家拿着一本书，可以安静地看一下午；用手机打开微信刷公众号，可以看完一万字的长文。但是在刷短视频时，就变得焦虑了，即使一条视频对自己很有帮助，也不一定会把它看完，而是看到一半先点赞、收藏，日后继续看。

为什么会有这么大的差别呢？因为短视频这种形式，信息量更小、信息密度更大，我们总觉得下一条视频会更精彩，怕错过了。而视频号这种瀑布流信息呈现形式，降低了信息切换成本，从而加剧了用户的焦虑感。

人在焦虑时是没法理性思考的。人处在一种非理性状态下，更多的是依靠画面和声音来获取信息。而获取文字信息，需要理性思考，消耗大脑能量，这是人不太愿意主动尝试的。

2. 情绪化

人在非理性状态下，就会变得情绪化。情绪是人自我保护的一种机制，但也带来了一些副作用，人很难控制自己的主观情绪，自己的情绪也很容易被别人所左右。

用户明明知道视频里的剧情是假的，但还是会被带到剧情里，因主角的幸福而开心，因主角的悲伤而难过，那些有鲜明情绪表达的视频能获得更好的数据。

在短视频创作过程中，我们可以很好地利用人易情绪化的特点。

（1）画面元素的情绪化

画面元素是指通过视频画面能够看到的东西，包括颜色、场景、道具、环境等。

不同的颜色会暗示用户不同的情绪，比如黑色代表庄严、严肃、公正，同时也暗示着黑暗、压抑，具体代表着什么样的寓意需要联系上下文。

如果视频画面中出现警察，那么黑色代表着公正；若视频画面中出现绑匪，那么黑色就暗示着压抑和黑暗。黑色给人不同的感觉，其实就是通过影响人的情绪来达到的。看到绑匪你会有恐惧情绪，黑色就会强化你的恐惧感；看到警察你会觉得安全，黑色则会强化你的安全感。

场景也会强化人的情绪，在家让人产生放松、愉悦的情绪；在公司让人产生严肃、忙碌的情绪；在户外让人产生自由、舒展的情绪。具体场景带给人的情绪，需要结合视频上下语境来定。比如同样在家里，如果爸爸妈妈在激烈地争吵，孩子一个人落寞地坐在沙发上，这就给人一种幸福破灭的无助感。

道具也能深刻左右人的情绪。这里说的道具，是指除人之外所有利于剧情发生、发展的物品。比如在家的卧室桌子上有一个存钱罐，每次上班前，你都会向存钱罐中放一枚硬币。光看这个细节，没法让用户产生明确的情绪。但是当用户发现你是一个工作积极、准备买房的“三好青年”时，这个存钱罐就会让用户产生希望、乐观的情绪。

环境对人的情绪的影响也不容小觑。比如你今天失恋了，走在上班的路上，即使蓝天白云、阳光明媚，此刻也会因为你的失恋而天气转阴，甚至打雷下雨，把你淋成落汤鸡。这并不是说，你的遭遇或心情让天气变坏了，而是你的落魄样子需要糟糕的环境来烘托。

（2）角色的情绪化

最容易引起用户关注的，当然还是视频里出现的人物角色。人物角色的情绪化会直接引起用户的情绪变化。

一些短视频里的角色表情异常丰富且夸张，就是因为角色的情绪很容易影响用户的情绪。通过短视频吊起用户的情绪，基本上可以吸引用户关注。想要用户点赞或评论，则需要更好的剧情和内容。

角色的情绪化不单单适用于剧情类视频，其他类型的视频也需要情绪化。比如脱口秀类视频，上镜人说话的语气、肢体动作都要与视频内容的风格相一致；没有真人上镜的混剪类视频，视频的配音（如果视频需要配音的话）就可以有点情绪化。

在应该高兴时，过分高兴。这没什么不对，对于短视频来说，过分夸张不是坏事。

（3）配乐的情绪化

在短视频平台视频数量众多，但常用的配乐数量有限。每条热门配乐都可以代表一种情绪。比如，当你看到一只可爱的小宠物时，当你看到一个小伙子助人为乐时，当你看到调皮的弟弟在恶搞姐姐时，你能想到什么样的背景音乐?

虽然你很难叫出配乐的名字，甚至连它的旋律也哼不出来，但是只要刷到视频，还没看清楚是什么，可能只听 2 秒，你瞬间就会进入配乐所营造的情绪中。

3．情绪的冲突

有时候你觉得自己很开心，只要把开心的情绪表达出来就够了。事实上，这远远不够。为了凸显开心，还要为开心埋下伏笔，你之前是如何不开心的。之前的不开心，更能反衬出你现在的极度开心。我们把这种行为称为“寻找对立面”。寻找对立面，是非常强大的武器。

在影视作品中，我们经常看到极度开心或极度悲伤的场景，其实这里包含了对立面的影子。

喜极而泣是极致的开心。开心得不得了，光开心还不够，还要哭出来才能体现出开心的极致程度。而这个“哭”又有太多内涵，哭是会流泪的，哭是一种释放。

成功了当然很开心，但成功之前内心深处的压抑、痛苦、委屈没人知道，就在得到成功喜讯的一瞬间，通过哭的方式释放出来。

你开心地笑，对于陌生用户来说，那只是你个人的开心。但喜极而泣，这里暗示了多少耐人寻味的故事呢?

4．画面感

很多时候我们在创作时是先写文案再拍成视频的。写文案的人很容易陷入文字思维，在描述具体的产品功能时，会不自觉地进行抽象的表述。这其实是对视频这种呈现形式的极大浪费，没有很好地把视频的“画面”这个元素表达出来。

举个例子，卢大叔跟一个做雕刻的朋友聊天，这个朋友给卢大叔看了一段视频，其中提到雕刻会使用到两种材质，即薄木和厚木。如果只是文字性讲解，虽然配合着画面，但用户依然没什么感觉。

你可能会说，这根本就没法通过画面呈现。没错！视频画面没法直接展示，但可以间接呈现。我们可以拿东西分别敲击这两种材质的木雕，通过敲的动作，以及发出来的声音，便可以直观感受到这两种材质的不同。

有时候视频没法画面化，比如脱口秀都是文字解说。其实文字本身也可以描述出画面感，其中最典型的使用文字描述画面感的形式就是讲故事。讲故事更容易吸引用户的注意力，也更容易让人理解，同时还可以更好地让人明白道理。

脱口秀和 Vlog 这两种视频形式，其热门的核心都是文案，如何写出有画面感的文案至关重要。例如：

- 多一些表达感觉的字眼。
- 注意自己情绪的表达。
- 讲的故事尽可能详细、具体。
- 重复使用道具，并给它赋予一定的寓意。
- 尽可能调动人的感受器官。
- 以间接方式让不可见的东西可视化。
- 对没有生命的物品人格化、拟人化。
- 借景抒情，借物抒情。

10.1.5 乌合之众

《乌合之众》是法国社会心理学家古斯塔夫·勒庞创作的一本社会心理学著作。“乌合之众”指的是一个人独处时非常理性，做事有条理，决策有依据，但处于群体中时，则变得极度盲从。这种行为和心理上的转变与其身份、知识储备、社会阅历无关。

这是违背大众常识的观点，但这个观点在互联网行业“大行其道”。电商购物平台的销量和评论是影响用户决策的两大重要指标。

有时候你明明知道数据是刷出来的，但还是会选择数据更好的产品。这就是因为看见数据你更有安全感，你仿佛看到商品背后有无数的人跟自己做出一样的选择。

这是典型的“乌合之众“效应，仅仅看到数据就能联想到背后群体的场景，从而被场景所感染。

1. 点赞数影响用户点击意愿

点赞数和评论数多的短视频，更容易吸引用户的眼球，也更容易赢得双击。

卢大叔经过多次亲身体验，发现视频处于热门前期时，点赞数比较少，点赞数的增长也比较慢。而一旦进入热门，点赞数增长的幅度就会越来越大，但不排除后续被推荐的流量越来越大，从而提升了点赞数。这也从侧面说明视频点赞数的增加，对用户是否愿意点赞视频起到了推波助澜的作用。

在短视频发布的早期，系统甚至会优先推荐给那些非常喜欢点赞的用户，因为他们能让早期没有数据的视频获得更多的赞。当点赞数达到一定数量后，就能慢慢吸引更多的人参与点赞（以及其他互动）。

2. 群体场景提升用户互动率

如果视频画面中出现群体场景，那么用户的互动率也会有明显的提升。

这样的例子非常多。比如我们熟知的“摩登兄弟”中的刘宇宁，当初他只是丹东安东老街的驻唱歌手，因为长相清纯、靓丽，声线有特点，吸引了路边群众的围观。围观的群众是他的原始粉丝，也为他后面获得百万粉丝提供了诱饵。如图 10-3 所示，线下围观的路人和铁杆粉丝们，构成了典型的群体场景。一个理性而陌生的线上用户看到此景，也会被感染，变得活跃、兴奋、躁动，从而加入欢呼的阵营，而其最直接的方式就是点赞、评论和分享。

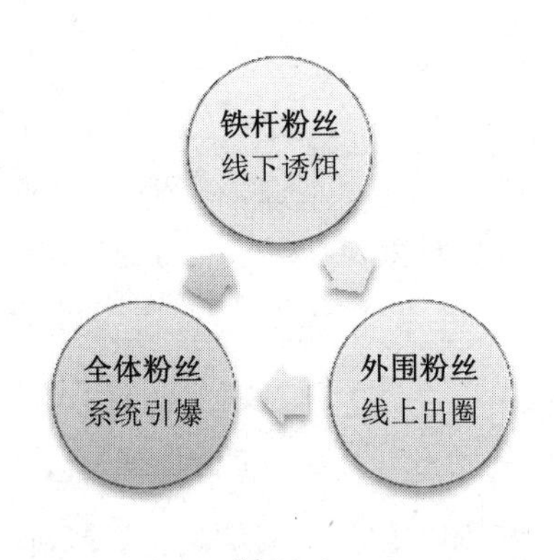

图 10-3

外围的线上粉丝以及平台用户的互动，又会影响推荐算法的决策，让推荐算法觉得这条视频很优秀，甚至认为这个人是重点关注对象。因为他出现在大量被人围观的视频中，条条火爆，从而让视频获得了出圈机会。

推荐算法将视频推向更大的流量池。流量越大，用户的“乌合之众”心态越被激发出来，这就形成了“马太效应”，强者愈强。从外看场面激动人心，数据华丽；从内看也有章可循。

3．群体氛围左右算法决策

群体元素和视频上热门似乎存在某种相关性，这种相关性可能被写进了推荐算法的基因里。不能说出现群体元素的视频都能上热门，但一条创意不错的视频，融入群体元素后，对视频上热门是有明显帮助的。

制造“乌合之众”效应的方法有很多，在视频画面中出现群体元素是常见的方法。比如同一个活动，我们可以找多个账号来报道，每个账号按自己的风格或方式来呈现。不同账号发布的内容是不同的，但说的都是同一个活动。这就有了群体的感觉，会让用户觉得这个活动不错，这么多账号（或博主）都在讨论。通过这种方式可以营造一种群体氛围，从而达到影响推荐算法决策的目的。

这样的例子也不少。比如 2018 年抖音上超火的“成都小甜甜事件”，小甜甜的颜值在美女如云的抖音上算不上太出众，她的火爆开始于一次街头采访，当主持人问“你觉得什么是幸福”时，她回答“只要能养活我就好了”。

第一次看这条视频并没有太多的感觉，该视频获得几十万个赞也属正常。但就是这样正常的视频，却在短时间内获得大量网友的追捧。

后来据内部人士透露，这个事件是策划出来的。这也给我们一个启示：网红城市、网红达人、网红商品都可以被策划出来，而且让你完全发现不了痕迹。图 10-4 描述了网红达人、网红景点等背后的火爆路径。

图 10-4

（1）策划事件，抛出诱饵

首先要有一个事件作为诱饵，不然内容没有动力传播。在上面的例子中，诱饵就是小甜甜说的那句话：只要能养活我就好了。为什么这句话能成为诱饵呢？严格来讲，它只能算是“食材”，还不足以成为诱饵。

这句话只能证明小甜甜是一个善良的女生。后来短时间内大量账号（账号上万个。这些粉丝账号都是事先策划好的，用于发布与小甜甜相关的视频）发布了有关小甜甜的视频。有了诱饵，外围账号（真实而不明真相的账号）才能跟风追捧。这就像给食材加上火，放上佐料。

（2）外围账号，跟风追捧

刚开始是混剪和采访的视频，配上一些解读文字。接下来有人坐高铁去看她，晒出火车票；有人坐飞机去看她，在机场晒出机票。再后来还有真人出镜，拍视频向小甜甜表白。大家你争我抢，好不热闹。

在这个过程中，每条视频中都有小甜甜的身影，但都没有出现群体元素。那为什么没有群体元素也能如此火呢？因为它营造了一种群体氛围，在群体氛围中大家都变成了“乌合之众”。

（3）全体粉丝，系统引爆

颜值并不出众的小甜甜为什么能这么火呢？这里打个比方，你带着客户准备找家饭店吃饭，你发现一家店人满为患，另一家店冷冷清清，其实这两家店的菜品并没有太大的差别，但你肯定会选择人气足的那家店。同样的道理，相同的两条视频，点赞数多的那条视频更容易吸引你。当所有人都在讨论一个人或一件事时，你也会投入更多的精力去关注。

平台推荐算法发现小甜甜经常出现（刚开始的“经常出现”是策划出来的，用来误导算法），觉得她是重要信息，于是给予“出现她的视频”比较多的曝光。曝光多了，视频的数据就跟着增长，从而提升了用户与视频的互动效果，使得出现小甜甜元素的视频能获得更多的曝光（视频的互动数据更好）。

而这又激发更多的人参与到小甜甜事件的狂欢中，有人拍视频，想得到更多的流量；有人看视频，享受这种狂欢的快感。到底哪些是早期被操纵的账号，哪些是真实参与的账号，已经难以辨别。

这也为我们提供了一个模板：想红就要利用好“乌合之众”效应，要么创造人多热闹的场景，要么营造类似的氛围。

10.2 视频号评论功能操作与运营

10.2.1 评论的价值

与用户互动，是为了提升视频上热门的概率，提升账号整体的权重。运营用户，是为了提升用户的黏性和质量，为后续变现做准备。评论是非常重要的互动，视频号会把视频的前两条评论显示在首页推荐信息流中，由此可见，视频号对用户互动的重视，以及评论在互动中的价值。

我们想象一下，一个陌生用户在首页推荐信息流中看到你的视频，他可能会产生什么行为？他可能会产生如下行为：

- 看你的视频不到 3 秒就滑走了，看下一条视频。
- 看你的视频超过三分之一。
- 看完你的视频。
- 在看的过程中或看完后，双击点赞。
- 在看的过程中，打开评论区，浏览评论。
- 在看的过程中或看完后，打开评论区，写一条评论。
- 在看的过程中或看完后，进入你的主页并浏览其他作品。
- 在看的过程中或看完后，进入你的主页并关注你。

以上所有行为中，最难的是哪个操作？显然是写一条评论。

要写一条评论，需要如下几个步骤。

① 看视频或看完视频。

② 打开评论区。

③ 点击评论输入框。

④ 思考写什么。

⑤ 输入文字。

⑥ 发表。

写一条评论，居然需要 6 个步骤，几分钟的时间（具体的时间，取决于思考和打字的时间）；而关注需要 2 个步骤，1 秒的时间；点赞只需要 1 个步骤，半秒的时间。

越难的操作，操作的人就会越少，系统也会给这个操作更高的权重。若想提升视频上热门的概率，我们要做的就是引导用户进行更难的操作。

有的人把视频转发到微信群，发一个红包，让大家给他点赞。刚开始时大家觉得新鲜，会看完后点赞，再领红包。这个套路玩的人多了，效果就变差了。有的群友直接领了红包就走，连看也不看，更别说点赞了；有点赞的，也是领了红包，打开视频，立刻就点赞，这样的点赞会被系统判定为无效。

这样做也不能说完全没用，至少是点赞数多了，会影响其他人的点赞决策。

卢大叔的定位是专注于视频号的创作与变现，视频的主题非常精准。每次发布的视频，都会第一时间转发到自己的三个视频号交流群。群友都是从视频号吸引到微信上的精准粉丝，他们本身有着很强的对视频号学习的意愿。

卢大叔不急着发红包，而是先转发视频到微信群，同时配上一段文字，告知群友视频的大致内容、要点是什么，同时引导大家去评论区提问。

如果急着发红包，则会让大家陷入红包的怪圈，忘了学习和互动才是正事。配上文字，是为了让大家预先进入学习的状态。群友都知道卢大叔对视频号有丰富的理论与实操经验，他们把在评论区提问当成学习的方式。

卢大叔也会用心回复群友的评论，即便是简单的提问，卢大叔也会深入浅出地给出全面的解答。这样不仅使提问的人很有收获，而且其他人看到了，也更愿意提问了。

当大家觉得视频内容很不错，创作者很用心地做互动时，都会不自主地进行双击点赞，甚至还会进入创作者的主页，看更多的作品。

这种真心的点赞，才是最有价值的，是我们花钱买不来的。

有人说，每次发红包，都有很多人点赞，也会触发系统给自己推荐更多的流量。不可否认，推荐算法还处于初级阶段。但从长远来讲，一定是真实的互动，才是最有价值的，且对作品上热门是有帮助的。

10.2.2 如何提升评论互动率

1．在内容中融入引导元素

你可以直接在视频的后面引导用户，“大家有什么问题可以提出来，下一条视频会针对你的问题，做出解答并拍成视频”。在视频的开头，可以说“某某粉丝提问，下面是我的回答”，让粉丝有参与感和惊喜，被点名了觉得很开心。

你也可以在视频的最后引导大家评论，同时告知用户：“你们的每条评论、每个提问，我都会用心回复。”你的用心，粉丝可以感受到。

2．勤快地回复粉丝

基本上90%以上的评论，卢大叔都会用心回复。哪怕简单的如“真厉害”“好棒”这样的评论，卢大叔也会给予详细的回复。

3．在评论中融入活动

这里所说的活动不是指促销活动，而是指更深入的互动。

比如用户提了一个问题，一般情况下我们进行回答就好了。但卢大叔在回答后，一般会反问一个相关的问题，而且是一个随口可以回答的问题。如果问题太难了，用户看了会不知如何回答。

有时候把用户的话匣子打开了，就会像聊天一样聊个没完。没关系，其实这是非常好的创造互动的方式。

卢大叔经常建议学员建立自己的粉丝群，但尽可能在视频号的评论区进行互动和交流。在粉丝群只做活动的即时交流和深度分享，一般的交流完全可以在评论区进行。在粉丝群里聊天，时间久了，聊天信息就会被自动清空。但在评论区聊天，所有的信息都会被记录，重要的是，这是非常好的互动。

4．在评论中提供价值

用心回复评论，其实就是在提供价值。只有有价值的评论，才能吸引用户去评论区看你的评论，才能吸引用户在评论区和你互动，也才能吸引用户主动发表评论。

5．从粉丝评论中找话题

有时候我们不知道要拍什么视频，感觉灵感枯竭。其实评论区是一个大宝藏，评论区是最真实的粉丝的诉求地，他们关心什么、痛点是什么，在这里都能找到答案。

除了在自己账号的评论区寻找灵感，也可以去同行账号的评论区寻找灵感。

当用户看到你的视频主题取材于评论区时，也会激发更多的用户参与到评论区的互动中。

6．故意留下“槽点”

我们看视频能不能上热门，经常会说这条视频有没有“梗”。这个“梗”在抖音上非常流行。

你可以故意在视频里设置一些“槽点”，让用户来吐槽。吐槽的方式就是评论。有“槽点”或“梗”的视频，也能有效提升视频的完播率。从某种程度上讲，推荐算法也能识别出视频中有没有“梗”，从而给予更好的推荐。

有的人认为用心做视频，就是视频不能出任何差错，不能给用户留下攻击的“槽点”。这是一个误区，其实无关痛痒的小瑕疵，远远好过安分守己、不出错。有时候故意放一些明显的“槽点”，用户终于找到了一个“问题”，会觉得非常有成就感。

“槽点”引发的互动效果是最好的。但在设置“槽点”时需要注意：

- “槽点”可以是自己（自嘲），这是最安全的方式，不会有“黑粉”攻击，也不会对自己的人设、信誉有负面影响。

- “槽点”可以是娱乐明星、名人、热点事件，但尽量不要碰政治和意识形态的内容，因为这样的内容在任何平台都不可能被推荐。
- “槽点”可以是一个知识点，但要简单到连小学生都能明白，这样才能引发大众化的吐槽。
- “槽点”可以是一个动作，大众都看过，但你做出来，有戏剧冲突。
- “槽点”可以是一句话，大众听过的话，但你说出来，有戏剧冲突。
- “槽点”有很多，形式多样，你需要花时间多看、多了解，并与自己的实际情况相结合。

7. 留有争议点

没有任何争议的话题，就像正确的废话，激不起用户的兴趣。这句话虽然有些极端，却也不无道理。

争议点大致可以分为以下几种。

- 人物争议点：针对某个人或某个群体的人物，在价值观、行为等方面无法达成共识。比如你很喜欢一个演员在角色中的价值观，但现实中他又是完全相反的做派。你还喜欢他吗？这明显是一个有争议性的人物，从而很容易引发争议。
- 事件争议点：针对某个事件，每个人的立场、价值观不同，对事件真实性的了解也不同，从而无法达成共识。事件包括最近发生的热点事件、历史上发生过或可能发生过的事件、人们在讨论中想象出来的事件等。
- 文化争议点：不同民族、不同国家、不同历史时期，在文化方面都存在着巨大的差异，无法达成共识。这种争议不可避免，也无须避免，针锋相对地进行讨论，让文化得到传播，也许更能传承文化。

10.2.3 如何应对负面评论

负面评论分为两种，其中一种是用户出于好心和责任感，提出建议或指出问题，但可能言辞有些激烈。很多人谈“负”色变，看到不顺己意的评论，就像如临大敌，删除而后快，不给任何的回应和解释。

此做法欠妥，其实这种负面评论是非常好的转危为安的公关机会。如果评论引导得当，则完全可以把一个有责任感的好心用户，转变成你的铁杆粉丝。我们可以这样做：

- 不管对错，先对用户的建议表示感谢，让对方情绪缓和。
- 表示自己很努力，但还有很多不足。
- 针对对方的建议，会好好总结与反思。
- 欢迎对方多多提建议，以后会做得更好。

另一种是恶意攻击类评论。其特点是言辞非常激烈，对人不对事，频繁发布负面评论。对于这种评论，要么投诉，要么将其移入黑名单。

1．投诉评论

长按该评论，弹出菜单，选择“投诉”，然后选择投诉的具体原因，提供证据。在默认情况下，可以不填写，但如果想收到更好的反馈，则最好按要求提供真实的图片和文字证据。

2．移入黑名单

长按该评论，弹出菜单，选择“移入黑名单”，再点击“确定”按钮。

10.3 视频号话题设置与引流

10.3.1 话题的作用

话题有两个作用：一是内容归类；二是精准引流。

1．内容归类

比如发布一条关于视频号运营的视频，插入话题：#视频号运营#；发布一条关于视频剪辑的视频，插入话题：#视频剪辑#。

在关于视频号运营的这条视频的标题中，点击“视频号运营”话题，进入“视频号运营”话题列表，用户看到的都是包含了“视频号运营”这个话题的视频。

话题起到了很好的内容归类的作用。当然，这里所说的归类，不是针对单个账号，而是对整个视频号的视频（包括发布的图片）进行归类。

如果想对账号的内容进行内部归类，则可以插入个人化的话题，如“卢大叔剪辑”“卢大叔运营”等，这样的话题应该不会有人和你竞争。

2．精准引流

在视频标题中点击“视频号运营”这个话题（话题是一个蓝色链接，可以点击进入话题列表）的用户，肯定对视频号运营感兴趣，这就起到了精准引流的效果。

10.3.2 话题的使用

关于如何插入话题，本书 2.4.1 节中有详细的讲解，这里不再赘述。

1. 将话题融入标题中

比如我们发布一条视频，标题是“视频号开通需要什么样的条件”，则可以将标题写成：

#视频号开通# 需要什么样的条件

前面是话题，后面是标题。将话题融入标题中，而不是把话题的文字重写一遍。

2. 话题和标题要有相关性

在发布视频时，添加的话题和标题要有相关性。比如下面这个标题中插入了三个话题：

开始做直播前一定要做的 6 件事：三好和三要，为你的直播保驾护航。#一分钟说直播#，#直播电商#，#直播#

由于视频的主题是聊直播，话题也包含直播，与主题相关，并不存在话题堆积的嫌疑。

话题没有绝对的好与不好之分，只有合适与不合适。一般来说，话题按互动效果分为热门话题、一般话题和冷门话题，按关键词结构分为核心话题和长尾话题。热门事件、知识点、行业关注点、其他平台热门搜索关键词等，都可以被设置成视频号话题。

比如#视频号#，大家都在讨论，也经常引用，它就是一个热门话题。卢大叔的定位是专注于视频号的创作与变现，那么#视频号#也是卢大叔的核心话题。

10.3.3 话题如何引流

视频号的话题是对内容的聚合，如果利用得当，则可以收到精准引流的效果。

1. 已有热门话题，尽快占坑

对于已经存在的热门话题，我们能做的就是尽快占坑。以后随着视频号的完全放开，用户量会越来越大，同时好的内容也会越来越多，话题一定是“兵家必争之地”，谁排在靠前的名次，谁就能获得更多的曝光。

对于已经存在的热门话题，添加的时间越久，效果越好。时间是影响话题列表中视频排名的重要指标，谁的视频先添加话题，谁就有更大机会处在此话题列表的前列（现实比这个要复杂得多，但越早添加话题越好）。

一条视频可以插入一个话题，也可以插入多个话题（但如果插入过多的话题，则有作弊的嫌疑）。

2．创建热门话题，尽快占坑

对于还没有被创建，但猜测流量会很大的热门话题，你要尽快抢先创建。

3．潜在热门话题，尽快布局

比如卢大叔的定位是专注于视频号的创作与变现，那么他就可以把与视频号相关的关键词尽可能多地整理出来，在发布视频时，多插入一些话题。当然，不能为了多插入话题而造成话题堆积。

上面一直提到热门话题，那么如何界定话题是否热门呢？

在抖音上界定话题是否热门相对简单，在抖音搜索框中输入一个话题，右侧会显示此话题包含的所有视频总的播放量。而在视频号中只能大致看到此话题下的作品数量及点赞数，我们可以凭感觉评估一下，看其是不是热门话题。

另外，对于话题的引流，除了占坑与布局，还有一个重要的技巧，就是提升视频在话题列表中的排名。常规的方法是，提升视频的整体质量、视频的完播率，以及视频在话题列表中的点击率。这与视频的标题、封面图、封面标题等有关。

10.4 地区标签引流与变现

本章 10.3 节讲解了视频号的话题标签，本节讲解视频号的地区标签，这两个标签是目前视频号中的重要标签，它们都可以起到非常好的引流作用。

10.4.1 地区标签的作用

地区标签有两个作用：一是本地引流，二是增加真实性与信任感。比如有一条视频加了地区标签，看到这条视频用户的第一反应是，这可能是在当地拍摄的，是真实的，能够增加陌生用户的信任感。

10.4.2 地区标签的使用

比如一条视频，地区标签显示“合肥市”，旁边有一个“位置”图标，告诉用户这里可以点击进入。用户点击进入后，会看到所有添加了“合肥市”地区标签的视频。这种效果就相当于利用地区标签来引流。

在这些视频中，谁的视频排名更靠前、视频标题更吸引人、视频封面更有特色，谁就能获得更多的流量。

关于如何添加地区标签，本书 2.4.1 节中有详细的讲解。

在视频编辑界面中，点击“所在位置”，可以看到有很多位置，但你只能选择周边几公里的区域，不能随意选择。注意，不能乱选位置，这也算是它的一个优势，更加证明了视频的真实性。

这时候可能有人会问，通过第三方插件或软件模拟位置，行不行？从技术上讲，这肯定是可以实现的。但站在常规的角度来理解，大多数人还是按常规方式来玩视频号的。

本书 2.4.1 节详细讲过，地区标签可以自定义位置信息。这对于实体店来说是极大的利好，可以把公司名称设置为位置名称，并在位置信息中加入联系电话等。

一旦视频号完全放开，数亿用户涌入视频号，通过地区标签，你的粉丝就可以直接下单来购买你的产品。类似的功能在抖音上已经做了小范围测试。在抖音上发布一条视频，添加地区标签后，位置周边的用户点开位置，即可显示店家的基本信息，比如用户可以通过这个功能尝试订餐服务。

线上展示，线下送货，这就是典型的 O2O 模式。这块也是视频号未来的一个切入点。前面讲过，视频号的作用是对微信内容生态的整合。微信的野心在于实现人、信息、商品、服务之间的连接。从更大的角度来看，视频号整合内容只是第一步，连接微信生态内的一切，是它的终极目标。

10.4.3 地区标签如何引流

1. 线上引流到线下

比如线上有 100 人看到你的信息，有 3 人成交，那么线上流量的转化率就是 3%（转化率通常在 1%~5%之间）。通常来说，线下流量的转化率明显高于线上。

站在视频号的角度，当然希望能够把线上流量导入线下位置绑定的视频；或者通过视频推广，把视频推荐给周边的人，让周边的人来消费。线上转线下，这样做才能创造更大的价值。

2．系统流量倾斜

由于线下流量有更好的商业价值，系统也会在算法上进行调整，优先考虑为那些绑定了线下位置的视频进行更多流量的倾斜。

3．附近流量优先展示

在视频发布前，定位到你的周边人气比较旺的地点，系统会优先把你的视频推荐给所添加位置附近的用户，因为这些人对他们周边发生的事情更感兴趣。

10.5 小白玩视频号的6大误区

1．发布了多条视频，就是没流量

你觉得自己拍的视频够好吗？如果你觉得自己拍得够好，但就是没流量，那么可能是账号问题，换个账号试试。卢大叔认为只要坚持去拍，而且拍得好，不太可能没流量。

简单地讲，只要你坚持，并且不断地改进，就一定会有回报。但如果你拍的视频连自己都不想看，那么视频号凭什么会给你流量？

你至少要拍三五十条视频，通过这些视频找感觉，只有这样你才能拍出好作品。

什么叫好作品呢？你把自己拍的视频发送给身边的两三个朋友，他们都说你的视频还过得去，那就说明视频还不差，你可以尝试发布到视频号。

但如果发布了多条视频，就是没流量，那么并不是系统在为难你，而是你确实没有拍好。

2．没高颜值、没才艺，火不了

既没高颜值，也没才艺，火不了。这是很多人都存在的一个误区。现在抖音上有很多超级网红，他们并没有高颜值，但是他们坚持、真实、敢于表现自己，而且在拍的过程中不断调整，最后都火了。

有些人没有高颜值，也没有才艺，但他们有非常好的行业洞察力或超强的专业技能，于是他们把洞察力、技能拍成视频，只要坚持拍，就可以成为热门。

其实价值不完全等同于高颜值和才艺。在视频号中，只要你把经历、经验真实地展示出来，就是有价值的，就可以成为热门。

比如你是厨师，你把做菜的过程拍下来，也可以火。即使是一个普通打工者，你也可以把真实的生活拍下来，让别人看到你励志、乐观的一面，这里就已经有了成为热门的点了。

有些人拍了三五条视频，没看到效果就放弃了。请记住，一定要坚持，只有在坚持的过程中才知道怎么调整。比如卢大叔刚开始拍视频时，也拍不好，但没关系，你必须得走出这一步，走出来便海阔天空。

3．视频号还值不值得入局

经常有学员问卢大叔，视频号还有没有机会，值不值得入局？其实机会不是问出来的，而是做出来的。

你可能会说，自己没有高颜值、没有才艺、没有洞察力，也没有专业技能。其实这些都不是最核心的，只要你有耐心，一直坚持，并不断优化迭代，你就有机会，这个机会未来几年都存在。

很多时候，我们就是想得太多，做得太少，甚至一直没有勇气开始做。

4．没单反相机、不会剪辑，怎么办

玩好视频号的核心在于，能不能提供有价值的内容。至于有没有单反相机、会不会剪辑，这些都不重要。

一部不低于 1000 元的手机，绝对是足够用的。视频能不能火，跟有没有单反相机没有任何关系，使用普通手机也能拍出非常好的视频，也能剪辑出专业的效果。

另外，剪辑没有想象中那么难，一天就可以学会，剩下的就是靠自己多练习，做到熟能生巧。

5．交了上万元学费，还是学不会

学习的前提是要去做，甚至可以先做，遇到问题再来学，而不是学完了再去做，否则永远不可能学会拍短视频。

拍短视频是一项实操性极强的技能。学习的过程就像后面的“0”，实践才是“1”，只有有了前面实践的“1”，学习的“0”才有价值和意义。

6．一发就火，真有“黑科技”吗

为什么人家的视频号一发就火，而自己的怎么发都没有播放量？难道视频号真的有“黑科技”？一般来说，影响视频播放量的一个重要因素是平台的推荐算法。但推荐算法又受很多因素的影响，至今也没有哪位高人，包括视频号内部的算法工程师，说清楚到底有哪些因素（其他内容推荐平台也是类似的）。

你看到人家的视频号一发就火只是错觉，并不是真实的。要说明这个问题，我们还得回到抖音上，抖音可以说是研究短视频的“活化石”。之前你所经历的一切都还能找到痕迹，目前火的形式也还在上演。

抖音对头部创作者的流量倾斜非常严重，主要有两个原因。

第一，抖音的核心算法从今日头条（今日头条和抖音的母公司都是字节跳动，抖音和今日头条共用一套底层的推荐算法。推荐算法对于抖音的异军突起功不可没）移植而来。今日头条是一家内容分发平台，有很强的媒体属性，这个基因也一并传给了抖音。我们也可以认为，抖音就是视频版的头条。数据反馈越好的作品，就能获得越多的曝光。

第二，优秀的视频创作者所占的比例还是太小了。抖音流量极其大，那些被数据推上浪尖的少数视频瓜分了绝大部分流量。我们看到的结果就是，一条视频动不动就有数十万或上百万的点赞数，而播放量更是惊人（播放量是点赞数的 30~100 倍）。

视频号一发就火，通常有如下几种情况。

（1）一个新账号发布第一条视频就火了，几万或几十万的点赞数，很多新手看了直流口水。不排除真有这样的账号，一发就火，但这样的账号只占极小的比例。我们看到更多的是，账号中只有一条视频，但视频点赞数和总点赞数不一致，这很可能是账号隐藏了视频，甚至还有一些视频被删除了。

在通常情况下，即便是优秀的创作者，也难以保证发一条视频就火了，毕竟创意本身是难以琢磨的，需要一点运气的成分。除非优秀的创作者和官方有流量倾斜协议，或者官方对某些领域有流量扶持。

流量倾斜是指平台为了吸引某些名人、明星入驻，或者留住极其出色的创作者，给这些人难以拒绝的流量。

流量扶持是指平台对于一些数据表现不理想（这里的不理想是相对于剧情类、高互动类视频来说的，并不是内容真的很差），但为了平台内容的多样性，通过行政手段均衡分配流量。比如“三农”类视频就是流量扶持的典型。政府对“三农”有政策扶持，互联网公司也响应政府号召，提供一些技术或营销方面的扶持。

（2）账号中有很多视频，但每条视频都非常好，并且它们的点赞数、播放量等数据较为平均。首先不排除确实存在这样的账号，但它们占的比例不大，更多的情况是创作者把数据表现一般的作品隐藏或删除了。给人的错觉是，这个账号做得太好了。

（3）一个账号发布视频不到半天，就获得了几十万个赞，而且你每天都能刷到这样的视频。给人的错觉是，人家的视频流量怎么都这么吓人。

前面讲到，虽然抖音的流量很大，但能出现在首页推荐信息流里的视频还是太少了，因此每条视频都能获得不错的流量。这里所说的“少”，只是它们所占的比例不大，但从绝对数量上看，也是一个不小的数目。即使你每天都能刷到几百条这样的视频，也属正常。但想想每天抖音上有多少人发布新视频，又有多少条视频能被你刷到，这个概率有多低？

大多数人没有经过专门的拍摄、创作、运营的培训，而你有幸能看到本书（卢大叔希望你能把它看完，甚至做好笔记，有机会还能线上或线下深入沟通与交流），你就已经超越 90%以上的创作者了。再加上你的勤奋和坚持，又能超越余下的 5%，最终进入 5%的头部创作者行列。

在头部创作者行列，你处于什么样的位置，就得看你的悟性和执行力了。其实短视频的竞争，远远没到拼天赋的地步。

10.6 视频号运营必备 10 大思维

前面讲了视频号如何定位、策划、撰写文案、拍摄、剪辑等，当视频制作出来后，如何才能上热门，那就是运营人员要做的事了。但运营并不是等到视频最终做完之后才切入进来，而是在最开始定位时就得介入。

只有视频本身就好，运营人员才能把它推到视频号推荐流量池中，让它有更大的概率上热门。如果视频本身很平庸，那么再怎样做也推不起来。其实运营的事非常杂、非常泛，但再怎么繁杂，也还是有规律可循的。卢大叔把这些规律总结成 10 大思维。

10.6.1 左右定律

“左右定律”是卢大叔提出的一个词。如图 10-5 所示，向左进入一个没有感情的商业社会。商人卖的是商品，商品是暴利的，消费者总是希望价格能更低一些。不管是商业、商人、商品还是价格，都给人一种很“硬”的感觉，没有温度和情怀。

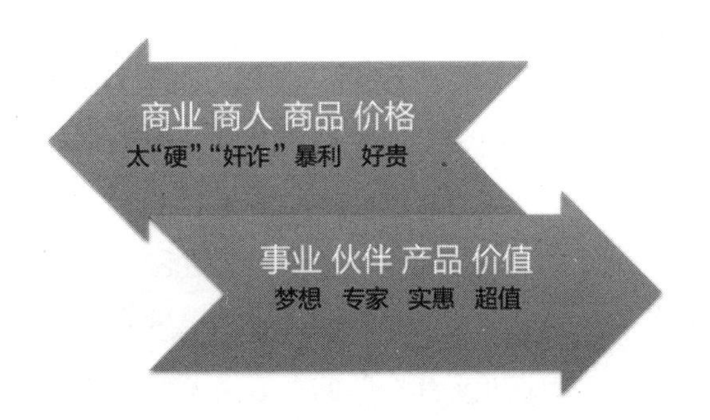

图 10-5

向右进入一个有温度、有情怀的世界。商人要挣钱，这是他们的事业和梦想，他们通过自身努力挣到钱，实现了财务自由，可以做自己喜欢的事情。这是多少人毕生的梦想。而他们愿意将自己的成功经验传授给大家，一起分享成功的喜悦。另外，对于所从事的行业，他们就是专家，如果你遇到相关问题，找他们准没错。不管是他们提供的专业服务，还是有形的产品，对于你的生活质量和工作效率的提升是难以用价格衡量的。

这是两个完全不一样的世界，一切商业营销的解决方案都要借助“左右定律”。

早在 2018 年，一位从事佛像及其周边产品经营的客户找到卢大叔，他想通过短视频推广产品。他在深圳平湖某大厦有一千多平方米的展厅，在他的带领下，卢大叔有幸参观了展厅。卢大叔给他的建议如下：

- 佛学作为一种文化，容易吸引用户。
- 弱化自己商人的身份，把自己定位成佛学文化的传播者。
- 单纯讲佛学也是挺枯燥的，可以融入文化、历史、名人轶事等元素。
- 使用单反相机拍摄高清视频，请专业人员撰写文案。
- 一座佛像或一个佛具拍一条视频，配上相关的历史故事，请专业人员配音。
- 高清细腻画质的视频素材、专业的文案、专业的配音，加上应景的配乐，制作成视频。

最终视频制作出来，连卢大叔都吃了一惊，效果确实非常不错。在账号中发布到第三条视频时，点赞数就超过 10 万。这样的视频在三大短视频平台都是受欢迎的。

由于篇幅所限，要了解相关案例，请关注作者个人公众号，回复关键词“素材”，根据章节目录找到相应的案例资料。

前段时间，卢大叔参加了某微信群组织的亲子民宿两日游，听腻了都市里的喧嚣，看到这里山清水秀、安宁恬静，一下子就被吸引住了。我们过来时已是下午两点，在民宿庭院玩到天黑，晚上开始烧烤、野炊。一家四口睡的也是普通民房，第二天行程就结束了。整个下来花费接近 1000 元（所有吃的食材费用另算），老实说价格不便宜，但大家都觉得超值。

我们不是单纯为场地买单，而是享受了整个体验过程。这里山清晰有轮廓，水清澈见底手捧即饮。这里晚上能看到银河，还有淳朴的民风。

当晚还烤了一只全羊。现场负责烤全羊的夫妻俩吸引了卢大叔的注意。丈夫说羊的这个部位肉最鲜，说完麻利地切了一块，放进卢大叔的盘子里。在享受美味的过程中，丈夫不断分享他们是如何放羊的，如何过着自给自足的幸福生活的。卢大叔听得如痴如醉。

回家的路上，在和同行的游伴交谈中才得知，那对夫妻是卖烤全羊的，而且他们的价格也不比市场价低。那晚的经历是卢大叔这些年来最难忘的体验，看来卢大叔是中了“左右定律”的邪。

组织民宿游的群主（出售游行项目）和卖烤全羊的夫妻（出售产品）都是商人，可卢大叔一点也不排斥。因为他们是随行的伙伴，告诉卢大叔怎么游更有趣，怎么吃更美味。对于他们的产品（可能是实物，也可能是服务），卢大叔买的是体验，而不是产品本身。卢大叔觉得产品绝对超值。这种因消费产品而带来的体验，是非标准化的，很难用单一的价格来衡量。

10.6.2 女朋友视角

比如忠哥是抖音上一个长得不帅，但很有特点的男人。第一次刷到他，卢大叔就觉得这个草根太有潜力了，一定是百万级粉丝达人。那时他的粉丝量才一万出头，没想到半年过去，他的粉丝量超过了 1500 万。

只有在短视频平台才有这样的机会。忠哥完全遵循短视频的逻辑，甚至做到了极致。这种逻辑就是采用“女朋友视角”拍摄。

这里卢大叔只是图方便，选择了“女朋友”这个词。当然，你可以说老公视角、同事视角、老板视角。这个不重要，重要的是，拍摄者是视频里的一个重要角色，这样拍出来的视频才有灵性。

1．让镜头成为重要角色

虽然影视作品也运用类似的拍摄手法，但对这种拍摄手法进行大量运用并运用到极致的，也只有短视频平台做到了。很多达人采用女朋友视角，都获得了极大的成功。

再比如草根达人丁哥，其大多数视频都是他自己上镜、他老婆拍摄的，他老婆是视频中的一个角色。

拍摄者将镜头对着主角拍摄，粉丝观看视频时感觉自己在和主角聊天，一下子拉近了粉丝和主角的距离。再加上这样的视频生动、活泼、简短，充满反转和笑点，几秒钟就能让你或笑、或哭、或喜、或悲。

在现实生活中很难会有这样的感觉，让粉丝产生短时的快感，他们自然就点赞了。

2．上镜者把镜头当女朋友（或男朋友）

一般人面对镜头会紧张，甚至发怵，不知道说什么，这很正常。几乎每个人第一次面对镜头时都是如此，但只要多多练习，就会很容易消除紧张感。

上镜者是主角，其作用自然是最大的。做最真实的自己，其中很重要的一点是把镜头当成女朋友（或男朋友）。

除了有眼神交流，主角还可以有更多的肢体交流，比如和对方握手、和对方拥抱等。当然，由于拍摄者没有上镜，主角在做出动作时，镜头需要做些回应，如镜头轻微动一下等。

3．镜头是拍摄者的眼睛

短视频的拍摄者也是角色之一。由于拍摄者没有上镜，我们只能通过镜头来感知，镜头就是拍摄者的眼睛。

于是，就有了这样的奇妙效果：当主角问你吃没吃时，你想表示没吃，则可以拿着手机上下晃两下；当你恶搞了主角，主角跑过来追你时，你可以一边跑，一边故意晃动镜头，代表你正在拼命逃跑，万分紧急，制造混乱感；当主角追到你，并把你打了一顿时，你除了要发出真实的大呼声，在镜头里也可以做些冒着金花的特效。

这里只是给出思路，更多的创意需要大家去实践。

10.6.3 用户思维

用户思维，简单来说，就是以用户为中心，针对用户的各种个性化、细分化需求，提供有针对性的解决方案。如果创作者不考虑用户所需，闭门造车，即便用尽心思，也难以引起用户的注意，更别说锁定用户、成交用户了。

工程师思维是，“我会什么，我就说什么，我觉得这样才能显得专业”；用户思维是，“用户要什么，我就得提供什么”。

工程师思维是，“我的产品技术领先、功能强大，你没道理不用我的”；用户思维是，“解决用户痛点才能赢得用户”。

工程师思维是，“只要产品好，你就肯定会用，之前的经验就是明证”；用户思维是，“用户的需求不可能一成不变，在明确了用户的真实需求后，第一时间满足他们的需求”。

工程师思维是，“专业和通俗势不两立。短视频时间太短，哪里能把专业的内容说清楚”；用户思维是，“再难的知识都可以分解成简单的逻辑，再抽象的东西也可以用具体的事物打比方，再陌生的事物也能用熟悉的对象来类比”。

工程师思维是，“科学和数据可以成就完美，请多给我点时间，不完美的东西我拿不出手”；用户思维是，“没有绝对的完美，先完成看用户反馈，再做调整”。

其实这里的“工程师”不是真实的职位，而是具有这类思维的一群人。在本书 4.5.3 节“用户思维与工程师思维”中，我们对两者做了详细分析。

10.6.4 成本思维

成本思维可能更适合团队或公司。之前有个公司老板找到卢大叔，说想玩短视频，结果什么事情他都亲力亲为。

你上镜，卢大叔能理解；你去做剪辑，卢大叔就纳闷儿了。你可以让员工去做剪辑，或者完全外包给第三方公司（某宝上有费用极低、成片效果极好的个人或团队，与其合作越久，效率越高，成本越低），费用可能就三五百元。而你作为公司老板，去做视频剪辑，不专业也不熟练，前前后后可能要花半个多月的时间。

公司的大方向掌控、内部的经营管理、员工的专业技能培训等，这半个多月你本可以做这些更重要的事情，创造更大的价值，而这个价值远超外包的价格。

运用成本思维考虑问题，对于团队或公司尤其重要。

在本书 1.4.1 节“入局视频号与其前景无关”中，我们举了一个例子，说的是本来可以采用每天变现 150 元的模式，卢大叔改成免费的，结果潜在的盈利翻了 10 倍。这里就借用了成本思维，变现不能只看眼前，要放眼更长的周期。变现也不能只顾及一时，要考虑到更稳定、更长久。

10.6.5 完成优先

卢大叔经常说“先完成，再完美”，甚至可以先完成，再完善。没有东西是完美的，你只能去完善，不断地完善，完善是永无止境的，它会让你越来越强。而完美是不可能的，它只会让你因过分追求完美而蹉跎一生。

有的人拍完了第一条视频后，纠结了好几天，总觉得哪里不对；要改，又不知从何改起。

其实我们可以把视频发送给三个好友，如果有两个好友都觉得不错，则说明还算拿得出手，基本就可以发布了。因为视频好不好，谁说了都不算，要看数据的反馈，才能知道后续怎么调整。

10.6.6 复利思维

量变引起质变，小迭代大突破。这也是非常典型的思维模式。

举个例子，1 元钱的本金，每天给你 1%的收益，一年后，本金加收益共有 37.78 元。同样是 1 元钱的本金，每天缩水 1%，一年后只有 0.026 元。刚开始都是 1 元钱，每天的改变也很细微，但一年后两者相差 1453 倍。我们常常无视微小而持续的改善所产生的惊人改变，忽略细微而持续的恶化带来的巨大隐患。

这个例子非常生动地解释了做短视频也要有复利思维。复利是指当你长期坚持做某件积极的小事时，从较长的时间维度看，它给你带来的累积获利。

你拥有了复利思维，你就得到了一个新的风口。

严格来说，复利不是风口，因为它没有时间性，也没有紧迫性，你随时决定去做，只要坚持，就会有好的结果。但前提是要选择做对的事情。

之所以说成风口，是相对于它能给你带来的结果而言的。你明确方向，下定决心，坚持去做对的事情，半年或一年后，它能给你带来的回报难以估量。尤其视频号是去中心化的平台，采取复利的做法极其重要。

选择做对的事情，那么对的事情有哪些呢？列举如下：

- 给视频号做好清晰定位。
- 每条视频都是策划出来的，不能乱拍。
- 每条视频的创作都要有迭代思维。
- 多借鉴热门视频中的好元素。

- 自己不擅长的部分外包给更专业的人。
- 用心做好粉丝评论的回复。
- 从粉丝评论中收集视频素材。
- 视频号坚持更新，暂停更新不宜超过一周。
- 不断提升自己在某方面的专业能力。
- 对于视频号创作相关知识，自己主动学习接纳。

10.6.7 建模思维

其实一个创意就是一个素材库，一个标题就是一个模板。比如将一个优秀标题中的关键词替换成其他的词，生成的新标题也不会差，它就像一个公式，不断替换关键词，就可以快速生成无数个优秀的标题。

再比如将一条美女跳舞的视频，从不同维度进行拆解，重新组合，就会得到很多新的创意。

这里其实就用到了建模思维。

本书 6.3 节中介绍的打造高质量的私有资源库，就借用了建模思维。对于经常用到的视频素材、音频素材等，我们可以将它们整理在一个资源库中，下次使用时直接调用，省时省力。

我们把视频号运营分成三个层次。

第一层，只会模仿，能模仿到位就算过关。别人怎么拍，你就怎么拍。自己还不会走，就先别想着跑。只有把基本功学好，才有能力学会更高的技能。

第二层，除了模仿得有模有样，还得神似。这时光模仿就不够用了，还得学会分析更本质的东西。为什么有那么多人喜欢这个作品，它是不是抓住了人性、俘获了人心？

第三层，在掌握了别人的创作技巧后，自己原创。这时候根据自己的所见所思，就能自如地创作作品，并且作品还可能会上热门。

在这个过程中，其实是不断地借用了建模思维。

为什么学习能力强的人，学习新的知识就很快呢？这也是因为他们有建模思维。他们通过现有的知识构建了一个坚固的框架，任何新的知识点，都可以在里面找到对应的结合点。点越多，点与点之间的交集越密集，这个框架就越稳固，运算速度就越快。

比如卢大叔的两个学员，他们同一时间接触视频号，半年后，一个已是老练的玩家，一个还是半生不熟的，总觉得挺简单，就是找不着北。原因就在于后者没有构建起关于视频号的框架体系。

10.6.8 长板思维

长板思维的对立面就是“木桶理论”。

“木桶理论”认为，木桶能放多少水，与最短的那块木板有关。“木桶理论”给了我们很大的误导。

一个没有才艺的素人能不能火，绝对不是看他能不能把自己的短板补上，而是看他能不能放大自己的长板。比如抖音网红阿纯因男扮女装而走红，他并没有把“颜值一般”的短板补上，而是把个人特色发挥到了极致。

阿纯的优势就是男扮女装，不是简单的妆容看起来像女生，而是神态与动作上的相似，将女生爱美的天性刻画得入木三分。他非常善于拿捏用户心理，把握平台调性，利用妆容反转与配乐的融合，条条视频都能大热。

很多视频号的博主都是从公众号转过来的，他们有很强的图文创作能力，但视频思维不够，也没有较好的镜头表现力。如果他们忽略自己的长板，握着短板与对手拼，就不是明智的选择。

这时候他们应该聚焦于自己的长板，利用第三方资源补齐自己的短板。拍短视频不像写文章，写文章能写就能搞定整个创作，而视频的创作流程和分工更复杂。专业的上镜模特、专业的配音演员、专业的动画制作人员等，都是非常好的具有视频思维的人才资源，他们可以很好地承接你的优质文案。

10.6.9 人文思维

一提到拍短视频，很多人就觉得好难，好像只有高颜值、好身材、会表现的人才能玩好视频号，或者是“技术宅”，专门研究技术算法的人才有机会。其实这是对短视频最大的误解。

卢大叔经常提一个概念，叫作“人文思维”（和它对应的是“科技思维”）。在视频号的语境里，人文思维是指从以人为本的角度思考平台的运行逻辑。你不用懂技术，只需要研究平台用户的需求和痛点是什么、什么样的内容他们更喜欢就行。

其实道理很简单，平台是由用户组成的，用户是平台的根本，其他一切要素都要为用户服务，用户的规模和价值决定了平台的估值。

1．理解平台生态三要素的关系

视频号是一个平台级产品，也可以理解成一个生态系统。这个系统由三个要素构成，分别是用户（消费内容的人）、平台（推荐算法和官方运营人员）和内容（内容创作者），如图 10-6 所示。这三个要素之间相互影响、相互关联，同时也相互促进。平台的背后是推荐算法和官方运营人员，内容的背后是创作者和账号管理运营者，用户的背后是各种账号的粉丝。

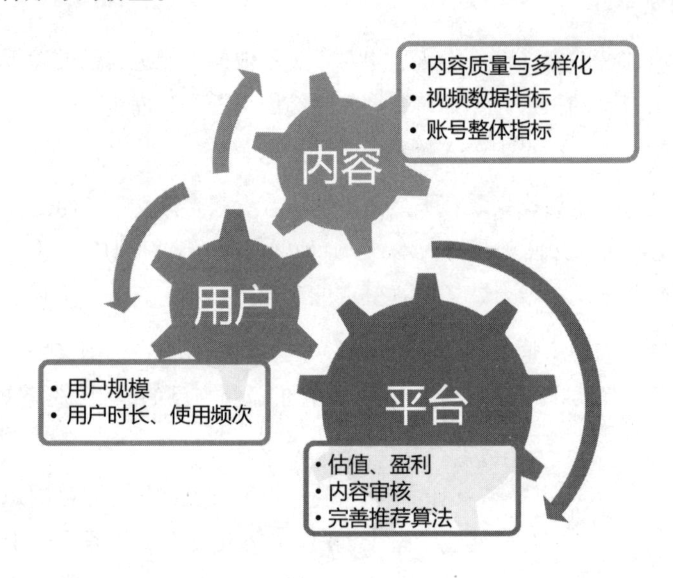

图 10-6

我们结合人文思维来逆向推导视频号。首先我们认为，微信推出视频号的最终目的是为了创造更大的估值，或者说产生更多的盈利。

要达到这一目的，有两个核心指标：一是用户规模，二是平均用户时长。“用户规模”这个指标好理解，用户越多，为平台创造的商业价值越大。

随着用户的增加，平台的商业价值也会呈指数级增长。简单来说，平台有 1 万个用户时，其估值是 100 万元；平台有 1 亿个用户时，其估值远不止 100 亿元。

对于“平均用户时长”这个指标，我们得一分为二地看。短视频平台和微信平台，平均用户时长都是 60 分钟，但这两者的差别非常大。

短视频平台平均每天 60 分钟时长，可能一天只用 3 次，每次看 20 分钟；而微信平台可能一天用 20 次，但每次只用 3 分钟。很明显，即便在平均用户时长相等的情况下，微信平台用户创造的价值也要远远高于短视频平台。

从某种角度来讲，用户的使用频次比时长更重要。以前更多的是进行相同或相似平台之间用户的对比，不同平台之间的用户没有明显的竞争关系。但现在短视频平台和图文内容平台发生了用户时长此消彼长的激烈竞争。

为了扩大用户规模，同时提高用户时长或使用频次，平台运营者就要考虑内容的多样化，同时提升平台的用户体验。

内容的多样化好理解，历史、人文、科技、文化、旅游、生活等各种主题无所不包，图文类、脱口秀类、剧情类视频，以及更多创新型的视频形式应有尽有。

以抖音为例，如果哪天出现一种全新的视频形式，在内容不差的情况下，那么基本上都能获得惊人的曝光。这种逻辑大体上也适用于视频号。这就是我们所说的，平台为了扩大用户规模，需要加强内容的多样化。

用户体验有点“仁者见仁，智者见智”。但作为平台官方运营人员，基本上能达成共识。很多人问卢大叔，有没有微信视频号内部关系，能不能通过他们透露一些内幕信息？老实说，从某种程度上讲，其内部的人不一定比我们更了解视频号。对于腾讯这么大体量的公司，各个岗位分工细致明确，每个岗位各司其职，好处是再大的项目也能啃下来；不足是每个人都像螺丝钉，对全局缺乏掌握。

2. 把自己还原成小白

把自己还原成小白，这个还真挺难的，在某方面有所建树的专业人员容易陷入工程师思维，总觉得自己很厉害，应该把自己觉得专业的内容呈现出来。可没想到的是，用户听不懂、没兴趣。他们想不明白，“我拍得这么好，为什么就没人看呢”。

2010 年第六次全国人口普查数据显示，大专以上文化程度的人口仅占总人口的 8.7%。2015 年教育部举行发布会，介绍实施《国家中长期教育改革和发展规划纲要（2010—2020 年）》总体评估情况。发布会上，清华大学国情研究院院长胡鞍钢透露，我国大专以上文化程度的人口占总人口的比例从 8.75%提高至 11.01%。即便如此，高等教育人才在中国的比例也远比想象中低得多。

考虑到为数不少的人离开学校后就停止了学习，真正拥有高等教育“学力”的人口比例比数据显示的还低。这也是在拍短视频时，不要太自嗨，要考虑到大众对内容的理解与接受能力的原因。有时候受过良好教育的人刷到短视频平台的“弱智”视频，就很难理解，“这都是啥啊，居然还能这么火”。请注意，中国有一大半的人口没有受过高等教育。

同时，普通创作者也容易陷入另一个误区，就是“这个主题或风格我不喜欢，别人也不会喜欢”。对于亿级用户规模的短视频平台，用户对主题和风格的偏好千差万别。数据不会骗人，但你的感觉其实是最大的“骗子”。平时刷视频时，我们要多留意数据，慢慢养成良好的数据思维。

把自己还原成小白，是指在刷视频时，尽可能摒弃个人偏好，保持公正、冷静。当你刷到一条视频时，在喊出“这也能火，有没有搞错啊！”之前，要先冷静一下，说出这句话：“那我好好研究一下它是怎么火的。”

把自己还原成小白，需要较长时间的调整和适应。一旦在自我和小白之间切换后，你就会迎来一个全新的世界。你的心会变得更开放、虔诚，你也能悟懂很多当初没法理解的人和事。

3. 思考用户而不是算法

卢大叔发现学习短视频（也包括学习视频号）有两种路径，其中一种是把精力放在用户上，了解用户的需求与痛点，并帮助他们解决问题，提升他们的体验。

另一种是把心思花在平台算法和各种技巧上。如果是怀着真心学习的态度做研究，这自然是值得推崇的。但太多人无视内容的重要性，完全靠偏门技巧抢平台算法的漏洞。即便发现一个“好技巧”，不出几天也会被人发现，玩的人多了，平台自然会打击。

比如市面上很多打着几天涨粉多少万的旗号做培训的，都是在无视用户与内容，传授各种所谓的偏门妙方。如为了“破播放”，用热门音乐加上热门文案，再拍上一段不超过 7 秒的视频，这样的视频很容易就上热门了。这种方法在抖音上屡试不爽。可有谁明白，所配的音乐和文案要考虑到自身账号的定位。不然，为了上热门而上热门的流量，其价值连白菜都不如。

为什么要去研究用户呢？因为平台算法工程师也是这个思路。前面讲到平台生态三要素，最核心的是用户，用户是平台的根本，没有用户，平台也不复存在。为了给用户感兴趣的内容，平台自然会把更多的时间花在用户上。

这时你可能会问，是和算法工程师竞争，一起去研究平台的用户吗？当然不是，你比工程师开发出来的推荐算法强太多了。举个例子，你有一个闺蜜，刚生完孩子，你非常清楚她的兴趣和爱好。你面前有 100 条各种短视频，看完之后，你把闺蜜感兴趣的视频挑出来发给她。

这件事对你来说太简单了，不单因为她是你的闺蜜，你对她相当了解，更重要的是，你是睁着眼睛看视频、敞开耳朵听声音的。而平台推荐算法就是计算机程序，它没有眼睛，看不见；没有大脑，没法像人脑一样思考，也没法像人一样去感受。它只能按照计算机的逻辑，把视频抽离出一张张图片，分析图片的主题、元素及里面的文字；把音频里的文字提取出来，如果是旋律，则记录下这段旋律，旋律好不好，它自己完全没法判断。但如果这段旋律被大量视频引用，或者通过对大量视频的分析，发现引用过该旋律的视频都有不错的播放数据和用户互动表现，那么它就认为这段旋律是优秀的。如果你的视频里引用了这段旋律，那么推荐算法就会给该视频更高的初始权重。

推荐算法对内容的分析主要有两种方式，其中一种是一切信息文本化。并不是计算机能看懂文字，而是计算机可以对文本进行语义归类与分析，明白一条视频属于哪类主题，里面的核心关键词是哪些。同时它也明白平台上的用户对哪些主题感兴趣，从而完成内容到用户的分配。

另一种是一切信息相关化。前面提到再好听的旋律，计算机也无法欣赏。它只能通过对大量数据的分析与总结，找出内在的关联性，从而间接得出旋律优劣的结论。简单来说，如果一段旋律只有几个人喜欢，则说明有一定的随机性，无法判断旋律的优劣。但如果引用这段旋律的视频，其用户的互动表现都很不错，则大概率说明该旋律是优秀的。当然，实际情况比这个复杂，需要考虑的因素更多。

这里的影响因素到底有多少，以及需要分析多少条视频才能得出确切的结论，算法工程师也不一定完全清楚。但这些正是计算机的优势所在，其具有强大的快速计算能力，且工作起来不知疲倦。

对于计算机算法，没有必然性，只有可能性。这也是卢大叔经常提到的，上热门的本质就是概率。所以如何上热门的说法并不准确，而应该说如何提升上热门的概率。

按照算法的逻辑来理解算法太难了。对于普通人来说，这是一项难以完成的任务，当然也完全没必要这样做。

人有别于计算机的优势是什么？感知、归纳和总结。在某些方面，这种能力就算有 1 万台计算机也比不上。

还是用上面的例子来说明，在没有大数据的辅助下（计算机需要对大量短视频进行分析，从而找出这 100 条视频的相关性，还要通过你的闺蜜长时间刷视频的数据分析出她的兴趣偏好），计算机完全没有办法为你的闺蜜推荐视频。但你就像神一般的存在（相对于计算机而言），只需要把视频看完，就可以完成视频的挑选。

为什么会如此简单呢？因为你对视频有所感知、对闺蜜有所了解，这是你的优势，是一种本能，就像吃饭、睡觉一样简单。对于同一首歌，十个人唱出来，你的感受可能是完全不同的，而计算机只知道有差别，具体是什么差别不知道。从你的闺蜜的一个眼神，你就能知道她的情绪，而计算机虽然能分析出动作上的变化，但为啥有这样的变化不知道。

这样看来推荐算法是不是太笨拙了，那为什么它给大家的印象又是如此强大呢？计算机在处理和人的理解有关的单项事务方面，能力确实不如人，而它在同时处理几万项甚至几十万项事务时毫无压力，这是人所无法企及的。另外，融合了 AI（人工智能）的推荐算法有强大的自我学习能力。比如今天它还只有 1 岁小宝宝的智商，几个月后它就有 6 岁小朋友的智商了，而你还是你。

推荐算法顽强地模拟人的思考方式，即便它现在的思考水平，也不及人类的百分之一，但它的运算能力是人的百万倍甚至千万倍。从总的能力上看，它还是远远强于人的。

我们只需要了解自己拍的视频好不好、能否上热门，并不需要了解平台数亿用户的喜好，也不用刷遍平台上数亿条短视频。从有限的热门视频中总结规律，然后运用于自己的作品创作中，这不正是人所擅长的吗？

很多人问，“我的作品是不是被限流了？”视频号（包括其他任何内容平台）不太可能，也没那么多精力为一个账号、一条视频设置限流口令。平台运营方巴不得给你更多的流量，激励你创作出更多、更优秀的作品。你要反过来问自己，“我的作品真的好吗？”

不是系统限你的流，而是你的作品太普通，如同在熙熙攘攘的广场上，你的作品被淹没在了黑压压的人潮里。

专门研究技术与算法，无法解决根本问题，而是应该借用人文思维。作为人，你比一切强大的算法更懂用户、更懂内容。就如同在篮球场上投篮，练习半小时，你总能投进去几次，而 AI 算法没有十天半个月，连篮筐都沾不上。

在这个过程中，你只需要想两个问题，“我的手如何发力”和“篮筐在哪里”。手如何发力，就是你的作品如何创作；篮筐在哪里，就是你的用户在哪里。而 AI 算法就惨了，需要几十位技术专家、几天的数据采集、数十天的数据运算与校正，最后见证奇迹的时刻到了，它居然投了个“三不沾”。

又过了几个月，AI算法总算将篮球投进了篮筐。就在此刻，植入了AI算法的投篮机器犹如神助，百发百中。

我们要辩证地看待人与计算机算法。人有个人能力无法呈指数级增长的不足，也有生而为人的感知与创新能力；而计算机算法有无法感知灵性与创新的不足，也有无止境规模化扩展的优势。

显然做好视频号，远不需要强大的运算能力，而是更需要感知、灵性与创造力。这不正是人的优势所在吗？

10.6.10 道具思维

1. 场景即道具

实体经济越来越难景气了，特别是2020年受新冠肺炎疫情影响，更是雪上加霜。实体店老板特别希望能通过短视频带来业绩上的突破。

卢大叔认识很多实体店老板，和他们聊视频号，他们说的都是“我没有高颜值、好身材，也没有才艺，对视频号也完全不懂，哪里能火”。

其实他们忽略了，实体店是拍摄短视频最好的道具。实体店运用道具思维，它就是故事发生的场景，实体店里的顾客都是故事的角色，它也让故事获得了源源不断的创作素材。

比如“多肉衣橱”账号，其视频背景就是实体店（本书是介绍视频号知识的，理应用视频号的视频案例。但是目前视频号上能作为案例的视频太少了，视频形式过于单一。想获得创作思路和灵感，抖音还是首选平台）。

在抖音上搜索“多肉衣橱”，可以找到该账号。“多肉”是女主角的名字，其长相甜美可爱、爱笑、身材微胖。“衣橱”是视频的场景，她开了一家服装小店，如果在昵称中包含“服装小店”就显得有些生硬了。这个账号的所有视频拍摄的场景都是在女主角的服装小店，她甚至把服装小店都改名叫“多肉衣橱”。以服装店作为视频的场景或背景有三个好处。

第一，具有真实感。告诉用户，“我是现实中一个真实的人，有姓有名有职业。因为职业接触到的用户，也是有血有肉的个体”。

第二，方便创作。服装店每天人来人往，每个人都有自己的故事。这意味着什么样的故事都可以在“多肉衣橱”发生，这给创作带来了极大的空间。

第三，产生信任感。告诉用户，“我不是游手好闲的人，开的也不是皮包公司，我开了一家实体店。我的产品都是有质量的，值得信赖（值得你购买）”。

为了便于大家理解，这里通过一条视频来介绍（关注作者个人公众号，回复关键词“素材”，按相应章节即可找到此案例视频）。限于篇幅，请你先看完此视频，再接着往下阅读。

这条视频拍摄的场景是在“多肉衣橱”，视频中的主角是“多肉”，女顾客及其回忆中的两个店主都是配角。

该视频要表现的主题就像在视频最后所说的，做生意的本质就是做人，生意能做多大取决于人品和口碑。这条视频获得了110多万个赞，能得到这么优秀的数据（此账号下视频的平均点赞数为3~5万个，百万级点赞确实是非常优秀的），和视频的创意有极大的关系。它不是简单的娱乐、搞怪，而是融合了对人性的反思。

在这条视频中，从时间的维度来看，首先是当下女顾客在“多肉衣橱”看衣服，然后以她的视角进入回忆中，最后又回到当下。通过回忆交代了背景，同时完成了剧情的反转。一切是那么自然、流畅。

在视频的创作中用到了大量修辞手法。别以为修辞手法只能用在写作中，在视频创作中也可以大量运用，且效果极妙。

视频一开头，女顾客把衣服扔在地上用脚踩，然后坐在沙发上，边喝牛奶，边把牛奶洒在衣服上。多肉给她看了很多件衣服，她却说，“你们店里的衣服都不上档次”。

我们知道，这是女顾客在考验多肉。视频开始时，女顾客对多肉百般刁难，这是抑制。最后多肉通过了女顾客的考验，女顾客决定把公司280多位员工的工服都在多肉这里定制。多肉从惊讶、开心到兴奋，女顾客也露出了满意的微笑，这是扬起。

这就是“欲扬先抑”的修辞手法。

女顾客连着三个动作，就像一个排比句，将一个无理取闹的蛮横者刻画得淋漓尽致。在视频创作中要运用好“排比”修辞手法，比如在脱口秀类视频中可以是三句话构成排比，在剧情类视频中可以是角色的连贯的三个动作。不管是说话还是动作，所表达的倾向性要一致，这样才能达到加强和凸显的作用。

视频的后面，以女顾客的视角回忆了她的两段购物遭遇，服务员对女顾客的不耐烦和不屑一顾，与多肉的用心和耐心形成了强烈对比，粉丝下意识就能感受到多肉强大的人格魅力。

这也是“对比”修辞手法的魅力。

此外，在视频创作中还运用了“夸张”的修辞手法。女顾客夸张地把牛奶洒在多肉的衣服上，多肉见状，身体也明显晃动了一下。回忆中女顾客与两位服务员的对话内容也显得极其夸张。

回忆中服务员说：“没看到我很忙吗？弄坏了你赔不起。”这话与现实完全不符，作为服务行业的服务员，纵然有一百个胆子，也说不出这种话来。这里其实是运用了“夸张”修辞手法。这样夸张的对话显性地表达出来，就是为了与前面多肉的表现形成强烈的对比。

这条视频中的场景发生在服装店，其实工厂车间、公司办公室、家里等，一切线下地点都可以成为场景，融入短视频中。

需要指出的是，从逻辑上讲，在不同的线下地点出现的人物角色及发生的事情是不一样的。比如在服装店、饭馆等场景中，可以出现形形色色的人物角色，但在稳定的办公室或家里，则不太可能出现形形色色的人物角色。

家也是绝佳的场景道具。家是爱的港湾，恋人、夫妻、家长和孩子、年轻人与老人，这些是典型的人物角色和关系。和好与分手是恋人间的典型事情，爱与背叛是夫妻间的典型事情，爱护和孝顺是家长与孩子之间的典型事情，理解和代沟是年轻人与老人之间的典型事情。

2．产品即道具

通过短视频打造爆款产品也需要道具思维，产品是故事剧情发展和高潮的导火索。比如“破产姐弟”（在视频号中搜索“是破产姐弟”，可以找到此账号。因名字被人抢注，搜索时要多加一个“是”字）里有一个情节：一个不会保养的女生参加同学聚会，被老同学“眼镜女”挖苦嘲弄，姐弟俩回击“眼镜女”，和女生站在一起，然后拿出某款产品，一下子就解决了女生被“眼镜女”指责的所有问题。最后该女生的男友买下店里所有适合女友的产品，姐弟俩激动、兴奋，“眼镜女”尴尬、落寞，故事被推向高潮。

如果说“多肉衣橱”的视频凸显的是多肉的人格魅力，那么“破产姐弟”的视频更多的是凸显产品的贴心、实用（关注作者个人公众号，回复关键词“素材”，点击

第 10 章文件夹，即可找到案例视频）。

以实体店为场景，不同的人物角色可以自然、随意入场，而且不同的产品也可以软植入，毫无违和感。当然，产品要尽可能集中在相关类目上。

弟弟急躁、活泼，喜欢拔刀相助；姐姐温暖、体贴、有爱心。这是姐弟组合在整个账号中一以贯之的人设。

弟弟想用瓶子给姐姐变个戏法，却弄巧成拙，那尴尬的场景，把进店买东西的女生逗乐了，从而引出男主角和女主角的对话（从整个账号来看，姐姐和弟弟是主角。单从这条视频来看，男生和女生分别是男主角和女主角，他们是推动剧情发展的关键）。

女生处处为别人着想，隐藏自己的真实情绪。此时来了一个眼镜女，通过聊天得知，她们是同学，一起参加同学聚会。据此我们也能够猜出，男生送女生参加同学聚会，并给她买些化妆品。

眼镜女对女生是各种瞧不起、看不惯。眼镜女的势利让姐姐和弟弟极为不满，弟弟说："你的戏能不能像你的脑子一样少？"暗示眼镜女太会装了，戏份有点多。"脸这么大，你体重一定（超标）喔!"引出姐姐对眼镜女的回怼："别减肥了，你丑也不是因为胖啊。"

这些听起来很顺耳，甚至有些道理的话，算是视频的金句。这样的话语在"破产姐弟"的作品中经常出现。

姐姐的回怼把大家都逗乐了，从而将主动权又抢了回来。同时也暗示用户，姐姐和弟弟跟男主角和女主角是站在一起的。这里姐姐拿出小王子变色唇膏，针对女生的问题，做了详细、专业的解答。

产品如何引出，以及如何介绍，最后如何收尾，这个过程非常重要，要花心思策划和优化。毕竟辛苦拍出来的视频，多个演员参与，最终的目的还是要把产品销售出去。

姐姐怼完了眼镜女，逗乐了大家，取得了男生和女生的信任后，才引出产品。这个过程非常柔软，不生硬。姐姐针对女生的问题，直接给出专业的建议，这刚好是产品所具有的功效。这个过程也很柔软。在介绍完产品后，男生二话没说就想买。这是收尾。

不过这还没完，如果女生答应了购买，也就没有后续的高潮了。正因为女生只想着对方，隐藏了自己的情绪和感受，她拒绝了购买。

这时男生跑出去，一方面制造了悬念，一方面推进了剧情向高潮方向发展。当眼镜女幸灾乐祸，弟弟恨不能打眼镜女一顿时，男生出现了。他带着几个麻袋，让服务员把女生能用上的所有东西都打包。

男生的此举体现了他对女生满满的爱，同时也体现出对产品的高度认可。男生和女生对产品的态度，会对用户购买产品决策产生暗示作用。现实中此举很难发生，这里运用了“夸张”修辞手法，这对于剧情发展及产品变现是极为有利的。

男生的此举也让眼镜女陷入尴尬中，最后眼镜女的老公出现了，炫耀自己卖麻袋发了大财，此时眼镜女的尴尬达到极致。这时此前的悬念终于被解开，男生外出是为了买个大袋子装东西，而刚好买了眼镜女老公卖的麻袋。

那么揭露眼镜女虚伪面纱的，到底是那个男生还是她老公，抑或自己自作自受呢?

如果你细心的话就会发现，视频中有很多在整个账号中重复出现的元素，这一方面会让用户觉得很熟悉、亲切；另一方面会得到推荐算法的加分。简单来说，就是把热门视频中的一些“梗”融入一条视频中，那么这条视频就会有极大的概率上热门。这种玩法在抖音视频的创作中大量采用，效果非常好。这个思路也适用于快手和视频号。

卢大叔喜欢用“‘梗梗’于怀”这个词来描述，只要视频中有两个“梗”，该视频上热门的概率就会提高几倍。

比如弟弟的嗤笑或者翻白眼，一般是在看到不顺眼的角色出场时才有的。每次遇到不爽的人（一般是两个角色，一个欺负另一个），都是弟弟先出场，出场仪式或欢乐或搞怪，接着姐姐带着产品现身。出场顺序和姐弟俩性格、人设也有关系，前者开路扫障碍，后者压轴。

“破产姐弟”账号下的多数视频中姐弟俩都会说出一两个金句怼人家，取得场面上的优势，并与弱者站在一起。弱者一方总是能得到大众的同情，其实姐弟是选择与大众站在一起的。

每次弟弟被激怒，姐姐总是拉着弟弟，这样的桥段在很多视频中不断重复出现。此举让用户感同身受，也使他们得到情绪的宣泄。此外，这也是对姐弟俩人设的强化，弟弟好打抱不平，姐姐理性、有爱。

通过这条视频，我们深刻地认识到产品即道具的强大威力。再有趣的产品，如果没有道具思维（拍成了广告宣传片），也是上不了热门的，更别说爆单了。基于产品即道具的思维，一切产品都可以变成短视频的爆款产品。

比如一款手机屏幕放大器，零售价 29 元，成本不过 10 元，短视频带货一晚成交 1 万单。这是如何做到的？其实这里也是运用了产品即道具的思维。

这条视频是摆拍类的，并加上了热门配音。视频画面只有十几秒，一张桌子上放着手机屏幕放大器，它上面放着手机，放大器盖子往上一拉一盖，瞬间手机屏幕被放大了 3 倍。从画面上看，很有感官冲击力。

该视频使用了一段热门配音，内容如下：

就这个，我同学过生日，就给他买了这个。（得意）我想要，喔哦。（大声喊）我能不送给他吗？我想要。（后悔、惋惜）

大家不要以为一提道具，就是指剧情（这里所说的剧情不是指视频形式，而是指内容）。即便你说的内容中包含了剧情，在脱口秀类视频中也可以用道具思维融入产品，实现高效带货。

虽然只是配音，但也能明显感受到这是一个相对完整的故事情节。

"过生日"，告知了剧情发生的场景，视频中的产品是一个道具。用户看着"手机屏幕放大器"这个道具，听配音里的故事。"买了这个"，大家听她说话的语气，能感受到女主角的得意和开心，暗示朋友很喜欢，自己很有面子。"我想要"，女主角大声喊出来，说明她觉得产品太棒了，可能是没货了。不然，这东西也不贵，30 元不到，随便就能买一个，从侧面也可以看出这东西很紧俏。

最后一句"我能不送给他吗？"女主角带着害羞和请求，让我们感受到无尽的后悔和惋惜。而刷视频的用户比她幸运多了，直接下单就好了。

这段配音就是一场剧，"手机屏幕放大器"是重要的道具。没有这个道具，剧情就不完整。

这段热门配音也适用于其他产品，只要这个产品能作为礼物送给朋友。产品的卖点最好能通过视频直观地展现出来。

10.7 成为视频号"大 V"的 7 个锦囊

讲到这里，视频号的基础知识就讲完了。但视频号的学习之路充满荆棘，为此，卢大叔将他这两年多的短视频从业经历总结成 7 个锦囊，赠送给你。

1．才刚刚开始

目前有不少人已经开通了视频号，并且发布了视频。比如你发布了多条视频，但是没流量，你总觉得下次一定能火。这是一种非常短视且急功近利的想法，对运营视频号是不利的。

其实短视频创作更像是一场马拉松。即便你现在已经开通了视频号，拍了视频，有了流量，你也可能还处于刚起步阶段，后面还有很长的路要走。

你不用跑得太快，因为路还很长。那些一起步就冲到你前面的人，能坚持到最后的屈指可数。对于你来说，则需要提升身体潜能，保持体能储备，养成正确的跑步姿势，掌握科学的跑步技巧。这些看似简单、枯燥，但只要你坚持做下来，就一定能超越大多数非专业跑者。

回到视频号上来，也是一样的道理，你需要长期保持对视频号的热情，提升自己的创意策划能力，掌握拍摄与剪辑技巧。这些是根本，但有些人容易忽视，那些玩视频号比较好的人，无一不是其践行者。

（1）怀着还可以更好的心态

我们在刷视频号、抖音、快手等平台上的热门视频时，要怀着这样的心态：即便这条视频上热门了，也还有值得改进的地方。多学习人家好的一面（不然也不可能上热门），更要找出还能改进的地方，而那些值得改进的地方，就是我们创作的机会。

抖音上曾经有一个达人，拍了一条 11 秒的视频，获得了 100 多万个赞（关注作者个人公众号，回复关键词“素材”，根据章节目录找到对应的视频）。其大致意思是，她一个人直播了 8 小时，准备下线时发现有一个粉丝从头一直坚持到结束，她想让这个粉丝加入粉丝团，这样下次直播时就能提前收到通知。

第二天，她妈妈打来电话说：“女儿啊，昨晚和你爸研究了一个晚上，也没搞明白怎么加入你的粉丝团。”瞬间她泪流满面。

其实这条视频的创意并非她原创，而原视频只有不到 3 万个赞。

卢大叔猜测可能是她先刷到了那条原视频，觉得不错，自己就模仿了。但她不是完全无脑地模仿，而是认真地分析，视频火的要素是什么，以及还有哪些不足。视频火的第一要素就是故事，不足是画面处理得不够到位，原视频中女生一直哭，哭得太久，在剪辑方面也比较粗糙。

而她明白，要制造泪点，一定要把妈妈说的那句话和女儿泪流满面的画面对应上，并放在高潮点那一瞬间，而且前期还需要各种铺垫。

（2）我还是新手，但已上路

有些人账号一开通，就各种乱拍，仿佛自己就是明星大腕、知名导演。他们不明白自己只是一个新手，可以拍，算作练手，但拍出来的内容不要随意发布到视频号中（在视频号中，对于刚开通的账号，前三条视频有流量扶持）。当你感觉自己拍出来的视频还不错时，可以发给身边的三个好友，如果他们也觉得行，这个时候你再发布到视频号中。

不要狂妄自大、目中无人，也不用妄自菲薄、犹豫徘徊，你需要的是不断提升拍摄能力、视频剪辑能力、运营与数据分析能力。

我还是新手，但已上路。有了这个心态，我们才能把视频号做得更好，在众多同行中胜出。

2．专注

其实每个人都有能力，但光有能力还不行。就像挖井，你挖了十口井，但每口井只挖了两米深，本来挖三米深时就能出水，但在这之前，你放弃了。可见，能力是一方面，更重要的是你需要有足够的耐心和专注力。坚守一行，把它做深、做透。

（1）专注才有清晰的定位

我们一直强调定位的重要性，只有定位清晰，你才能获得精准粉丝，才可以更方便地创作，同时平台推荐算法才能更好地理解你，你的特点才能更凸显，粉丝才能更容易记住你。

（2）专注才能更专业

正所谓“三百六十行，行行出状元”。想成为某个行业的状元，一定要专注，只有专注于某个领域，你才能成为这个领域的专家。老实说，想成为专家，其实还真没那么容易，没有十年八年的专注与坚持根本不可能。

前面我们提到过用户思维与工程师思维，由于专家太专业和专注了，他们有强烈的工程师思维，反而很难做好短视频。当然，在大多数情况下，他们也没有强烈的营销意识。

这对于我们来说就是机会，学会运用用户思维，专注于某一领域，虽然成不了专家，但可以成为互联网时代专业的意见领袖。

（3）专注才能更有创造力

只有专注，才能做到抓大放小、有所取舍，才能放弃不重要的且对目前工作没有促进作用，又消耗精力和时间的事情，而专注于提升自我能力的事情上，专注于那些有累积效应的事情上，专注于那些能提高工作效率的事情上。

能力提升了，要做的事情少了，不但工作质量会更高，而且还能有更多的时间和精力投入到更有创造力的事情上。至于那些没有技术含量，也不需要脑力思考的流水般的事情，花钱外包给别人来做就好了。

那么，有创造力的事情是什么呢？具体到短视频创作中，卢大叔觉得有两方面，其中一方面是多刷短视频平台上的热门视频。抖音、快手、视频号三大短视频平台都是非常好的创意来源，其他图文类平台，甚至海外平台也可以（本书 5.3 节“创意文案之灵感来源”中有详细的讲解）。

另一方面是每刷到一条热门视频，都要多花时间去分析和研究（具体的方法，本书第 4 章“揭秘视频号热门背后的逻辑”中有非常详细的讲解）。

有些人会说，“那不是抄袭吗？我想自己拍”。说实话，谁都想拍出自己的原创作品，但并不容易。即便你拍出一条热门视频，也无法保证后续作品质量的稳定性。其实最好的方法就是分四步走。

第一步：完全模仿热门视频。人家怎么拍，你就怎么拍，一步也不落下。在这一步拍出来的视频不是发布到视频号中的，而是完全用于练手，找感觉。

第二步：视频拍出来后，不可能和对方一模一样，至少你的创作感受不可能一样。在这个过程中，复盘自己哪里做得不够，哪里做得比人家的好。另外，拍短视频是一项实操性极强的技能，你听懂了，和你去做完全是两回事，没有比找热门视频做创意素材来练习更好的办法了。

在完全模仿的过程中，是你成长最快的时候。在这一步不是只拍一两条视频，而是一个长期的过程，也许完全模仿三五条视频，你就能找到感觉，也许需要模仿三五十条视频，这个因人而异。

第三步：在完全模仿的过程中，从开始的定位、基于定位的文案策划、拍摄、剪辑，到最终的成品，所有流程都要切入。当你完全能模仿出对方作品后，再开始自己原创。严格来说，是伪原创。

为什么说是伪原创呢？因为你用了人家的创意框架。但也有例外，如果你只用了人家的框架，而在形式、风格、元素等方面做了“伤筋动骨”的改变，那么也算是你原创的。

第四步：在真正意义上创作自己的作品。创作短视频的最高境界是，不用热门视频做参考，也不去研究平台规则，而是通过对人性、人心的深刻洞察，策划出创意或文案，拍成短视频，直接上热门。这个难度太大了，即便是“大V”背后的操作团队也不一定有这个能力，但这是所有短视频从业者的终极目标。

通常我们用热门视频做参考，只是借鉴里面的一个元素，或者一个片段，或者一种感觉，就能创作出完全属于自己的作品。这就需要前面几个步骤的铺垫，这种能力也没法在短时间内突击提高，而是需要长期的耐心坚持。

3．用心

拍短视频是一项实操性极强的技能，同时需要策划文案、拍摄、剪辑等功底。卢大叔经常给学员打气，“我们要有信心”。当看到有些学员一开始非常有冲劲，但在实操过程中处处碰壁，想要放弃时，卢大叔就开导他们，“我们要有决心”。时间久了，卢大叔总结出四个“心”：对用户有爱心，对自己有耐心，对事业有决心，对未来有信心。

（1）对用户有爱心

用户是平台的根本，没有用户的平台，是没有意义的。创作者要对用户有爱心，平台的一切出发点，都是基于为用户提供更好的内容和服务这一准则的。在平台看来，就是“你（创作者）弱小，我（平台）忽视你；你强大，我拉拢你”。

对用户有爱心，其实就是指按平台的思维来做好内容。

对用户有爱心，能放弃一时得失，先付出后收益，看重中长期回报。对用户有爱心，表达出你对用户的爱，且付出实际行动，多和用户互动，用心给他们回评。同时从用户的互动中提取视频创作的素材，以体现出你对用户的爱和重视。

卢大叔一直坚持给粉丝回评，基本上80%粉丝的评论，卢大叔都会一一回复。对于一些有代表性的问题（用户以评论方式提出），卢大叔还会进行详细的解答，有时候一条评论写不完，再接着写下一条。有些粉丝告诉卢大叔，有时评论区的互动内容，比视频本身更有收获。

你实实在在的付出，用户看在眼里，暖在心头，他们会更频繁地与你互动，并带动越来越多的粉丝。粉丝互动多了，可以提升账号权重，提高视频上热门的概率。

但你问要回复几条评论、几天才能达到这样的效果，卢大叔无可奉告，这违背了对用户有爱心的原则，付出是不求回报的。

（2）对自己有耐心

不单是短视频平台上的用户没有耐心，创作者也非常焦虑。之所以焦虑，多半是受到了热门同行（相似类目或主题的视频）的影响。其实大可不必如此。

你的同行上了热门，这很正常，平台不可能只有你独家的内容。上热门本质上是概率事件，你总能在热门视频列表中刷到同行。如果你的视频没上热门，可能有两个原因：一是你的视频还不够好，多从自身找原因，不是平台的原因，也不是同行有上热门的“黑科技”。

二是你的运气还不够好。这里的运气，并不是说在不提升内容的前提下，增加视频的发布数量，随机碰运气，而是要冷静下来，不急躁，耐心做好视频。你要坚持努力更长的时间，制作出更多更好的高品质视频，提升视频上热门的概率。

对自己有耐心，你要明白，运营一个短视频账号或项目，要以3~6个月为周期，而不是三五天。你要多从自身找不足，多从热门视频中找灵感，多从练习中找感觉。

（3）对事业有决心

不要想着玩三五天，没效果就放弃。短视频已经成为一种成熟的营销方式，而视频号刚刚起步，这里还有很多机会。

虽然说视频号上热门是概率事件，没人能保证百分之百会火，但视频号上热门比抖音上热门更容易，视频号更真实。只要你下定决心，把视频号当成一份事业来做，以3~6个月为周期，并投入充足的精力和财力，上热门的概率就可以接近百分之百。

（4）对未来有信心

目前很多人都在视频号中吸引粉丝，引流到私域，忙得不亦乐乎。这至少证明视频号变现这件事是行得通的。而那些唱衰视频号的人，也不能说他们不对。

视频号面对抖音、快手这两座大山，确实很难说能不能后来者居上。这里变数太多，单纯讨论也没有意义。即便几年后，视频号死掉了，那些看好视频号，并深耕其中的人，也早已收起了丰盛的渔网。

你不需要对视频号前景有多大信心，但你要对自己做视频号并能赚到钱充满信心。

4．顺势而为

先造势后做事。卢大叔理解的造势，不是跟风起哄，而是先把内容做好，把流量和粉丝做起来。在视频号、抖音、快手三大短视频平台中，视频号的粉丝黏性和质量是最高的，变现能力也是最强的。

从目前的观察来看，视频号更看重粉丝对关注账号内容的回看率。简单来说，你关注了一个账号，在首页推荐信息流中，会有更大概率看到所关注账号的视频。

而抖音在这方面有公开的数据，是 8%左右。由此可见，两大平台对创作者的不同待遇，以及它们不同的产品运营逻辑。如果是抖音平台，粉丝的意义不是太大，有曝光和流量，就赶紧想办法导流到私域或变现。

只有与你的视频产生了互动（关注、点赞、评论、分享等）的用户，才能算是粉丝。如果一个用户无意中不小心关注了你，从名义上看他确实是粉丝，但他不是真正有需求的粉丝。

对于抖音来说，顺势而为是指有了流量立刻导流到私域或变现。因为流量太大了，时间又太短，而且流量只属于平台，不属于你。所谓的关注你的粉丝，他们只是在关注好的内容，哪天发现有更好的内容，他们就走掉了。

对于视频号来说，顺势而为是指打磨好内容（这是一个没有终点的工作，永远在路上，做出更好的内容），运营好用户。只有你的账号粉丝达到一定体量，再加上平台粉丝的高黏性，才能达到一定的势能，这才是变现的开始。

至于粉丝数达到多少，没有标准，根据不同账号的实际情况来定。变现不是“收割韭菜”，也不是消耗用户信誉，而是有了势能之后的“而为”。什么叫“而为”？当然是顺着用户的痛点和需求，为他们提供更好品质的服务或产品。

那些以免费之名，传播不良资讯的人是可耻的；那些以超低价为诱饵，破坏市场稳定性，降低用户使用体验的人是可耻的。

真正的商业是解决用户痛点，节省用户时间，提升用户体验。商业变现不可耻！好的商业模式，辅以好的内容呈现形式，把广告做成内容。这样的公司或团队，在视频号中一定大有可为！

5．复盘

“复盘”是围棋术语，也称“复局”，是指对局完毕后，复演该盘棋的记录，以检查对局中招法的优劣与得失。复盘，一般用以自学，或者请高手给予分析指导。

复盘被越来越多地应用在互联网项目中，特别是短视频领域。短视频从创作到变现，就像下围棋。每个作品的产生，有无限种可能，多人、多部门参与（有时候可能从头到尾就一个人，但操作步骤不少）。每个作品有无限种创作思路，每个人的理解、做事风格，以及人与人之间的沟通效率等，都对最终的成品有影响。

同时作品的创作是一个长期稳定的过程，每一次复盘，都对下一次作品的创作有很大的帮助。

根据卢大叔团队的经验，复盘有两种：大复盘和小复盘。大复盘一般一周一次，小复盘的时间和形式则没有限制。大复盘需要整个部门或整个团队参与，小复盘则可以两个人或者更多的人参与。

复盘大致分为五个步骤。

第一步：回顾目标。

在短视频运营过程中需要设置目标，这个目标可以是针对某条视频的数据指标，也可以是针对整个账号的整体指标，还可以是针对某次活动的用户互动或变现等相关指标。

只有设置了目标，在复盘中才有标准和参照。

比如我们设置的目标是，一周内某条视频的播放量1.5万次、点赞数300个、评论数100个；发布一周后，播放量9800次、点赞数210个、评论数32个。

这个目标有明确的时间节点，列出了视频的三大核心指标，并用数值标明，清晰、明确、没有歧义。实际上，视频的数据指标受很多因素影响，想猜中具体的播放量和点赞数比中彩票还难。但是设置了具体的数值，可以方便日后清晰复盘。

在指标的设置上也不是拍大腿乱决定的，而是根据之前账号的数据表现综合得出的结果。一般来说，结果不能太保守，要踮着脚能摸到，但也不能定到天，超越能力极限。

第二步：评估结果。

通过真实的数据反馈，得知该视频播放量完成目标的65.3%（实际播放量9800次与目标播放量1.5万次的比值，计算得到65.3%），实际点赞率是目标点赞率的107%（实际点赞率为实际点赞数210个与实际播放量9800次的比值，计算得到2.14%；目标点赞率为目标点赞数300个与目标播放量1.5万次的比值，计算得到2%。实际点赞率2.14%与目标点赞率2%的比值为107%）。

虽然该视频的实际播放量没有达标，但点赞率超过预期。按照同样的方法，也可以计算出评论率。

第三步：分析原因。

分析原因不能纸上谈兵，一定要深入实际。复盘参与者都是实际参与创作的人员，他们除了要对视频创作有深入了解，还要对该视频所在账号的发展历史和过程有全面了解，以及对视频号的运营逻辑和最近一段时间视频号的动态有所了解。

每次只对一个指标进行分析，比如实际播放量只完成目标的 65.3%。结合以上提到的因素（实际因素更多，它们都可以在复盘中被提出来探讨），我们分析出原因大致如下：

- 视频号推荐周期有长有短，有时候会达到一个月，在短期内数据波动属正常。
- 视频结合了某个热点，但表达得不够软，有些生硬。
- 回顾一周的数据表现，前两天播放量增长明显，从第三天开始增长缓慢，第七天几乎停止了增长。这说明推荐算法认可了视频内容，并找到了感兴趣的受众。但视频在主题点的表达上还不够流畅，没能激发用户进行更好的互动（比如有更高的点赞率和评论率、更好的完播率等）。

该视频就像一只风筝，低空的风不够大也不持续，使它无法从山谷中飞出来，进入中高空得到更大的风。

通过复盘讨论，我们发现核心问题出在视频主题点的表达上。基于该问题，我们又展开了深入的讨论。

在视频主题点的表达上，存在以下不足。

- 上镜人表现力不够。虽然上镜人颜值高，能吸引用户驻足，但其较为紧张，不够自然，无法让用户停留更长的时间。
- 上镜人表达的文案不够出彩。整体来说，文案写得不错，但策划人员没有考虑到上镜人的气质、形象、性格等这些个性化的特征。上镜人为了完成文案的表达，而忽视了调动自己的优势特征。
- 该视频原本是想表达某个观点，借某热点事件迎合此观点。但时间较短，过于追求观点的完整表达，而忽视了热点和观点的衔接。这正是前面提到的大家一致的感受，不够软，有些生硬。

第四步：总结规律。

基于前面的分析，我们发现了问题，也找到了原因。接下来我们要针对原因，制定可落地的解决方案。

- 针对视频号推荐周期长的问题：对于点赞率和评论率较高的视频，即便播放量数据表现不是太好，我们也会有更大的宽容度，不去过分解读，同时跟进分析出视频号确切的推荐周期。
- 针对上镜人紧张、不自然的问题：我们发现问题出在两个方面，一是文案和上镜人不够匹配；二是与上镜人刚合作不久，还不太熟悉。我们安排文案同事和上镜人进行了深入沟通，结合上镜人的特征，优化了文案。同时把上镜人的某个特征艺术性放大，比如爱笑，或者喜欢说某句口头禅等。
- 针对热点事件和观点之间结合生硬的问题：我们意识到，短视频不是科教片，时间又短，重在情绪的表达和立场的坚定上。在热点事件的描述和观点的表达上都只需抓住几个核心关键词就好了。与其着急提出自己的观点，不如先讲与热点事件相关的故事，声情并茂，然后再引出观点和立场。最后的观点不是你说出来的，而是观众感受到的。

经过以上调整后，视频数据比之前翻了十几倍，播放量超过 10 万次，可见复盘的巨大威力。

第五步：复盘归档。

复盘的目的不仅仅是为了提升某条视频的数据，还要将被验证成功的经验、规律和技巧形成规范，变成电子书和文档，便于员工日后学习和调用。

6. 迭代

迭代是常见的互联网思维。

为什么传统行业不提迭代思维，而在互联网行业却成了标配？互联网的特点决定了一切数据皆可定量，一切用户行为皆可衡量。产品好不好用，让用户先来试用，获得他们的使用数据，然后再对数据进行分析，得出优化建议。

对用户使用行为进行数据跟踪，对获取到的数据进行实时分析，即可判断出产品的改进方向。而对产品的改进和优化，又可以实时生效。数据可记录、改进可反馈、效果可跟踪，这为迭代准备了肥沃的成长土壤。

互联网产品（或平台）可以迭代，作为互联网平台上的创作者迭代的速度更是惊人。在短视频或直播平台成功的网红达人实在太多了，列举已没有实际意义。他们的成功是努力的结果，但从互联网思维的层面看，也是迭代的结果。

短视频平台上的网红达人，现在发布的作品和第一个作品比，在账号定位、视频形式、风格等方面已经有了非常大的改变。在视频号实际创作中，我们需要注意如下几点。

第一，迭代的步子要小。不要被迭代出奇迹误导，以为每次改变都要进行大调整，其实再大的改变也是从一个小点开始的。每次迭代只增长 20%，迭代 6 次之后的效果就可以翻 3 倍。

越小的调整，实操起来越简单，但重要的是找出调整的方向。保持迭代思维，在创作视频前，要考虑哪里可以调整。假如一条视频有多处可以调整，那么一次迭代调整一处大提升，不如一次迭代调整多处小提升。总体来说，一次迭代调整多处小提升，效果大于一次迭代调整一处大提升。

第二，迭代的速度要快。迭代的最终效果，主要是由迭代的速度决定的。当然，也不要刻意追求速度，保持一颗迭代的心即可。

第三，迭代以数据为指导。不要凭感觉随意迭代，除非你有非常强的视频感（对什么是好视频、视频能否上热门有预判能力），或者有过多次成功预判的经历。即便如此，你也需要多看反馈数据。

7. 抱团

从 2020 年 6 月 2 日接受出版社的邀请，到 2020 年 6 月 23 日，卢大叔在 21 天的时间里写下了 22 万字。看到这个数字，卢大叔自己都惊呆了。有时候人的潜力远超想象。

2015 年卢大叔第一次开始跑步，跑了不到 1 公里，结果上气不接下气，感觉喉咙快冒烟了。当时就想，“我才 30 岁不到，难道就熬成了 60 岁的身体？”

卢大叔不信邪。

第二天继续，这次可以一口气坚持跑完 1.5 公里。半个月后，居然能够跑到 5 公里。又过了一个月，一口气跑完 10 公里，还不带气喘的。这是之前没想到的。很多时候不是你对结果有了预期才去坚持，而是你尽全力坚持了，结果往往超出你的预期。

（1）开始拍摄，你就成功了一半

2020 年 3 月初，卢大叔收到官方邀请，开通视频号。虽然卢大叔自认为非常懂短视频，在抖音上也做出了不错的成绩，但对于自己真人上镜，还是有些犹豫的。

当时想大不了让微信好友挖苦几句，也没什么，于是使用手机拍了第一条视频。拍完后，自己看着都难受，但还是硬着头皮发布出去了（作为一个典型的中年大叔，颜值已经不是重点，重要的是所表达的内容）。

出乎意料的是，第一条视频就获得了超过 600 个赞、1.5 万次播放量。卢大叔仿佛一下子就对视频号的运营通窍了。这些年卢大叔接触过很多短视频从业者，有些人运营短视频大半年还找不到感觉，但就在作品上热门的一瞬间开悟了。其实什么都没改变，改变的只是心态，变得更自信了。

自信是好事，它会给你动力，让你主动了解平台规则和算法，为你的创作带来灵感。但过于自信就不好了，它会让你固执己见，停止前进的步伐。

相对于抖音，运营视频号简单多了。一方面，视频号不像抖音，想上热门，对文案创意和制作水准都有一定的门槛；另一方面，抖音的流量过于集中，而视频号的流量分发则更加扁平化，没经过专业创意和表演训练的普通人，也有更大的概率获得流量。

虽然个人确实可以把视频号玩得溜溜的，但这也是因为其开悟了，能够自如地把短视频创作的各环节打通。这对于没有专业创作能力的普通人来说，是一个很大的挑战。如果你是这样的普通人，对短视频很感兴趣，但又无从下手，卢大叔建议大家一起抱团。

卢大叔有一个视频号读者交流群，希望你能加入。想了解一个新事物，最好的方法就是行动起来，加入创作的队伍。如果你觉得自己确实不知道拍什么，那么就多刷视频号、抖音、快手，找到那些你觉得有价值且又可模仿的视频，完完全全地模仿，不用加入自己的想法（按前面"专注才能更有创造力"中提到的步骤进行）。

（2）可怜之人，必有可恨之处

随着视频号的完全放开，视频号的市场需求还会进一步放大，到时候视频号培训就会遍地开花。不排除非常用心做实操培训的机构，但也有不少培训机构都是"割韭菜"。

没办法，现实就是这么残酷。

几个月前，一个微信好友找到卢大叔咨询，在交流中得知，他加入了两个短视频培训机构，被骗了四万多元。现在身上没钱了，想加入卢大叔的付费社群。

当时卢大叔为他的不幸遭遇感到惋惜和同情。

接着他问卢大叔："我可以借钱加入你的社群，但你能保证我三个月后一定能挣到钱吗？"卢大叔为他的提问感到吃惊。看来他被骗是必然的。

说老实话，卢大叔也不能保证拍出的每条视频都绝对能上热门。那些口口声声说保证能百分之百上热门的人，只有两种情况：一是花钱买官方真实的流量；二是花钱买第三方虚假的流量。

（3）站在巨人的肩膀上

牛顿曾经说过："如果说我看得比别人更远些，那是因为我站在巨人的肩膀上"。虽然玩好视频号不存在什么巨人，但若能得到经验丰富的操盘手有针对性的指点，你就可以少走很多弯路，节省大量时间和成本。

其实对于卢大叔来说，大家的加入也是一笔宝贵的财富。

作为一个操盘手，需要不断了解平台规则和算法，靠自己的一部手机、一个账号是远远不够的。大家聚在一起，把自己遇到的新状况分享出来，卢大叔对这些数据做统一梳理，可以分析出很多珍贵的一手技巧。这是闷头刷视频号无法得到的。

（4）素材资源共享

卢大叔一直保持着撰写短视频文案的习惯，这两年写了 500 多条短视频文案。有些文案是给客户写的，有些文案是自己练手用的。这些文案素材都可以共享出来，给大家免费使用，你也可以在此基础上进行二次创作。

拍 Vlog 或混剪类视频，找到好的免费高清视频素材，确实很不容易。国内免费的平台非常少，即便有，视频素材种类和数量也不多。国外有很多免费的平台，但要"翻墙"。卢大叔像蚂蚁一样，每天搬运一些，目前已经储备了 500 条高清视频素材。这些也会分享给大家。

另外，在视频号创作中，可能还涉及一些软件，以及软件的免费使用教程。这些也会分享出来。

（5）相互鼓励打气

刚开始凭着好奇和热情，可以拍出十多条视频。但后续要保持稳定的输出，就愈加乏力了。除非你的视频号有不错的数据表现，甚至账号已经开始变现了。

这时候我们需要一个社群，相互鼓励打气，视频拍好后发上来，卢大叔给你提优化建议。

另外，要把提升自己的镜头表现力当成一个长期的训练项目。拍出来的视频不一定要剪辑、加字幕，也不一定要发布到视频号，其主要用于练习镜头感和表现力。要练好此项技能，最好的方式还是加入社群，和大家一起玩，这样才有趣，也能坚持下来。

最后祝大家都能从本书中有所收获，找到短视频运营的思路和方法。我们一直在路上，希望能遇见不一样的你！